高等工科学校教材

机械制造技术基础

主　编　万宏强

副主编　汪庆华

参　编　范庆明　刘　峥　张　耿　韩权利

机械工业出版社

本书共 7 章，内容分别为绪论、机械加工用刀具、金属切削原理、机械加工精度与加工表面质量控制、机械加工及装配工艺规程设计、机床夹具设计、机械加工机床与装备。

本书在编写时力求体现制造工程技术的实践性、整体性和理论性。

本书可作为机械设计制造及其自动化专业的本科生教材，还可作为机电一体化、工业工程、工业设计、包装工程、农业机械等专业的本科生或研究生教材，还可供机械制造企业的工程技术人员参考。

本书配有相关教师服务资源，需要的教师可登录机械工业出版社教育服务网（www.cmpedu.com），以教师身份注册后免费获取。

图书在版编目（CIP）数据

机械制造技术基础/万宏强主编. —北京：机械工业出版社，2022.11
高等工科学校教材
ISBN 978-7-111-71400-2

Ⅰ.①机…　Ⅱ.①万…　Ⅲ.①机械制造工艺−高等教育−教材　Ⅳ.①TH16

中国版本图书馆 CIP 数据核字（2022）第 148412 号

机械工业出版社（北京市百万庄大街 22 号　邮政编码 100037）
策划编辑：余　皡　　　　　责任编辑：余　皡
责任校对：肖　琳　李　婷　封面设计：张　静
责任印制：郜　敏
三河市骏杰印刷有限公司印刷
2023 年 1 月第 1 版第 1 次印刷
184mm×260mm·17.5 印张·456 千字
标准书号：ISBN 978-7-111-71400-2
定价：59.80 元

电话服务　　　　　　　　　网络服务
客服电话：010-88361066　　机　工　官　网：www.cmpbook.com
　　　　　010-88379833　　机　工　官　博：weibo.com/cmp1952
　　　　　010-68326294　　金　书　网：www.golden-book.com
封底无防伪标均为盗版　　　机工教育服务网：www.cmpedu.com

前　　言

机械制造技术课程是面向机械设计制造及其自动化专业的核心课程。课程从培养学生综合工程素质与应用能力出发，以机械制造工艺为主线，将加工方法与原理、工艺系统组成与功能、加工质量有机地结合起来，形成了宽结构、重实践的课程知识体系。本课程旨在使学生掌握解决机械制造工艺问题所需的专业知识，并将其应用于机械产品制造及改进中；理解机械制造工艺基本原理，能够识别、表达并通过文献研究分析工艺问题并获得有效结论；培养和提高解决机械加工工艺问题的能力，能够设计满足特定需求的零件工艺规程，在设计环节中充分考虑经济、安全、环境等因素，体现创新意识。编写本书，就是为了充分满足大学对于机械设计制造及其自动化专业培养目标的需要。

本书的知识体系结构可以为未来进入机械制造企业担任机械设计、机械制造工程师或工艺师的技术人才提供所需的相关知识。本书主要内容从机械加工用刀具入手，介绍金属切削原理，强调机械加工精度与加工表面质量控制，重点论述机械加工及装配工艺规程设计，最后介绍工艺系统中机床夹具、机械加工机床与装备。

本书的学时数为48课时。每节编排有习题与思考题，便于教学检测，也便于学生自学。每章有知识要点和培养目标，概括主要内容，明确学生通过本章的系统学习应达到的能力要求。

本书由西安工业大学万宏强任主编，汪庆华任副主编，编写分工如下：范庆明编写了第1章，汪庆华编写了第2章，刘峥编写了第3章，张耿编写了第4章，韩权利编写了第5章，万宏强编写了第6、7章。

本书借鉴了国内相关机械制造工程学课程的教材，编写过程中还参考了国内外的相关标准和其他研究成果，有的参考文献年代久远，尤其是网上相关资料无法一一列在参考文献中，在此向所有参考资料的作者表示感谢！

由于编者水平有限，本书难免有不妥之处，恳切希望广大读者批评指正，以利于今后改进提高，为机械制造技术课程的改革和教学质量的提高做出贡献。

编　者

目　录

前言
第1章　绪论 …………………………… 1
1.1　制造技术的发展历程 …………… 1
1.2　机械制造技术的内涵 …………… 4
1.3　课程的主要内容和学习方法 …… 6
第2章　机械加工用刀具 …………… 8
2.1　刀具材料 …………………… 8
2.2　刀具选用与参数设计 …………… 16
第3章　金属切削原理 …………… 31
3.1　切削用量的概念 ……………… 31
3.2　金属切削的基本规律 ……… 36
3.3　刀具磨损和刀具寿命计算 …… 53
3.4　切削用量的计算 ……………… 62
第4章　机械加工精度与加工表面质量
　　　 控制 ………………………… 68
4.1　机械加工工艺系统几何误差
　　　及误差控制 ………………… 68
4.2　机械加工工艺系统过程误差
　　　及误差控制 ………………… 83
4.3　机械加工精度的统计分析 …… 103
4.4　机械加工表面质量的概念及其
　　　控制 ……………………… 115
第5章　机械加工及装配工艺规程
　　　 设计 ……………………… 131

5.1　机械加工工艺过程的概念 …… 131
5.2　机械加工工艺规程设计 ……… 141
5.3　机械加工工艺规程的工序
　　　设计 ……………………… 156
5.4　工艺尺寸链 ………………… 162
5.5　工艺过程的生产率与技术经济
　　　分析 ……………………… 170
5.6　装配工艺规程的制订与装配
　　　方法 ……………………… 180
5.7　保证装配精度的方法及装配
　　　尺寸链的计算 ……………… 188
第6章　机床夹具设计 …………… 205
6.1　机床夹具定位原理和定位
　　　设计 ……………………… 205
6.2　定位误差及其计算 ………… 222
6.3　夹具的夹紧装置及其他组成部件
　　　设计 ……………………… 233
6.4　机床夹具的设计方法及常用
　　　夹具 ……………………… 248
第7章　机械加工机床与装备 ……… 261
7.1　金属切削机床 ……………… 261
7.2　金属切削机床的主要部件 …… 267
参考文献 …………………………… 276

第 **1** 章　绪论

本章要点

机械制造技术的内涵

机械产品的制造过程
零件的制造方法
零件的制造过程

培养目标

本章在讲授制造技术的历史与发展的基础上，对制造技术的发展、现代机械制造工程在社会中的作用、机械产品的制造过程、零件的制造方法、现代机械制造企业面临的任务等内容进行阐述，揭示制造技术、设计技术、控制技术相互之间的内在联系。通过对本章的学习，应能够理解制造业的地位、作用、任务，制造业现状及制造技术研究的方向，树立民族自豪感，激发爱国主义情怀

1.1　制造技术的发展历程

1. 传统制造技术的历史

制造与使用工具，是人和动物的本质区别。制造技术的历史和人类发展的历史一样长，图 1-1 是我国云南元谋人在 170 万年以前制造的刮削石器。图 1-2 是新石器时代的工具，这些工具已经经过打磨，表面较为精细，有的还加工出孔，种类也丰富得多。

图 1-1　旧石器时代的工具　　　　图 1-2　新石器时代的工具

工具的进步伴随着制造技术的进步和生产力的发展。例如，我国半坡村遗址（6000 多年历史）中出土的尖底瓶（图 1-3），其制造工艺和设计中所包含的对力学原理的运用使得现代人都赞叹不已。

人类社会从新石器时代继续发展到青铜时代、铁器时代。世界各地的制造技术发展虽然并非同步，但轨迹大体是相似的，发展的动力也都来源于人类对于物品的需求，制造的物品也因此更加丰富多彩。如我国汉代制造的绞车，其上有铁制的棘轮，其工作原理和现代工业中应用的棘轮原理一样，形态也相似。张衡改进了浑天仪，这说明制造技术的发展不仅提供了实用的物品，而且也给科学研究提供了物质条件。当然，科学研究的成果也促进了制造技术的发展，楚国贵族墓出土的越王勾践青铜剑（图 1-4），其材料配方、表面硫化处理及精磨技术，与现代加工技术相比毫不逊色，这也体现了当时科学发展的水平。

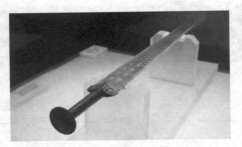

图 1-3 半坡尖底瓶　　　　　图 1-4 楚国贵族墓出土的越王勾践青铜剑

我国成书于春秋战国时期的《考工记》和明代的《天工开物》都是对当时制造技术的总结。从这些典籍以及当时的文物可以看出，传统制造技术的特征是需要制造者高超的个人技艺，以及父子或师徒口传心授，再加上较长时期的练习才能够完成技术的传承。《荀子》中说："工匠之子，莫不继事"，记载的就是这种现象。家庭作坊由经济利益驱动，这种方式会促进技术的继承和发展，但不利于技术的扩散，甚至于会造成技术的失传，而社会需求，尤其是当时宫廷的需求，会促使该情况有所变化，例如唐朝就建立了类似现在技工学校的机构。当时的各种技艺常常缺乏科学或理论上的总结提高，只是经验的记录。总体来说，传统制造技术依赖手工操作，不能形成大规模、高效率的工业化生产，产品质量依赖于操作者的个人技能，但相应的生产管理还是相当完善的。例如，秦朝的兵器上常常有管理者和工匠的名字，称之为"物勒工名"，就是为了满足管理上的需要。

2. 现代制造技术的发展

现代制造技术以瓦特改进成功的、能投入商业使用的蒸汽机为开端。瓦特之所以能改进成功，重要的因素在于他利用了当时为加工炮管而刚刚发明出来的镗床来加工蒸汽机的汽缸和活塞。这种镗床可以获得当时最高的加工精度，使得蒸汽机有效率地运转。当然，蒸汽机也为此后发明的各种机床提供了强大动力。作为工作母机的机床，其发展又为制造业乃至整个工业的发展提供了基础的技术手段。

现代制造技术的发展是以 20 世纪初美国福特汽车公司生产的"T"型车开始的。大批量产品的生产线和连续运转的装配线，使依赖于手工技艺的传统制造变成了依赖于各种各样的制造设备的现代制造。设备的制造和驱动设备的动力、各种金属材料和刀具材料、针对生产线制订的企业管理制度，在 20 世纪均得到了极大的发展。

制造业尤其是机械制造业的发展和人类以往的历史相比，是空前飞速变化的。以机床的发展来说，从早期的用天轴传动的皮带车床，到电动机带动的普通机床、由齿轮凸轮控制的自动化车床，再到数字控制乃至计算机数字控制的加工中心，自动化程度越来越高，形式越来越多。如并联机床的关键零、部件（如轴承、滚珠丝杠、滚动导轨、电主轴等），其精度和承载能力已绝非早期机床可比，机床的控制部分不仅有计算机数控系统，还配备有各种实时监测装置。长光栅和圆光栅直接测量机床运动部件的位置和状态，高精密机床甚至直接把激光干涉仪作为机床位置测量部件，使机床获得较高的加工精度。

刀具材料经历了由淬火的碳素工具钢、高速钢到硬质合金、陶瓷、立方氮化硼以及刀具涂层技术的发展过程，现在刀具的切削速度和切削力已远远超过早期的刀具。

20 世纪 40 年代出现的电火花加工技术开辟了新的金属加工方法，这种加工方法和其他电解加工、电解机械复合加工、化学加工、激光加工、电子束加工、等离子体加工、超声加工、高速射流加工以及由半导体芯片光刻技术发展而来的微细加工技术，使得机械制造的工艺手段几乎可以应对所有的工程材料。

为与上述机械制造物理上的"硬"技术的高速发展相适应，与机械制造相关的"软"技术也随着计算机技术的发展而高速发展。计算机辅助设计/制造（CAD/CAM）把产品设计与制造集成起来，可以实现无图纸加工。计算机和网络及其相关技术的发展使得制造信息的产生、传输、应用获得了高速发展，而且在制造过程中得到了更加广泛的应用。

制造工程的概念也在变化，不仅要为社会提供产品，还要考虑产品的整个生命周期对于环境的影响，这就是绿色制造的概念，它包括了减少乃至于消除制造过程对环境的污染，以及产品的可维修性和无害降解。

当前制造技术还在不断发展，制造将一直作为人类社会的基本活动而存在。我国近年来，在高铁、天文、航海、太空探索等领域的技术发展（图 1-5），离不开制造技术。

图 1-5　我国的"大国重器"

3. 机械制造技术在社会中的作用

机械制造业是现代工业的主体，是国民经济的支柱产业，是国家工业体系的重要基础和国民经济各部门的装备部。在国民经济的各个行业中所使用的各种各样的机械仪器及工具，其性能、质量都受机械制造业生产能力、加工效率的影响。因此，机械制造业对整个工业的发展起着基础和支撑作用，机械制造技术水平的提高对整个国民经济的发展，以及科技、国防实力的提高有着直接和重要的影响，是衡量一个国家科技水平和综合国力的重要标志。

（1）制造社会所有产业的工具设备　机械制造的一项重要任务是为几乎所有的产业和科学研究生产工具装备，包括它本身需要的机床。制造业的发展对于人类社会也产生了巨大影响，高度复杂、高效率和高昂价格的制造装备系统需要高度专业化的技术人员，企业的人员构成和运作方式也因此而变化。机械制造业还为科学研究提供基础的研究设备。

当代的科学研究需要精密、复杂、大型的具有特殊功能的设备。航空航天设备一直就是机械加工技术攻关的目标之一，甚至需要专门为飞机发动机研制复杂、高精度的数控机床；研制芯片不仅需要精密、复杂的特殊设备，还需要使设备所处的环境保持恒温、洁净、恒湿和隔振，这也需要相关设备才能保证。科学的进步也会对机械制造技术产生巨大的影响。如原子力显微镜的发明使得加工表面的研究进入了新的阶段；超磁致伸缩材料的发明为超声加工设备提供了新的机遇；高强、高硬度材料以及各种高性能涂层的研究成功让刀具可以承受更高的切削速度；激光的发明立即就获得了工业上的应用，目前在测量技术的发展过程中发挥着不可替代的作用。

（2）直接生产消费品　制造的最终目的都是生产消费品。家用电器和汽车是最好的实例，这些产品直接改变着人们的生活方式，是人类社会进步的标志之一。消费品的生产数量极大，要求质量可靠、价格低廉以及对环境的污染最小。也正因为数量大，消费品生产技术的每一点进步都会产生巨大的经济和社会效益。如打火机在我国售价不到一元钱，其上的销轴、磨轮、壳体的高效加工所涉及的技术并不简单。家用电器中电路板的生产和达到寿命后的回收，以目前的技术来处理，成本还过高，这是制造业的技术发展热点，甚至也成为社会关注的热点。

1.2　机械制造技术的内涵

机械制造企业的生产活动通常围绕新产品的研发、产品制造、产品销售和服务三个阶段进行。

新产品的研发主要是在市场需求的驱动下，根据新技术的发展和企业的资源特征，通过设计、试制、生产准备等一系列活动完成，它保证了企业的发展与未来。

产品制造主要是根据市场和订单所确定的产品批量及要求，通过毛坯制造、加工、装配、检验及制造过程的组织管理等方式完成。

产品销售和服务主要是把生产出来的产品以一定的渠道推向市场，并提供促进销售的服务，把产品变成企业实际的利润，实现制造活动及产品本身的价值。

随着科学技术的迅速发展，现代制造正在不断吸收信息论、控制论、材料学、管理学及能源学等的技术成果，并将其综合应用于从产品设计、制造到市场乃至回收的全过程，从而形成了制造系统（广义，即生产系统）的概念。制造系统的概念扩大和丰富了制造技术学科的内容，也指明了它的研究方向。

按照制造系统的观点来分析处理问题时，以满足市场需求作为战略决策的核心，能够取得理想的技术经济效果。同时，也为"优质、高效、低耗"附加了新的内涵。"优质"不单是产品的加工质量好，而且包含满足市场需求的程度；"高效"不单是产品的加工效率高，更重要的是响应市场要快，产品更新要快；"低耗"不仅指产品的成本低，而且企业的综合效益要好；用户不仅购买产品便宜，而且使用和维护成本低，售后服务好，以保证稳定的产品市场。

1. 机械产品的制造过程

机械产品的制造过程，即从原材料转变为产品的全过程，包括零、部件及整机的制造，也称为生产过程。制造过程由一系列的制造活动组成，包括生产设计、技术准备、毛坯制造、机械加工、热处理、装配、质量检验及储运等。

按制造系统（狭义）的观点看，产品的制造过程是物料转变、信息传递和能量转化的过程，如图1-6所示。原材料，毛坯，加工中的半成品，零、部件及产品整机形成了物料流；产品的装配图，零、部件图，各种工艺文件、CAD文件、CAM文件，产品的订单、生产调度计划等形成了制造系统的信息流；电能、机械能、热能等形成了能量流。物料流是制造系统的本质，在物料流动的过程中，原材料变成了产品。能量流为物料流提供了动力，电能驱动电动机，再驱动各种机械运动，实现加工和运输；热能用来加热金属进行铸造、锻造、热处理等。信息流则控制物料如何运动，控制能量如何做功。在整个制造过程中，人和设备是制造活动的支撑条件，所有的制造活动都受各种条件和环境的约束。

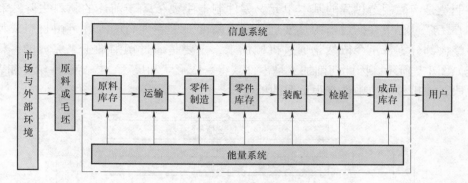

图 1-6　机械制造系统

制造过程实质上是一个资源（人力资源、自然资源等）向零件或产品转变的过程。但这个过程是不连续的（离散的），其系统状态因产品类型、品种数量、交货期，以及人员素质、设备状况等综合因素的变化而变化，故机械制造系统是离散的动态系统。

2. 零件的制造方法

零件的制造是机械制造过程中最基础也最主要的环节，其目的是通过一定的工艺方法来获取具有一定形状、尺寸和性能的零件。

按照零件在制造过程中质量的变化，将零件制造的工艺方法分为材料去除法（质量减少 $\Delta m < 0$）、材料成型法（质量不变，$\Delta m = 0$）和材料增加法（质量增加，$\Delta m > 0$）三种类型。

（1）材料去除法　材料去除法是按照一定的方式从工件上去除多余材料，使工件逐渐逼近所需形状、尺寸的零件。就目前来说材料去除法的材料利用率及工效低，但其有很强的适用性，至今依然是提高零件制造质量的主要手段，是机械制造中应用最广泛的加工方式。材料去除法主要包括切削加工和特种加工。

切削加工是通过工件和刀具之间的相对运动及作用力实现的。在切削过程中，工件和刀具安装在机床上，由机床带动实现一定规律的相对运动，刀具从工件表面上切去多余的材料而形成所需要的零件。常见的金属切削加工方法有车削、铣削、钻削、刨削、磨削等。

特种加工是指利用电能、光能、化学能等对工件进行材料去除的加工方法。常用的特种加工方法有电火花加工、电解加工、激光加工、超声波加工等。

（2）材料成型法　材料成型法是指毛坯或零件在制造过程中材料的形状、尺寸及性能发生变化而其质量未发生变化的工艺方法。材料成型法常利用模具来制造毛坯，也可用来制造形状较复杂但精度要求不太高的零件，生产效率较高。常用的材料成型工艺有铸造、锻造、粉末冶金及冲压等。

（3）材料增加法　材料增加法是通过材料逐渐累加而获得零件的工艺方法。近些年发展起来的3D打印技术，是材料增加法工艺的新进展。3D打印技术是将零件以微元叠加方式逐渐累积形成的。在制造过程中，将零件三维实体模型数据经计算机分层处理，得到各层截面轮廓，再以此信息来控制分层制造，然后逐层叠加形成所需要的零件。此类工艺方法的优点是无须刀具、夹具等生产准备活动，就可以形成任意复杂形状的零件。制造出来的原型可供设计评估、投标、样件展示或直接作为产品，因此，这一工艺被称为快速成型技术，它对于企业快速响应市场、提高竞争能力具有重要作用。

3. 零件的制造过程

零件制造是产品制造过程的基本单元。零件制造主要依赖于前述的材料去除法和材料成型法，并在工艺过程中穿插适当的热处理。其中精度要求不太高的零件可由材料成型法直接制造，但绝大部分零件至今依然是通过机械加工，主要是通过切削加工来完成的，机械加工工艺系统如图1-7所示。因此切削加工是零件获得一定形状和尺寸、提高零件精度和表面质量的主要手段，在机械制造中占有很重要的地位。

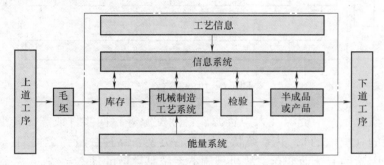

图 1-7　机械加工工艺系统

1.3　课程的主要内容和学习方法

现代机械制造技术的基础和其他技术一样主要是物理和数学。机械制造技术最重要的部分是金属切削过程，其规律和机理解释以金属物理学、传热学和摩擦学为基础，机械加工中误差的产生和控制需要力学、几何和数理统计的理论，机械制造过程中刀具、夹具和量具的设计需要机械设计和机械制造基础作为知识准备。

本课程以培养机械制造工艺师能力为目标，工艺师基本工作包括：

1）制订机械零件加工工艺规程。熟悉并能熟练分析产品图和零件图的技术信息；熟悉产品验收的质量标准和检验方法；选择毛坯和确定毛坯的制造工艺方法；拟定零件机械加工工艺路线；确定机械加工设备及工艺装备；确定工时定额；进行技术经济性分析；编制工艺文件等。

2）制订产品装配工艺规程。根据机器的技术要求，编制机器的装配工艺规程。

3）设计专用工艺装备。根据机械制造工艺的要求，设计专用机床设备，专用工具、刀具、辅具，专用夹具和量具等工艺装备。

4）质量控制。根据机械制造过程中的具体情况，分析原因，制订措施，解决生产中的质量问题。

本课程是以机械制造工艺过程为主线，系统地介绍机床、刀具、夹具、量具、辅具等相关的装备知识，金属切削的基本规律，机械加工和装配工艺规程的设计方法和步骤，机械加工精度及表面质量的分析与控制方法，制造过程的测量与检验技术，机械加工安全、环境保护、经济性等内容。

本课程的学习建议：紧密结合工程实际，认真完成实验和课程设计，在教师指导下积极参与课余创新实践活动。

习题与思考题

1. 从秦朝兵器上有相关责任人的姓名，到现代化的企业运行管理制度，哪些始终是影响制造质量的关键因素？

2. 制造技术发展的历史对于当时社会经济运行和发展有哪些重要的影响？

3. 制造业的发展历史经过了哪些重大转折点？

4. 机械制造业在国民经济中占有什么样的位置？为什么说机械制造业是国民经济的基础？

5. 按照在制造过程中质量的变化，将零件制造方法分为哪三类？具体有哪些方法？

第 2 章　机械加工用刀具

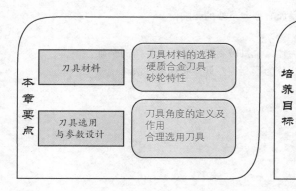

本章要点		
	刀具材料	刀具材料的选择 硬质合金刀具 砂轮特性
	刀具选用 与参数设计	刀具角度的定义及 作用 合理选用刀具

培养目标
金属切削过程是刀具与工件的相互作用过程，对刀具结构及其材料需提出相应的要求
本章在讲授金属切削刀具基本知识的基础上，对刀具材料性能、硬质合金刀具、砂轮特性、刀具角度的作用及选择等内容进行阐述，揭示其产生机理和相互之间的内在联系
通过对本章的学习，学生能够理解金属切削刀具的基本理论和基本规律，培养学生合理选用刀具、设计优质刀具的能力

2.1　刀具材料

2.1.1　刀具材料的性能

刀具切削性能取决于构成刀具切削部分的材料、几何形状和刀具结构。用于机械切削的刀具需要具有以下几种性质：

1）高的硬度。只有刀具材料硬度大于被切削材料的硬度才可能进行切削，刀具材料的常温硬度，一般要求在 60HRC 以上。

2）强的耐磨性。耐磨性是指刀具抵抗磨损的能力，一般刀具材料的硬度越高，耐磨性越好，因此，刀具材料的发展首先是硬度的提高。材料中硬质点的硬度越高、数量越多、颗粒越小、分布越均匀，则耐磨性越高。

3）足够的强度和韧性。这是因为切削时刀具要承受很大的切削力，而且断续切削时切削力会有波动并会使刀具受到冲击。

4）强的耐热性（热稳定性）。刀具材料的耐热性用于保证刀具在切削温度很高时仍保持应有的硬度、耐磨性和刀具材料的稳定性，断续切削时刀具材料还需具有耐受热冲击性能。

5）良好的热物理性能和耐热冲击性能。刀具材料的导热性能要好，不会因受到大的热冲击使刀具内部产生裂纹而导致刀具断裂。

6）良好的工艺性能和经济性。刀具材料本身的良好工艺性是保证刀具正常生产的前提，尤其是复杂刀具，从锻造、热处理、焊接、切削到磨削，对刀具材料的工艺性都有较高的要求，而且要追求高的性价比。

2.1.2　常用刀具材料

常用的刀具材料有碳素工具钢、合金工具钢、高速钢、硬质合金、陶瓷、金刚石、立方氮化硼。

1. 碳素工具钢和合金工具钢

碳素工具钢和合金工具钢现在只用于手动切割工具，如手工锯条、丝锥、板牙（图 2-1）等，常见牌号有 T10A、T8A、CrWMn 等。这些材料相对硬度较低，耐热性也差，但工艺性能相当好。

图 2-1 丝锥、板牙

2. 高速钢

高速钢（High Speed Steel，HSS）就是含钨、铬、钼、钒的高合金钢，又称为"锋钢""风钢"或"白钢"，具有较高的硬度和耐热性，其允许的切削速度（与碳素工具钢和合金工具钢相比，高速钢能提高切削速度 2~3 倍，提高刀具使用寿命 10~40 倍，甚至更多）大大超过高速钢发明之前应用的其他工具钢，热硬性高达 600℃。高速钢具有较高的强度和韧性，抗弯强度为一般硬质合金的 2~3 倍，抗冲击振动能力强。它的工艺性能较好，能锻造，容易磨出锋利的切削刃，适宜制造各类切削刀具，尤其在复杂刀具（铣刀、钻头、丝锥、成形刀具、拉刀、齿轮刀具等）的制造中占有重要的地位。常用高速钢刀具如图 2-2 所示。

高速钢按切削性能不同，可分为通用型高速钢和高性能高速钢；按制造工艺方法不同，可分为熔炼高速钢和粉末冶金高速钢。

常见的通用型高速钢牌号为 W6Mo5Cr4V2（又称 M2），其力学性能和工艺性良好，常用来制造钻头和其他复杂刀具。以前常用的 W18Cr4V（又称 W18）高速钢，因为需要较多的 W 元素，所以现在应用渐少。高性能高速钢有 W2Mo9Cr4VCo8（又称 M42），综合性

图 2-2 常用高速钢刀具

能良好，硬度可达 67~70HRC，可承受的切削温度达 600℃，但价格较高（含 Co 较多）。而 W6Mo5Cr4V2Al（又称 501）切削性能相当于 M42，可磨性稍差，用于切削难加工材料，适用于制造复杂刀具等，价格较低。

粉末冶金高速钢，其碳化物的偏析小、更耐磨、淬火变形小，适合用于大尺寸复杂刀具，也可用于大截面薄刃刀具。

3. 硬质合金

硬质合金是目前最重要的刀具材料，由各种难熔金属碳化物（TiC、WC、TaC、NbC 等）和金属黏结剂（如 Co、Ni、Mo 等）用粉末冶金的方法制成。其硬度为 70~73HRC，耐 800~

1000℃高温，具有良好的耐磨性，允许使用的切削速度可达 100～300m/min，可加工包括淬硬钢在内的多种材料，因此获得了广泛的应用。但是硬质合金的抗弯强度低，冲击韧性差，较难加工，很少用于制造整体刀具，一般做成各种形状的刀片，焊接或直接夹固在刀体上使用（图 2-3），所以目前还不能完全取代高速钢。常用的硬质合金有钨钴类（YG 类）、钨钛钴类（YT 类）和钨钛钽（铌）钴类（YW 类）。国际标准化组织 ISO 把切削用硬质合金分为 K 类、P 类和 M 类等。

图 2-3　硬质合金刀具及刀片

　　（1）WC 基硬质合金　WC 基硬质合金刀具材料特点及应用见表 2-1。牌号示例：YG6（牌号字母是 YG，牌号数字是由平均含钴质量的百分数组成，表示平均 Co = 6%，其余为WC）。

表 2-1　WC 基硬质合金刀具材料特点及应用范围

类型	特点	常用牌号	应用范围
YG 类硬质合金（K 类）	由 WC 和 Co 组成，也称钨钴类硬质合金；随着钴质量分数增多，硬度和耐磨性下降，抗弯强度和韧性增强	YG6（Co 的质量分数 6%）、YG8 等	主要加工铸铁、有色金属及其合金、非金属材料，低速时也可加工钛合金等耐热钢
YT 类硬质合金（P 类）	由 WC、TiC 和 Co 组成；随着 TiC 质量分数的提高，钴质量分数相应减少，硬度及耐磨性增强，抗弯强度下降	YT5（TiC 的质量分数为 5%）、YT15 等	主要用于加工钢料
YW 类硬质合金（M 类）	在 WC、TiC、Co 的基础上再加入 TaC（或 NbC）而成；加入 TaC（或 NbC）后，改善了硬质合金的综合性能，其抗弯强度、冲击韧性和疲劳强度增加，高温性能和抗氧化能力提高	YW1、YW2 等	可以加工铸铁、有色金属、钢料及高温合金和不锈钢等难加工材料，有通用硬质合金之称

　　硬质合金随其中硬质相和黏结剂的不同而有许多牌号，适用于不同场合。各种牌号的具体应用范围和应用条件可以参照硬质合金厂家的产品介绍。

　　（2）YN 类硬质合金（TiC 基硬质合金）　是以 TiC 为主要硬质相，以 Ni 或 Mo 为黏结相制成的合金，比 WC 基合金有强的耐磨性、耐热性和高的硬度（近似陶瓷），但抗弯强度和冲击韧性较差，一般用于精加工、半精加工钢和铸铁。常用合金牌号有 YN05、YN10 等。

　　（3）涂层硬质合金　无论是硬质合金还是高速钢，都可以在刀具制好之后采用化学气相沉积法或者物理气相沉积法再涂一层或数层硬质材料（如 TiC、TiN、TiCN、Al_2O_3），使其表层硬度高、耐磨性好和化学稳定性强，使基体抗弯强度高、韧性好、导热系数大。国内外各家刀具厂生产的各种刀具（如硬质合金铣刀）很少有不涂层的。可用于半精加工、精加工、粗加工（小负荷）钢料和铸铁。涂层刀具的应用范围正在进一步扩大。

　　表 2-2 是各种硬质合金刀具的应用范围。

表 2-2　各种硬质合金刀具的应用范围

牌号	应用范围
YG3X	铸铁、有色金属及其合金的精加工、半精加工、不能承受冲击载荷
YG3	铸铁、有色金属及其合金的精加工、半精加工、不能承受冲击载荷
YG6X	普通铸铁、冷硬铸铁、高温合金的精加工、半精加工
YG6	铸铁、有色金属及其合金的半精加工和粗加工
YG8	铸铁、有色金属及其合金、非金属材料的粗加工，也可用于断续切削
YG6A	冷硬铸铁、有色金属及其合金的半精加工，亦可用于高锰钢、淬硬钢的半精加工和精加工
YT30	碳素钢、合金钢的精加工
YT15、YT14	碳素钢、合金钢在连续切削时的粗加工、半精加工，亦可用于断续切削时精加工
YT5	碳素钢、合金钢的粗加工，可用于断续切削
YW1	高温合金、高锰钢、不锈钢等难加工材料及普通钢料、铸铁、有色金属及其合金的半精加工和精加工
YW2	高温合金、高锰钢、不锈钢等难加工材料及普通钢料、铸铁、有色金属及其合金的粗加工和半精加工

4. 陶瓷

陶瓷刀具是以氧化铝（Al_2O_3）或氮化硅（Si_3N_4）等为主要成分，经压制成型后烧结而成的一种刀具材料。

陶瓷刀具材料有更高的耐热性和硬度，在 1200℃时仍可保持 58HRC 的硬度，可承受更高的切削速度；化学稳定性好，摩擦系数小，耐磨性好，加工钢件时的寿命为硬质合金的 10~12 倍；但其耐冲击性低于硬质合金。

常用的陶瓷刀具材料有氧化铝、复合氧化铝及复合氮化硅陶瓷等，具体见表 2-3，主要用于精加工和半精加工高硬度、高强度钢和冷硬铸铁等。由于陶瓷的原料在自然界中容易得到，且价格低，因而是一种极有发展前途的刀具材料。

表 2-3　常用陶瓷刀具材料特点及应用范围

类型	特点	应用范围
氧化铝陶瓷	主要用 Al_2O_3 加微量添加剂（如 MgO），经冷压烧结而成，是一种廉价的非金属刀具材料，抗弯强度 400~500N/mm²，硬度 71HRC	由于抗弯强度太低，应用较少
复合氧化铝陶瓷	在 Al_2O_3 基体中添加高硬度、难熔碳化物（如 TiC），并加入其他金属（如镍、钼）进行热压而成，抗弯强度 800N/mm² 以上，硬度 73HRC，1200℃ 时硬度尚能达到 58HRC，化学稳定性好，与被加工金属亲和作用小，但抗弯强度和冲击韧性较差，对冲击十分敏感。在 Al_2O_3 基体中加入 SiC 和 ZrO_2 晶须而形成晶须陶瓷，可提高韧性	目前多用于各种金属材料的半精加工和精加工，特别适合于淬硬钢、冷硬铸铁的加工
复合氮化硅陶瓷	在 Si_3N_4 基体中添加 TiC 等化合物和金属 Co 等进行热压制成，其力学性能与复合氧化铝陶瓷相近	特别适合于切削冷硬铸铁和淬硬钢

5. 金刚石

金刚石分天然和人造两种（显微硬度接近于10000HV），是自然界中最硬的材料，工业上常用的是人造金刚石，即在高温高压条件下，借助于某些合金的触媒作用，由石墨转化而成。金刚石能切削陶瓷、高硅铝合金、硬质合金等难加工材料，还可以切削有色金属及其合金，但不能切削铁族材料，因为碳元素和铁元素有很强的亲和性，碳元素向工件扩散，加快刀具磨损。当温度大于700℃时，金刚石结构会转化为石墨结构而丧失强度。金刚石刀具除了要设计刀具的几何参数外，还要注意金刚石晶体的方向，不同晶面的耐磨性能是不一样的。现在制造刀具时常用X射线或激光来测定金刚石的晶向。常见金刚石刀具如图2-4所示。

图 2-4　金刚石刀具

6. 立方氮化硼

立方氮化硼（又称CBN）是由六方氮化硼在高温高压下加入催化剂转化而成的一种新型超硬刀具材料，包括整体聚晶CBN和复合聚晶PCBN两种，其硬度（显微硬度可达8000～9000HV）仅次于金刚石，其热稳定性和化学惰性稳定，可耐1300～1400℃的高温，在1200℃高温时也不易与铁族金属发生反应，可用较高的速度切削淬硬钢、冷硬铸铁、高温合金等难加工材料。常常在硬质合金片上烧结一层0.5mm厚的立方氮化硼而形成复合刀具来使用。

立方氮化硼和人造金刚石也常制成不同粒度的粉末来制造磨料。

常用刀具材料的工艺特性及用途见表2-4。

表 2-4　常用刀具材料的特性及用途

种类	牌号	工艺性能	用途
碳素工具钢	T8A、T10A、T12A	可冷热加工成形，工艺性能良好，磨削性好，需热处理	只用于手动刀具，如手动丝锥、板牙、铰刀、锯条、锉刀等
合金工具钢	9SiCr、CrWMn 等	可冷热加工成形，工艺性能良好，磨削性好，需热处理	只用于手动或低速机动刀具，如丝锥、板牙、拉刀等
高速钢	W6Mo5Cr4V2（M2）、W18Cr4V（W18）、W2Mo9Cr4Co8（M42）、W6Mo5Cr4V2Al（501）	可冷热加工成形，工艺性能好，需热处理，磨削性好，但高钒类较差	用于各种刀具，特别是形状较复杂的刀具，如钻头、铣刀、拉刀、齿轮刀具、丝锥、板牙、刨刀等
硬质合金	钨钴类：YG3、YG6、YG8 钨钴钛类：YT5、YT15、YT30	压制烧结后使用，不能冷热加工，多镶片使用，无须热处理	车刀刀头大部分采用硬质合金，铣刀、钻头、滚刀、丝锥等也可镶刀片使用。钨钴类加工铸铁、有色金属；钨钴钛类加工碳素钢、合金钢、淬硬钢等

（续）

种类	牌号	工艺性能	用途
陶瓷		压制烧结后使用，不能冷热加工，多镶片使用，无须热处理	多用于车刀，性脆，适于连续切削
金刚石		用天然金刚石砂轮刃磨极困难	用于有色金属的高精度、低粗糙度切削，$700 \sim 800℃$ 时易碳化
立方氮化硼		压制烧结而成，可用金刚石砂轮磨削	用于硬度、强度较高材料的精加工。在空气中达 1300℃ 时仍保持稳定

2.1.3　刀具材料的选择

合理选择刀具材料的基本原则：根据工件材料、刀具结构和加工要求，选择合适的刀具材料与其相适应，做到既充分发挥刀具特性，又能较经济地满足加工要求。通常加工一般材料，大量使用的仍是普通高速钢和硬质合金。只有加工难切削材料时才有必要选用新牌号高性能高速钢或硬质合金，加工高硬度材料或精密加工时才需选用超硬材料。

对于切削刃形状复杂的刀具，例如成形车刀、拉刀、丝锥、板牙、齿轮刀具，以及容屑槽是螺旋形的刀具，例如麻花钻、扩孔钻、铰刀、立铣刀、圆柱铣刀，目前大多用高速钢（HSS）制造。硬质合金的牌号很多，总的加工范围十分广泛，切削速度大、刀具寿命也很长，为了提高生产率，应尽量选用。

切削一般钢与铸铁的常用刀具材料见表 2-5。各种常用刀具材料可切削的主要工件材料见表 2-6。

表 2-5　切削一般钢与铸铁的常用刀具材料

刀具类型	工件材料——钢	工件材料——铸铁
车刀、镗刀	WC-TC-Co，WC-TiC-TaC-Co，TiC（N）基硬质合金，Al_2O_3	WC-Co，WC-TaC-Co，TIC（N）基硬质合金，Si_3N_4，Al_2O_3
端铣刀	WC-TiC-TaC-Co，TiC（N）基硬质合金	WC-TaC-Co，TiC（N）基硬质合金，Si_3N_4，Al_2O_3
钻头	HSS，WC-TiC-Co，WC-TiC-TaC-Co	HSS，WC-Co，WC-TaC-Co
扩孔钻、铰刀	HSS，WC-TiC-Co，WC-TiC-TaC-Co	HSS，WC-Co，WC-TaC-Co
成形车刀	HSS	HSS
立铣刀，圆柱铣刀	HSS	HSS
拉刀	HSS	HSS
丝锥、板牙	HSS	HSS
齿轮刀具	HSS	HSS

表 2-6　各种常用刀具材料可切削的主要工件材料

刀具材料	结构钢	合金钢	铸铁	淬硬钢	冷硬铸铁	镍基高温合金	钛合金	铜铝等有色金属	非金属
高速钢	*	*	*			*	*	*	*
YG 类硬质合金					*	*	*	*	*
YT 类硬质合金	*	*							
YW 类硬质合金	*	*	*			*		*	*
涂层硬质合金								*	
TiC（N）基硬质合金	*	*	*						*
Al_2O_3 基陶瓷	*	*	*						
Si_3N_4 基陶瓷			*						
金刚石								*	*
立方氮化硼				*	*	*			

2.1.4　磨具

磨削所用的工具是磨具。磨具中起切削作用的是具有高硬度的磨粒。

磨具分为三种类型：固结磨具、柔性磨具和游离磨料。固结磨具是用黏结剂将磨粒结合成型（通常为回转体，称为砂轮）。柔性磨具是用弹性更大的黏结剂把磨料粘结于可变形的基体上制成的，如砂带、砂纸。游离磨料是将离散的磨粒直接用于磨削，常用于研磨或抛光。

砂轮是一种用磨料和黏结剂混合经压坯、干燥、焙烧而制成的，可以是疏松的盘状、轮状等各种形状的固结磨具。砂轮种类繁多，按所用磨料可分为普通磨料（刚玉和碳化硅等）砂轮、天然磨料砂轮、超硬磨料（金刚石和立方氮化硼等）砂轮。按形状可分为平形砂轮、斜边砂轮、筒形砂轮、杯形砂轮、碟形砂轮等。按黏结剂可分为陶瓷砂轮、树脂砂轮、橡胶砂轮、金属砂轮等。

砂轮具有以下 5 个主要特性。

1）磨料。常见的磨料有刚玉类、碳化物类、立方氮化硼类和金刚石类。

棕刚玉（代号 A）用于磨削、研磨和珩磨碳钢、合金钢、可锻铸铁、硬青铜等，白刚玉（代号 WA）用于磨削、研磨和珩磨淬火钢、高速钢、高碳钢等。

黑碳化硅（代号 C）用于磨削、研磨和珩磨铸铁、黄铜、铝及非金属材料。

绿碳化硅（代号 GC）用于磨削、研磨硬质合金、宝石、陶瓷、玻璃等。

立方氮化硼用于磨削和研磨高硬度、高韧性的难加工材料，如不锈钢和高碳钢等，但不可用水基磨削液。

人造金刚石（树脂或陶瓷黏结剂用金刚石标记为 RVD、金属黏结剂用金刚石标记为 MBD、锯切用金刚石标记为 SMD、修整工具用金刚石标记为 DMD）用于磨削和研磨硬质合金、陶瓷、玻璃、宝石等硬脆材料。

2）粒度。即磨粒的尺寸，对于颗粒尺寸大于 $40\mu m$ 的磨料，称为磨粒。用筛选法分级，粒度号以磨粒通过的筛网上每英寸长度内的孔眼数来表示，如 60#的磨粒表示其大小刚好能通过每英寸长度上有 60 个孔眼的筛网。对于颗粒尺寸小于 $40\mu m$ 的磨料，称为微粉。用显微测量法分级，用 W 和后面的数字表示粒度号，其 W 后的数值代表微粉的实际尺寸。如 W20 表示微粉的实际尺寸为 $20\mu m$。

磨料粒度的选择主要同加工表面粗糙度和生产率有关。粗磨时，磨削余量大，要求的表面粗糙度值较大，应选用较粗的磨粒。因为磨粒粗、气孔大，磨削深度可较大，砂轮不易堵塞和发热。精磨时，余量较小，要求粗糙度值较低，可选取较细磨粒。一般来说，磨粒越细，磨削表面粗糙度越好。粒度参数见表 2-7。

表 2-7　粒度参数

粒度号	颗粒尺寸范围/μm	适用范围	粒度号	颗粒尺寸范围/μm	适用范围
12#~36#	2000~1600 500~400	粗磨、荒磨、切断钢坯、打磨毛刺	W40~W20	40~28 20~14	精磨、超精磨、螺纹磨、珩磨
46#~80#	400~315 200~160	粗磨、半精磨、精磨	W14~W10	14~10 10~7	精磨、精细磨、超精磨、镜面磨
100#~280#	165~125 50~40	精磨、成型磨、刀具刃磨、珩磨	W7~W3.5	7~5 3.5~2.5	超精磨、镜面磨、制作研磨剂等

3）黏结剂。一般砂轮用陶瓷作为黏结剂，也有用各种高分子材料、橡胶、金属作为黏结剂的。

4）组织。即砂轮中黏结剂、磨粒和气孔三部分的比例。砂轮有三种组织状态：紧密、中等、疏松，细分成 0~14 号，共 15 级。组织号越小，磨粒所占比例越大，砂轮越紧密；反之，组织号越大，气孔比例越大，砂轮越疏松，越不容易被切屑堵塞，参与磨削的磨粒也越少。

5）硬度。指磨粒在磨削时从砂轮上脱落的难易程度。磨削软材料时，砂轮可以偏硬，以充分发挥砂轮的作用，因为砂轮的工作磨粒磨损很慢，不需要太早地脱离；当工件较硬时，砂轮可软一些，以使磨钝的磨粒易于脱落，露出后边锋利的新磨粒（这个过程也称为自锐），因为砂轮的工作磨粒磨损较快，需要较快的更新。选择砂轮的硬度，实际上就是选择砂轮的自锐性，希望还锋利的磨粒不要太早脱落，也不要磨钝了磨粒还不脱落。精磨时，为了保证磨削精度和粗糙度，应选用稍硬的砂轮。工件材料的导热性差，易产生烧伤和裂纹时（如磨硬质合金等），选用的砂轮应软一些。

砂轮根据形状和尺寸有不同的标记方法，以便于用户选择和管理。砂轮的外径应尽可能选得大些，以提高砂轮的圆周速度，这样对提高磨削加工生产率与表面粗糙度有利。此外，在机床刚度及功率许可的条件下，如选用宽度较大的砂轮，同样能达到提高生产率和降低粗糙度的效果，但是在磨削热敏性高的材料时，为避免工件表面烧伤和产生裂纹，砂轮宽度应适当减小。

砂轮工作一段时间之后需要修整，用修整工具将砂轮修整成形或修去磨钝的表层，以恢复工作面的磨削性能和正确的几何形状。砂轮修整一般有车削、金刚石滚轮、砂轮磨削和滚轧等方法。

1）车削修整法：以单颗粒金刚石（或以细碎金刚石制成的金刚笔、金刚石修整块）作为刀具车削砂轮，是应用最普遍的修整方法（图 2-5）。使用时，应将砂轮修整器放在机床的磁力吸盘上（或紧固在工作台上），以底座的一个侧面定位（或校正），调整机床砂轮中心高度与金刚石刀具。

2）金刚石滚轮修整法：采用电镀或粉末冶金等方法把大量金刚石颗粒镶嵌在钢质滚轮表面制成的金刚石滚轮（图2-6），以一定转速旋转（借以降低滚轮与砂轮的相对速度），对高速旋转的砂轮表面产生磨削和辗压作用，使砂轮获得与滚轮型面吻合的锋利工作表面。适于在大批量生产中修整磨削特殊成形表面（如螺纹、齿轮和涡轮叶片榫齿等）的砂轮。

图 2-5　砂轮修整器　　　　　图 2-6　金刚石滚轮

3）砂轮磨削修整法：采用低速回转的超硬级碳化硅砂轮与高速旋转的砂轮对磨，以达到修整的目的。

4）滚轧修整法：采用硬质合金圆盘、一组由波浪形圆盘或带槽的淬硬钢片套装而成的滚轮，与砂轮对滚和挤压进行修整。滚轮一般装在修整夹具上手动操作，修整效率高，适于粗磨砂轮的修整。

砂轮修整以后，要进行二次动平衡检查，避免因为动平衡出问题而造成使用人员在施工过程中出现工业事故。

对于金属黏结剂的超硬磨料砂轮，如立方氮化硼类和金刚石（一般为人造金刚石）类砂轮，可采用电解在线修整技术（ELID 技术），以随时保持砂轮的锐利状态，从而获得极高的表面质量。

习题与思考题

1. 金属切削刀具的材料应具备什么性能？
2. 与其他刀具材料相比，高速钢有什么特点？常用的高速钢牌号有哪些？它们主要用来制造哪些刀具？
3. 什么是硬质合金？常用的硬质合金有哪几大类？一般如何选用？
4. 按下列条件选择刀具材料类型或牌号：①45 钢锻件粗车；②HT200 铸件精车；③低速精车合金钢蜗杆；④高速精车调质钢轴；⑤高速精密镗削铝合金缸套；⑥中速车削淬硬钢轴；⑦加工 65HRC 冷硬铸铁。
5. 常用的砂轮有几种类型？砂轮的特性由哪些要素组成？
6. 磨粒粒度是如何规定的？试说明不同粒度砂轮的应用。

2.2　刀具选用与参数设计

2.2.1　刀具切削部分的组成

切削刀具的种类很多，形状各异，但其切削部分都有共同的特征。以普通外圆车刀为例说明刀具切削部分的基本定义。如图2-7所示，车刀由刀头和刀杆组成，刀杆用于装夹，刀头用于切削，刀头由"一尖、二刃、三面"组成。

1）前刀面。直接作用于切削层，控制切屑流向的刀面。

2）主后刀面。与工件过渡表面接触并相互作用的刀面。

3）副后刀面。与工件已加工表面接触并相互作用的刀面。

4）主切削刃。前刀面与主后刀面的交线，在工件上切出过渡表面，承担主要切削工作。

5）副切削刃。前刀面与副后刀面的交线，配合主切削刃完成切削工作，形成已加工表面。

6）刀尖。主、副切削刃交汇的一小段切削刃，可以是直线段或圆弧。常用的刀尖有交点刀尖、圆弧刀尖（圆弧形过渡刃）和倒角刀尖（直线形过渡刃）等。

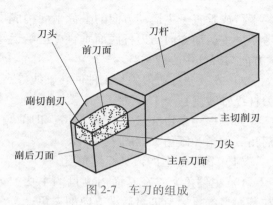

图 2-7　车刀的组成

2.2.2　刀具角度

为了保证切削加工的顺利进行，获得合格的加工表面，所用刀具的切削部分必须具有合理的几何形状。刀具角度是用来确定刀具切削部分几何形状的重要参数。

为了描述刀具几何角度的大小及其空间的相对位置，可以利用正投影原理，采用多面投影的方法来表示。用来确定刀具角度的投影体系，称为刀具角度参考系，参考系中的投影面称为刀具角度参考平面。

用来确定刀具角度的参考系有两类：一类为刀具角度静止参考系，它是刀具设计时标注、刃磨和测量的基准，用此定义的刀具角度称为刀具标注角度；另一类为刀具角度工作参考系，它是确定刀具切削工作时角度的基准，用此定义的刀具角度称为刀具工作角度。

1. 刀具角度参考平面

用于构成刀具角度的参考平面主要有：基面、切削平面、正交平面（主剖面），如图 2-8 所示，这种参考系称为主剖面参考系。刀具角度参考系不唯一，还有法平面参考系、背平面参考系和假定工作平面参考系等。

1）基面。过主切削刃选定点，垂直于该点切削速度方向的平面。例如：普通车刀的基面，可理解为平行于刀具的底平面。

2）切削平面。过主切削刃选定点，与工件加工表面相切的平面。它也是切削刃与切削速度方向构成的平面。

3）正交平面。过切削刃选定点，与主切削刃在基面上的投影相垂直的平面。

2. 刀具标注角度

描述刀具的几何形状除必要的尺寸外，主要使用的是刀具角度。

建立刀具的标注角度参考系时，假定：

1）运动条件：不考虑进给运动的影响，用刀具主运动向量近似代替合成运动向量，然后再

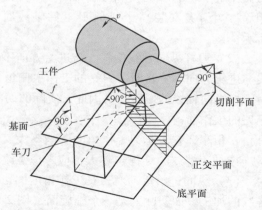

图 2-8　车刀角度参考平面

用平行或垂直于主运动方向的坐标平面构成参考系。主运动方向与刀杆底面垂直，进给运动 v_f 方向与刀杆中心线垂直。

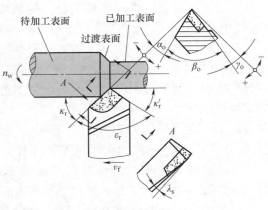

2）安装条件：刀尖与工件回转轴线等高，刀杆纵轴线垂直于工件轴线。

刀具标注角度主要有 4 种类型，即前角、后角、偏角和倾角，如图 2-9 所示。

（1）在基面上的刀具标注角度

1）主偏角 κ_r：在基面内测量的主切削刃在基面上的投影与进给运动方向的夹角。

2）副偏角 κ_r'：在基面内测量的副切削刃在基面上的投影与进给运动反方向的夹角。

图 2-9　车刀标注角度

3）刀尖角 ε_r：在基面内测量的主切削平面与副切削平面间的夹角，$\varepsilon_r = 180° - (\kappa_r + \kappa_r')$。

（2）在切削平面上的刀具标注角度

刃倾角 λ_s：在切削平面内测量的主切削刃与基面间的夹角。刃倾角有正负之分，当刀尖处于切削刃最高点时为正，反之为负，当主切削刃呈水平时为 0°。

（3）在正交平面上的刀具标注角度

1）前角 γ_o：在正交平面内测量的前刀面与基面间的夹角。前角表示前刀面的倾斜程度，有正负之分，当前刀面与切削平面间的夹角小于 90° 时，取正号；大于 90° 时，则取负号。

2）后角 α_o：在正交平面内测量的主后刀面与切削平面间的夹角。后角表示主后刀面的倾斜程度。

3）楔角 β_o：在正交平面内测量的前刀面与后刀面间的夹角，$\beta_o = 90° - (\gamma_o + \alpha_o)$。

2.2.3　刀具工作角度

在实际的切削加工中，由于受到刀具安装位置和进给运动的影响，刀具的标注角度会发生一定的变化，其原因是切削平面、基面和正交平面位置会发生变化。以切削过程中实际的切削平面、基面和正交平面为参考平面所确定的刀具角度称为刀具的工作角度。

（1）刀具安装高度对刀具工作角度的影响　以车削外圆为例，若不考虑进给运动，且刃倾角 $\lambda_s = 0°$，当刀尖与工件轴线等高时，刀具工作前角、后角与其标注前角、后角分别相等。当刀尖安装高于或低于工件轴线时，刀具的工作前角 γ_{oe} 和工作后角 α_{oe} 如图 2-10 所示。

（2）刀杆纵向轴线偏斜、与进给方向不垂直时对工作角度的影响　当车刀刀杆的纵向轴线与进给方向不垂直时，刀具的工作主偏角 κ_{re} 和工作副偏角 κ_{re}' 如图 2-11 所示，图中 θ 为切削时刀杆纵向轴线的偏转角。因此，实际的切削平面和基面都要偏转一个附加的螺纹升角 μ，使车刀的工作前角 γ_{oe} 增大，工作后角 α_{oe} 减小。一般车削时，进给量比工件直径小很多，故螺纹升角 μ 很小，它对车刀工作角度影响不大，可忽略不计。但在车端面、切断和车外圆时进给量（或加工螺纹的导程）较大，应考虑螺纹升角的影响。

（3）纵向进给运动对刀具工作角度的影响　车削时由于进给运动的存在，使车外圆及车螺纹的加工表面实际上是一个螺旋面（图 2-12）；因此，实际的切削平面和基面都要偏转一个附加的螺纹升角 μ，使车刀的工作前角 γ_{oe} 增大，工作后角 α_{oe} 减小。上述分析适合于车右螺纹

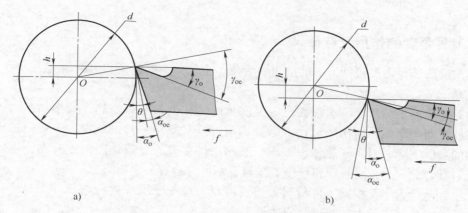

图 2-10　车刀安装高度对刀具工作角度的影响

a）刀尖高于工件轴线　b）刀尖低于工件轴线

时车刀的左侧刃，此时右侧刃工作角度的变化情况正好相反。车刀左侧刃应减小前角、增大后角，而右侧刃应减小后角、增大前角。

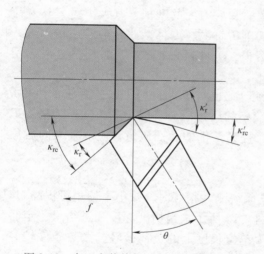

图 2-11　车刀安装偏斜对工作角度的影响

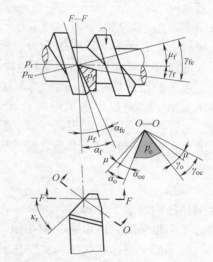

图 2-12　纵向进给运动对刀具工作角度的影响

（4）横向进给运动对刀具工作角度的影响

车端面或切断时，加工表面是阿基米德螺旋面（图 2-13）。进给量 f 增大则 μ 值增大，瞬时半径减小，则 μ 值也增大。因此车削至接近工件中心时，μ 值增长很快，工作后角将由正变负，致使工件最后被挤断。

一般车削时，进给量比工件直径小很多，故螺纹升角 μ 很小，它对车刀工作角度影响不大，可忽略不计。但在车端面、切断和车外圆进给量（或加工螺纹的导程）较大时，则应考虑螺纹升角

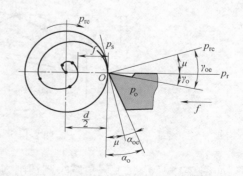

图 2-13　横向进给运动对刀具工作角度的影响

的影响。

2.2.4 刀具角度的作用及选择

刀具角度的选择主要包括刀具的前角、后角、主偏角、副偏角和刃倾角。

1. 前角

前角对切削的难易程度影响很大，增大前角能使切削刃变得锋利，减小切削力，减小前刀面与切屑之间的摩擦，使切削轻快，降低切削温度，减小刀具的磨损。但前角过大，切削刃和刀尖的强度下降，刀具导热体积减小，散热条件变差，导致切削温度升高，加剧刀具磨损，降低刀具寿命。前角对表面粗糙度、排屑及断屑等也有一定影响。

生产中，前角大小常根据工件材料、刀具材料、加工要求等进行选择。①工件材料的强度和硬度低，前角应选得大些，反之应选得小些；②刀具材料韧性好（如高速钢），前角可选得大些，反之应选得小些（如硬质合金）；③精加工时前角可选得大些，粗加工时应选得小些。

通常硬质合金车刀的前角 γ_o 在 $-5° \sim +20°$ 范围内选取，高速钢刀具的前角可比同类硬质合金刀具大 $5° \sim 10°$。

2. 后角

后角主要作用是减小后刀面与工件间的摩擦和后刀面的磨损，其大小对刀具寿命和加工表面质量都有很大影响。较大的后角，可使切削刃锋利，摩擦减小，但若后角过大，将会削弱切削刃的强度，减小导热体积而增大刀具磨损。工件材料越软，塑性越大，应选用的后角越大。工艺系统刚性较差时，应适当减小后角。

后角大小主要取决于切削厚度（或进给量），也与工件材料、工艺系统的刚性等有关。①粗加工时，主要考虑切削刃的强度，应取较小的后角值，一般为 $3° \sim 6°$；②精加工时，主要考虑减小主后刀面和加工表面之间的摩擦，提高工件的表面质量，应取较大的后角，一般为 $6° \sim 12°$。

3. 主偏角

主偏角影响切削条件和刀具寿命，在工艺系统刚性很好时，减小主偏角可提高刀具寿命、减小已加工面粗糙度，所以 κ_r 宜取小值。如图 2-14 所示，当切削深度和进给量一定时，主偏角越小，切下的切屑形状越薄而宽，主切削刃单位长度上的负荷减轻，散热条件较好，有利于提高刀具的使用寿命。

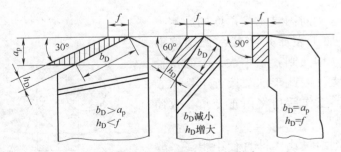

图 2-14 主偏角对切削层的影响

如图 2-15 所示，主偏角减小则切削力的径向分力 F_y 增大，在工件刚性较差时，为避免工件变形和振动，应选用较大的主偏角。车刀常用主偏角有 $45°$、$60°$、$75°$ 和 $90°$。

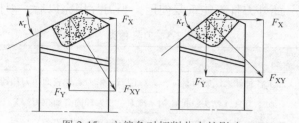

图 2-15　主偏角对切削分力的影响

4. 副偏角

副偏角可减小副切削刃、副后刀面与工件已加工表面之间的摩擦，防止切削振动。如图 2-16 所示，减小副偏角可减小已加工表面残留面积的高度。κ_r' 大小主要根据表面粗糙度的要求选取，一般为 $5° \sim 15°$，粗加工取大值，精加工取小值。

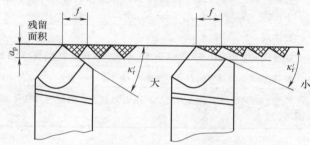

图 2-16　副偏角对已加工表面残留面积的影响

5. 刃倾角

刃倾角主要影响刀头的强度和切屑流动的方向，负的刃倾角可使刀尖强度增加，但切屑排向已加工表面，可能会划伤或拉毛已加工表面。①粗加工时，考虑增加刀尖的强度，λ_s 应选用较小值，加工一般钢料和铸铁时，无冲击的粗车取 $\lambda_s = 0° \sim -5°$；②精加工时，为保证加工质量，λ_s 常取正值，精车取 $\lambda_s = 0° \sim +5°$；③有冲击负荷时，取 $\lambda_s = -5° \sim -15°$，当冲击特别大时，取 $\lambda_s = -30° \sim -45°$；④加工高强度钢、冷硬钢时，取 $\lambda_s = -20° \sim -30°$。

刀具各角度之间是相互联系、相互影响的。孤立地选择某一角度并不能得到所希望的合理值。如在加工硬度较高的工件材料时，为了增加切削刃的强度，一般取较小的后角，但在加工特别硬的材料（如淬硬钢）时，通常采用负前角，如果适当增大后角，不仅使切削刃易于切入工件，而且还可提高刀具寿命。

2.2.5　常用刀具

生产中使用的刀具种类很多，可按不同的方式进行分类，见表 2-8。

1. 车刀

车刀是金属切削加工中应用最广泛的一种刀具。可以在车床上加工外圆、端平面、螺纹、内孔，也可用于切槽和切断等（图 2-17）。

车刀在结构上可分为整体式车刀、焊接装配式车刀和机械夹固刀片的车刀，如图 2-18 所示。整体式车刀常用高速工具钢制造，焊接装配式及机械夹固刀片的车刀常用硬质合金制造。

（1）整体式车刀　这些车刀的主要缺点是其切削性能主要取决于工人刃磨的技术水平，

与现代化生产不相适应，此外刀杆不能重复使用，当刀片用完以后，刀杆也随之报废。

表 2-8 刀具种类

分类方式	类型
切削工艺和具体用途	加工各种外表面的刀具（车刀、刨刀、铣刀、外表面拉刀和锉刀等）
	孔加工刀具（钻头、扩孔钻、镗刀、铰刀和内表面拉刀等）
	螺纹加工刀具（丝锥、板牙、螺纹车刀和螺纹铣刀等）
	齿轮加工刀具（滚刀、插齿刀、剃齿刀、锥齿轮和拉刀等）
切削运动方式和相应的切削刃形状	通用刀具（车刀、刨刀、铣刀、镗刀、钻头、扩孔钻、铰刀和锯等）
	成形刀具（切削刃具有与被加工工件断面相同或接近相同的形状，如成形车刀、成形刨刀、成形铣刀、拉刀、圆锥铰刀和各种螺纹加工刀具等）
	特殊刀具（加工一些特殊工件，如齿轮花键等用的刀具，插齿刀、剃齿刀、锥齿轮刨刀和锥齿轮铣刀盘等）
结构形式	整体式
	镶嵌式（采用焊接或机夹式连接，机夹式又可分为不转位和可转位两种）
	特殊型式（如复合式刀具、减振式刀具等）
制造刀具所用的材料	高速钢刀具、硬质合金刀具、金刚石刀具、其他材料刀具（如立方氮化硼刀具、陶瓷刀具等）

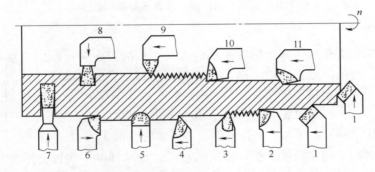

图 2-17 常用的车刀

1—45°外圆车刀、端面车刀　2—90°正切外圆车刀　3—外螺纹车刀　4—70°外圆车刀　5—成形车刀　6—90°反切外圆车刀　7—切断车刀、车槽车刀　8—内孔车槽车刀　9—内螺纹车刀　10—95°内孔车刀　11—75°内孔车刀

（2）机械夹固刀片的车刀　该类车刀又分为机夹车刀和可转位车刀。

1）机夹车刀。采用普通硬质合金刀片，是用机械夹固的方法将其夹持在刀柄上使用的车刀。切削刃用钝后可以重磨，经适当调整后仍可继续使用。优点：避免焊接引起的缺陷，刀柄能多次使用。

机夹车刀有 3 种不同的结构：①上压式，采用螺钉和压板从上面压紧刀片，通过调整螺钉来调节刀片位置。②侧压式，一般多利用刀片本身的斜面，由楔块和螺钉从刀片侧面来夹紧刀片。③切削力夹固式，用切削力自锁车刀，利用车刀车削过程中的切削力，将刀片夹紧在 1∶30 的斜槽中。

2）机夹可转位车刀。又称机夹不重磨车刀，是将可转位的硬质合金刀片用机械方法夹持

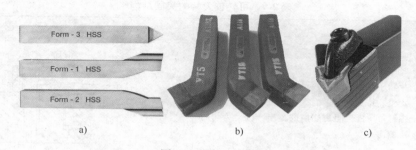

图 2-18　车刀结构

a）整体式车刀　b）焊接装配式车刀　c）机械夹固刀片的车刀

在刀杆上形成的。刀片具有供切削时选用的几何参数（不需磨）和三个以上供转位用的切削刃。当一个切削刃用钝后，只需将刀片转位重新夹固，即可使新的切削刃投入工作，当所有切削刃磨损后，则可取下再代之以新的同类刀片。优点：车刀几何参数完全由刀片和刀槽保证，不受工人技术水平的影响，切削性能稳定，适于在现代化大批量生产中使用。由于机床操作工人不必磨刀，可减少许多停机换刀时间。

　　硬质合金可转位刀片形状很多，常用的有三角形、四边形、五边形、五角形、圆形等（图 2-19）。刀片廓形的内切圆直径是刀片的基本参数，其尺寸（mm）系列是 5.56、6.35、9.52、12.70、15.88、19.05、25.4 等。各种形状的刀片有中心带孔或不带孔的，有不带后角或带不同后角的，有不带断屑槽的，也有一面或两面都有断屑槽的。

图 2-19　可转位刀片形状

　　可转位刀片的断屑槽通常是在硬质合金压制后烧结而成的，通穿式断屑槽也可在已烧结的刀片上磨削出来，多级的和凹弧形的断屑槽以及点式断屑台都比单级槽有较大的断屑范围。常用的刀片公差等级有精密级（G）、中等级（M）和普通级（U）3 种。我国国家标准对可转位刀片的参数有详细规定，生产中可按需要选用。

　　随着技术的进步，陶瓷、聚晶金刚石（PCD）、聚晶立方氮化硼（PCBN）和 CVD 金刚石可转位刀片得到了广泛的应用。

　　根据可转位车刀的用途不同，刀片的夹紧方式有多种，目前较为普遍使用的结构形式见表 2-9。可转位车刀刀片下面的刀垫采用淬硬钢制成，提高了刀片支承面的强度，可使用较薄的刀片，这样有利于节约硬质合金。

　　2. 孔加工刀具

　　孔加工刀具一般可分为两大类：一类是从实体材料上加工出孔的刀具，常用的有麻花钻、中心钻和深孔钻等；另一类是对工件上已有孔进行再加工用的刀具，常用的有扩孔钻、铰刀及镗刀等。

表 2-9　可转位刀片的夹固结构

结构形式	特点	图例
上压式结构	用于不带孔的刀片，利用压板和螺钉将刀片紧压在刀片槽中，刀片由槽的底面和侧面定位。特点：夹紧力大，定位可靠，但夹紧螺钉及压板会阻碍切屑的流出，也易为切屑所擦伤	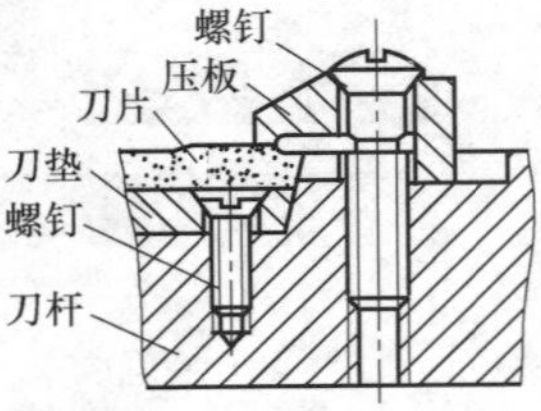
杠杆式结构	利用杠杆受力摆动，将带孔刀片夹紧在刀杆上。夹紧稳定可靠，定位精度高，刀片转位或更换迅速，排屑通畅，但结构复杂，制造困难	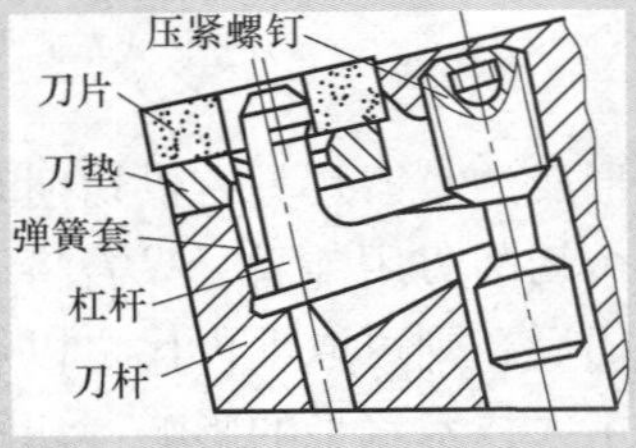
偏心销式结构	利用螺钉上端部的一个偏心销将刀片夹紧在刀杆上，旋转偏心销，其头部将刀片夹紧并自锁。结构紧凑，零件少，刀片转位迅速方便。若设计不当，易使刀片靠向一个定位侧面，并且有较大冲击负荷时，夹紧不可靠	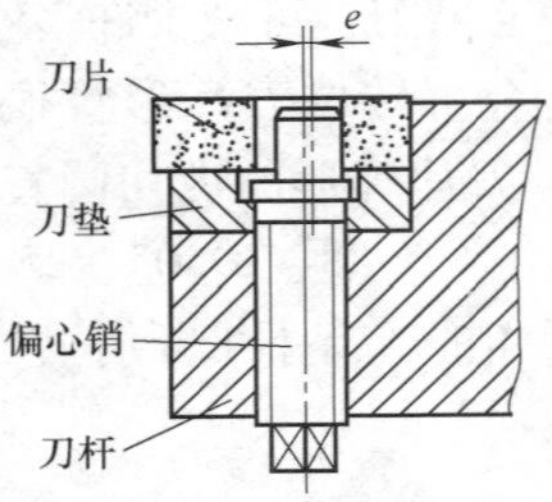
楔块式结构	把刀片通过内孔定位在刀杆刀片槽的销轴上，压紧螺钉下带有斜面的楔块一面紧靠在刀杆凸台上，另一面将刀片推往圆柱销上，将刀片压紧。结构简单，夹紧力大，夹紧可靠，使用方便，但中心销易变形，精度差	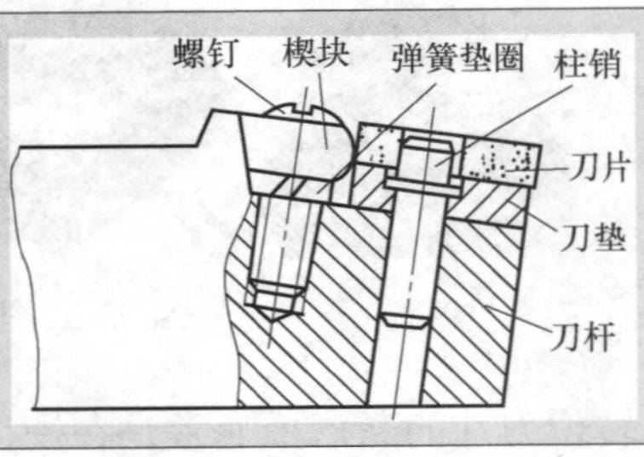
复合式结构	采用两种夹紧方式同时夹紧刀片，夹紧可靠，能承受较大的切削负荷及冲击	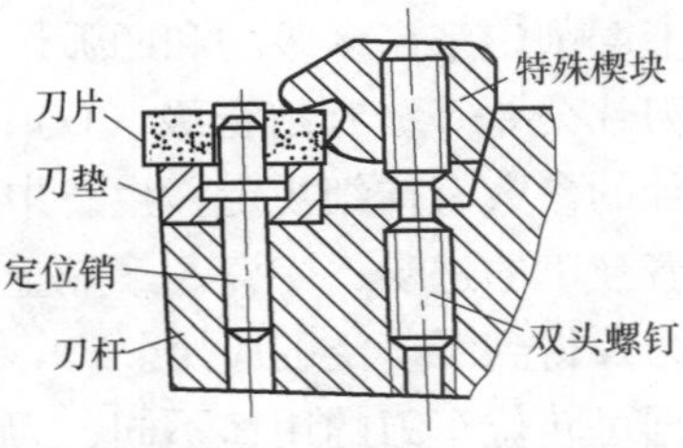

（1）麻花钻　标准麻花钻如图 2-20 所示，其带螺旋槽的刀体前端为切削部分，承担主要切削工作；后端为导向部分，起引导钻头的作用，也是切削部分的后备部分；刀柄有直柄和锥柄两种，起与机床连接的作用。

标准麻花钻的切削部分由两条主切削刃和一条横刃构成，最主要的缺点是横刃和钻心处的负前角大，切削条件不利，切削刃长、螺旋槽排屑不畅，生产中为了提高钻孔精度和效率，把标准麻花钻的切削部分磨出两条对称的月牙槽，形成圆弧刃，并在横刃和钻心处经修磨形

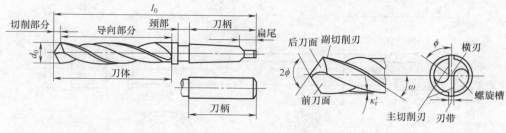

图 2-20　麻花钻的结构

成两条内直刃。加上横刃和原来的两条外直刃，就将标准麻花钻的"一尖三刃"磨成了"三尖七刃"。群钻如图 2-21 所示，原名倪志福钻头，其基本特征为："三尖七刃锐当先，月牙弧槽分两边，一侧外刃开屑槽，横刃磨得低窄尖"。

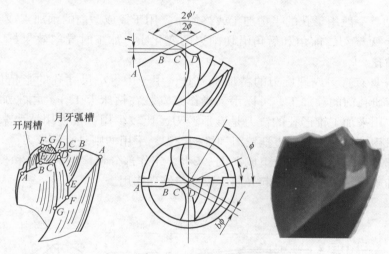

图 2-21　中型标准群钻

（2）中心钻　用于加工轴类等零件端面上的中心孔，在结构上与麻花钻类似，排屑槽一般为直槽，中心钻有 A 型（不带护锥的中心钻）和 B 型（带护锥的中心钻）两种结构，如图 2-22 所示。钻孔之前，钻中心孔的主要作用是有利于钻头导向，防止孔偏斜。加工直径 $d=1\sim10\text{mm}$ 的中心孔时，通常采用不带护锥的中心钻，工序较长、精度要求较高的工件，为了避免 60° 定心锥被损坏，一般采用带护锥的中心钻。

图 2-22　中心钻

（3）深孔钻　进行深孔加工的刀具。深孔刀具的关键技术是要有较好的冷却润滑、合理的排屑结构以及导向措施。深孔钻按排屑方式分为外排屑和内排屑两类。外排屑的有枪钻（图 2-23）、深孔扁钻和深孔麻花钻等；内排屑的因所用的加工系统不同，有错齿内排屑深孔钻（BTA 深孔钻）、喷射钻和双进油装置深孔钻（DF 深孔钻）等。

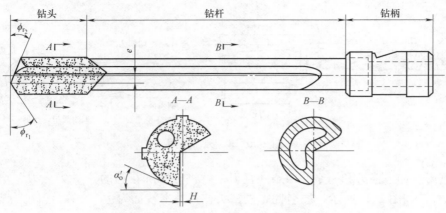

图 2-23　外排屑深孔钻（枪钻）

（4）扩孔钻　一般用于孔的半精加工或终加工，用于铰或磨前的预加工或毛坯孔的扩大，有 3~4 个刃带，无横刃，前角和后角沿切削刃的变化小，加工时导向效果好，轴向抗力小，切削条件优于钻孔。

（5）铰刀　具有直刃或螺旋刃的精加工刀具，用于中、小尺寸孔的半精加工和精加工，也可用于磨孔或研孔前的预加工，可以手动操作或安装在钻床上工作。用来加工圆柱形孔的铰刀比较常用；用来加工锥形孔的铰刀是锥形铰刀，比较少用。按使用情况来看有手用铰刀和机用铰刀，机用铰刀又可分为直柄铰刀和锥柄铰刀，手用的则是直柄铰刀。

铰刀由柄部、颈部和工作部分组成（图 2-24），工作部分包括切削部分和校准部分，切削部分用于切除加工余量；校准部分起导向、校准与修光作用。

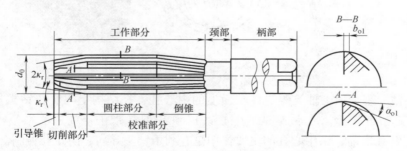

图 2-24　铰刀的基本结构

（6）镗刀　有一个或两个切削部分，专门用于对已有的孔进行粗加工、半精加工或精加工，可在镗床、车床或铣床上使用。因装夹方式的不同，柄部有方柄、莫氏锥柄和 7：24 锥柄等多种形式。一般分为单刃镗刀（图 2-25）和多刃镗刀两大类。

双刃镗刀有两个分布在中心两侧同时切削的刀齿，由于切削时产生的径向力互相平衡，可加大切削用量，生产效率高。双刃镗刀按刀片在镗杆上浮动与否分为浮动镗刀和定装镗刀。浮动镗刀适用于孔的精加工，它实际上相当于铰刀，能镗削出尺寸精度高和表面粗糙度小的孔，但不能修正孔的直线性偏差。为了提高重磨次数，浮动镗刀常制成可调结构。

（7）锪钻　即埋头钻（图 2-26），也叫倒角刀、倒角钻、划窝钻、倒角器，主要用于加工各种埋头螺钉沉孔、锥孔，凸台，或孔口去毛刺，倒角等。一般要有引导孔才可以进行后续的加工。

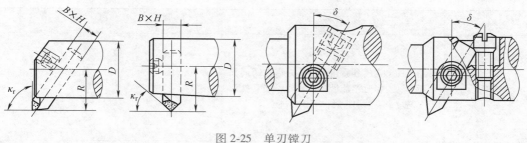

图 2-25　单刃镗刀

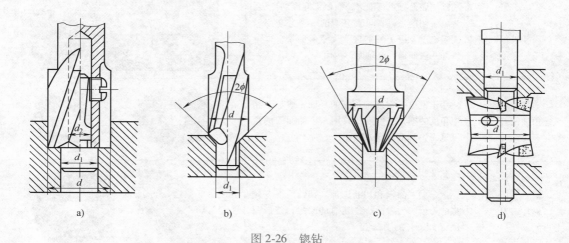

图 2-26　锪钻

a) 带导柱平底锪钻　b) 带导柱 90°锥面锪钻　c) 不带导柱锥面锪钻　d) 端面锪钻

3. 铣刀

铣刀是用于铣削加工的、具有一个或多个刀齿的旋转刀具，工作时各刀齿依次间歇地切去工件的余量，主要用于在铣床上加工平面、台阶、沟槽、成形表面和切断工件等。铣刀型式见表 2-10。

表 2-10　铣刀型式

名称	特点	图例
圆柱形铣刀	用于卧式铣床上加工平面，刀齿分布在铣刀的圆周上，按齿形分为直齿与螺旋齿两种，按齿数分为粗齿和细齿两种，螺旋齿粗齿铣刀齿数少，刀齿强度高，容屑空间大，用于粗加工，细齿铣刀用于精加工	
面铣刀	又称盘铣刀，用于立式铣床、端面铣床或龙门铣床上加工平面，端面和圆周上均有刀齿，也有粗齿和细齿之分。其结构有整体式、镶齿式和可转位式	

（续）

名称	特点	图例
立铣刀	用于加工沟槽和台阶面等，刀齿在圆周和端面上，工作时不能沿轴向进给，当立铣刀上有通过中心的端齿时，可轴向进给	
三面刃铣刀	圆周表面有主切削刃，两侧面有副切削刃，改善了切削条件，可提高切削效率并减小表面粗糙度。用于铣削定值尺寸的凹槽，也可铣削一般凹槽、台阶面、侧面	
角度铣刀	用于铣出一定成型角度的平面，或加工相应角度的槽，有单角（只用一个侧面刃的角度铣刀）和双角铣刀两种	
锯片铣刀	用于加工深槽和切断工件，其圆周上有较多的刀齿，为了减少铣切时的摩擦，刀齿两侧有 $15' \sim 1°$ 的副偏角	
其他铣刀	键槽铣刀、燕尾槽铣刀、T 形槽铣刀和各种成形铣刀等	

4. 拉刀

拉刀是一种高生产率、高精度的多齿刀具，常用于成批和大量生产中加工圆孔、花键孔、键槽、平面和成形表面等，生产率很高。刀具表面上有多排刀齿，各排刀齿的尺寸和形状从切入端至切出端依次增加和变化。当拉刀做拉削运动时，每个刀齿就从工件上切下一定厚度的金属，最终得到所要求的尺寸和形状。

拉刀按加工表面部位的不同，分为内拉刀（图 2-27）和外拉刀；按工作时受力方式的不同，分为拉刀和推刀。推刀常用于校准热处理后的型孔。

普通圆孔拉刀的结构组成为：柄部，用以夹持拉刀和传递动力；颈部，起连接作用；过渡锥，将拉刀前导部引入工件；前导部，起引

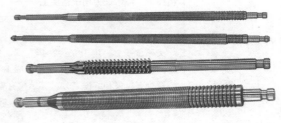

图 2-27　拉刀

导作用，防止拉刀歪斜；切削齿，完成切削工作，由粗切齿和精切齿组成；校准齿，起修光和校准作用，并作为精切齿的后备齿；后导部，用于支承工件，防止刀齿切离前因工件下垂而损坏加工表面和刀齿；后托柄用于承托拉刀。

5. 螺纹加工工具

螺纹加工工具包括螺纹切削刀具和螺纹滚压工具。

螺纹切削刀具是用切削方法加工螺纹的工具（图 2-28），如丝锥、板牙、螺纹车刀、螺纹梳刀、螺纹铣刀和自动开合螺纹切头等。①丝锥和板牙是加工或修整内、外螺纹的标准刀具，结构简单，使用方便。在攻螺纹或套螺纹时，刀具与工件做相对旋转运动，并由先形成的螺纹沟槽引导着刀具（或工件）作轴向移动。②螺纹车刀可用于车削内、外螺纹，是与螺纹牙形相同的成形车刀，有平体、棱体和圆形 3 种。③螺纹梳刀是多齿的螺纹车刀，上有粗切齿和精切齿，因此可在一次或几次切削行程中完成螺纹的加工。④螺纹铣刀有盘形铣刀、梳形铣刀和旋风铣刀盘 3 种。盘形螺纹铣刀主要用于加工大螺距的梯形螺纹和蜗杆。梳形螺纹铣刀为环形齿成形铣刀，工作时工件旋转 1.25~1.5 转即可切出全部螺纹。车削、铣削和磨削螺纹时，工件每转一转，机床的传动链保证车刀、铣刀或砂轮沿工件轴向准确而均匀地移动一个导程。

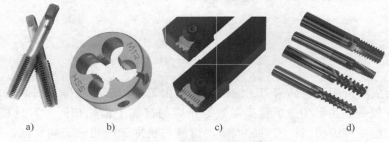

图 2-28 切削法螺纹刀具

a）丝锥 b）板牙 c）螺纹梳刀 d）螺纹铣刀

螺纹滚压工具是用塑性变形方法加工螺纹的工具，如搓丝板、滚丝轮、自动开合螺纹滚压头和无槽挤压丝锥等（图 2-29）。搓丝板上面制有倾斜齿纹，其齿形与工件螺纹牙形相同，斜角与工件螺纹升角相同，工作时由静板和动板组成一对，静板上有压入、校正和退出 3 个部分。搓制螺纹生产率高，但加工精度低，适于加工直径为 20mm 以下的螺钉。滚丝轮的表面制有多头螺纹，两个滚轮上的螺纹旋向均与工件螺纹相反，滚轮中径上的螺纹升角与工件中径上的螺纹升角相等，为了增强心轴刚性和提高滚丝轮寿命，必须增大滚丝轮直径，因此滚丝轮都做成多头螺纹。自动开合螺纹滚压头的结构与自动开合螺纹切头相似，当滚压螺纹达到预定长度后，3 个滚轮能自动张开，滚压头能快速退回。无槽挤压丝锥是靠挤压孔壁时金属的塑性变形形成螺纹的。

6. 齿轮刀具

齿轮刀具是用于切削齿轮齿形的刀具。齿轮刀具按其工作原理，分为成形法齿轮刀具和展成法齿轮刀具两大类。

成形法齿轮刀具（图 2-30）切削刃的廓形与被切齿轮齿槽的廓形相同或相似。常用的有盘形齿轮铣刀和指状齿轮铣刀。

展成法齿轮刀具（图 2-31）是利用齿轮的啮合原理进行齿轮加工的刀具。加工时，刀具本身就相当于一个齿轮，它与被切齿轮做无侧隙啮合，工件齿形由刀具切削刃在展成过程中

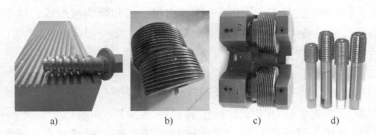

图 2-29　滚压法螺纹刀具

a）搓丝板　b）滚丝轮　c）自动开合螺纹滚压头　d）无槽挤压丝锥

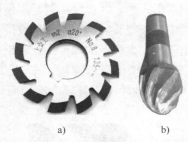

图 2-30　成形法齿轮刀具

a）盘形齿轮铣刀　b）指状齿轮铣刀

逐渐切削包络而成。常用的有插齿刀、滚齿刀和剃齿刀等。选用插齿刀和滚齿刀时，应注意：刀具基本参数（模数、齿形角、齿顶高系数等）应与被加工齿轮相同；刀具精度等级应与被加工齿轮要求的精度等级相当；刀具旋向应尽可能与被加工齿轮的旋向相同；滚切直齿轮时，一般用左旋齿刀。

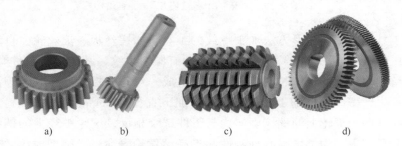

图 2-31　展成法齿轮刀具

a）碗形直齿插齿刀　b）锥柄直齿插齿刀　c）滚齿刀　d）剃齿刀

习题与思考题

1. 刀具正交平面参考系由哪些平面组成？它们是如何定义的？
2. 刀具的工作角度和标注角度有什么区别？影响刀具工作角度的主要因素有哪些？
3. 刀具前角、后角有什么作用？说明选择合理前角、后角的原则。
4. 试分析前角、后角、主偏角、副偏角和刃倾角对切削加工过程的影响。
5. 试分析比较钻头、扩孔钻和铰刀的结构特点。

第 **3** 章 金属切削原理

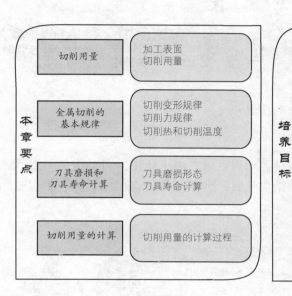

本章要点	切削用量	加工表面 切削用量
	金属切削的 基本规律	切削变形规律 切削力规律 切削热和切削温度
	刀具磨损和 刀具寿命计算	刀具磨损形态 刀具寿命计算
	切削用量的计算	切削用量的计算过程

培养目标	
	金属切削过程是刀具与工件的相互作用过程。在此过程中，为了能去除工件上的多余材料，对刀具结构及其材料需提出相应的要求
	本章在讲授金属切削基本知识的基础上，对切削过程中的切削变形、切削力、切削热及刀具磨损现象进行阐述，揭示其产生机理和相互之间的内在联系
	通过对本章的学习，学生能够理解金属切削加工过程中的基本理论和基本规律，使学生能够在实际零件加工中，对高质、高效、低成本优质加工过程具备实践控制能力

3.1 切削用量的概念

3.1.1 工件表面的形成方法及所需的运动

1. 工件表面的形成方法

机械零件上常见的各种表面，通常是在机床上由刀具和工件按一定的切削规律做相对运动，切除多余的材料层而得到的。零件的形状是由各种表面组成的，零件的切削加工实际是表面成形的过程。

（1）工件的加工表面 不论零件的形状如何复杂，其表面都是由平面、圆柱面、圆锥面、型面等基本表面组成的（图 3-1）。

图 3-1 机械零件上常见的表面

（2）工件表面的形成方法 从几何学观点看，任何规则表面都可以看作是一条线（称为母线）沿者另一条线（称为导线）运动的轨迹，如图 3-2 所示。平面可以由直线母线 1 沿直线导线 2 移动而形成，圆柱面、圆锥面可以由直线母线 1 沿圆导线 2 旋转而形成，螺纹面可以由齿形母线 1 沿螺旋导线 2 运动而形成，直齿圆柱齿轮齿面可以由渐开线母线 1 沿直线导线 2 移动而形成。母线和导线统称为形成表面的发生线。

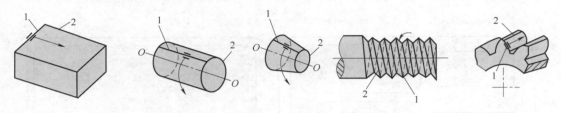

图 3-2　表面的形成

2. 形成发生线的方法

发生线是由刀具的切削刃与工件间的相对运动得到的。由于使用的刀具切削刃形状和采取的加工方法不同，形成发生线的方法可归纳为 4 种，分别是轨迹法、成形法、相切法和展成法（图 3-3）。

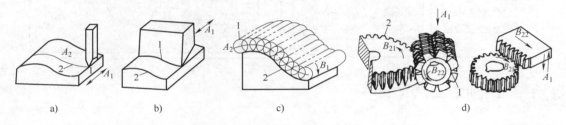

图 3-3　形成发生线的方法
a）轨迹法　b）成形法　c）相切法　d）展成法

1）轨迹法。利用刀具做一定规律的轨迹运动对工件进行加工的方法称为轨迹法，切削刃为切削点 1，它按一定轨迹运动，形成所需的发生线 2，形成发生线需要一个成形运动。

2）成形法。利用成形刀具对工件进行加工的方法称为成形法，切削刃为切削线 1，它的形状和长短与需要形成的发生线 2 完全重合，刀具无须任何运动就可以得到所需的发生线形状。因此，用成形法来形成发生线不需要专门的成形运动。

3）相切法。利用刀具边旋转边做轨迹运动对工件进行加工的方法称为相切法，切削刃为旋转刀具（铣刀或砂轮）上的切削点 1，刀具作旋转运动的同时，其中心按一定规律运动，切削点 1 的运动轨迹与工件相切，形成了发生线 2。由于刀具上有多个切削点，发生线 2 是刀具上所有的切削点在切削过程中共同形成的。因此，利用相切法形成发生线需要两个成形运动：刀具的旋转运动和刀具中心按一定规律的运动。

4）展成法。利用工件和刀具做展成切削运动对工件进行加工的方法称为展成法，切削刃为切削线 1，切削线 1 与发生线 2 彼此做无滑动的纯滚动，发生线 2 就是切削线 1 在切削过程中连续位置的包络线。在形成发生线 2 的过程中，或者仅由切削线 1 沿着由它生成的发生线 2 滚动，或者切削线 1 和发生线 2（工件）共同完成复合的纯滚动，这种运动称为展成运动。因此，利用展成法形成发生线需要一个成形运动（展成运动）。

3. 表面成形运动

成形运动按其在切削加工中所起的作用，可分为主运动和进给运动（图 3-4），它们可能是简单的成形运动，也可能是复合的成形运动。所有切削运动的速度及方向都是相对于工件定义的。

（1）主运动　使工件与刀具产生相对运动以进行切削的最基本的运动。主运动的速度最高，消耗功率最大。例如，外圆车削时的工件旋转运动和平面刨削时的刀具直线往复运动，都是主运动，主运动通常只有一个。

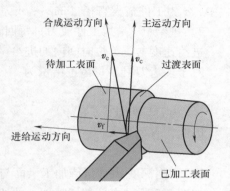

图 3-4　车削运动与切削速度

由于切削刃上各点的运动情况不一定相同，所以应选取切削刃上某一个合适的点作为研究对象，该点称为切削刃上选定点。

主运动方向：切削刃上选定点相对于工件的瞬时主运动的方向。

切削速度 v_c：切削刃上选定点相对于工件的主运动的瞬时速度。

（2）进给运动　使主运动能够持续切除工件上多余的金属，以便形成工件表面所需的运动。例如外圆车削时车刀的纵向连续直线进给运动和平面刨削时工件的间歇直线进给运动。进给运动可能不只一个，它的运动形式可以是直线运动、旋转运动或两者的组合。

进给运动方向：切削刃上选定点相对于工件的瞬时进给运动的方向。

进给速度 v_f：切削刃上选定点相对于工件的进给运动的瞬时速度。

（3）合成切削运动　由同时进行的主运动和进给运动合成的运动。

合成切削运动方向：切削刃上选定点相对于工件的瞬时合成切削运动的方向。

合成切削速度 v_e：切削刃上选定点相对于工件的合成切削运动的瞬时速度。

$$v_e = v_c + v_f \tag{3-1}$$

此外，除表面成形运动外，还需要辅助运动以实现机床的各种辅助动作。辅助运动的种类很多，主要包括各种空行程运动、切入运动、分度运动、操纵及控制运动等。

3.1.2　加工表面和切削用量

1. 切削工件表面

切削时，在主运动和进给运动的共同作用下，工件表面的一层金属连续地被刀具切削下来并转变为切屑，从而加工出所需要的工件新表面。在新表面的形成过程中，工件上有三个不断变化着的表面：待加工表面、过渡表面（切削表面）和已加工表面（图 3-4）。

1）待加工表面。工件上多余金属即将被切除的表面。该表面随着切削的进行逐渐减小，直至多余金属被切完。

2）已加工表面。工件上多余金属被切除后形成的新表面。

3）过渡表面（切削表面）。工件上多余金属被切除过程中，待加工表面与已加工表面之间相连接的表面，或切削刃正在切削着的表面。

2. 切削用量三要素

切削用量三要素是切削速度 v_c、进给量 f 和切削深度 a_p。

1）切削速度 v_c 是指切削刃选定点相对工件的主运动线速度，单位为 m/s。

车削时，有

$$v_c = \frac{\pi dn}{1000 \times 60} \tag{3-2}$$

式中，d 为工件最大直径（mm）；n 为工件转速（r/min）。

2）进给量 f 是指工件或刀具每回转一周时两者沿进给方向的相对位移量，单位为 mm/r。

进给速度 v_f：单位时间内的进给量，$v_f = fn$。

对于多齿刀具，每齿进给量为

$$f_z = f/z$$

式中，z 为刀具齿数。

因此，有关系式为

$$v_f = fn = f_z zn \tag{3-3}$$

3）切削深度 a_p 是指待加工表面与已加工表面间的垂直距离。

如图 3-5 所示为各种切削加工的切削运动和加工表面。

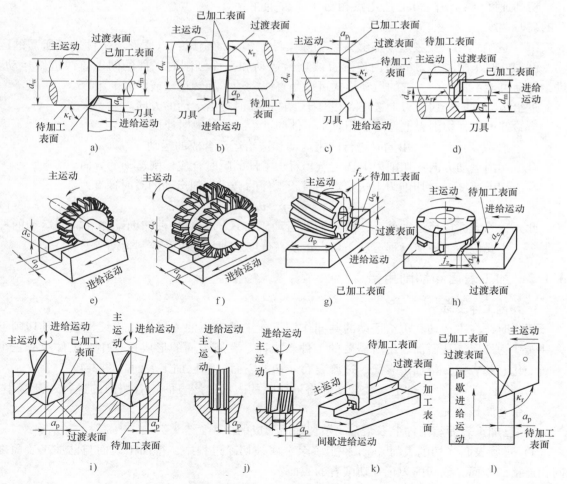

图 3-5　各种切削加工的切削运动和加工表面

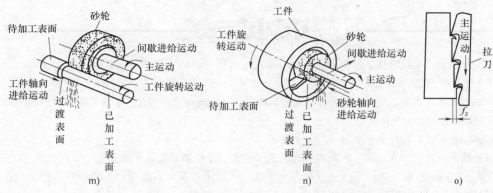

图 3-5　各种切削加工的切削运动和加工表面（续）

3. 切削层几何参数

切削层是指工件上正被切削刃切削的一层金属，亦即相邻两个加工表面之间的一层金属。以车削外圆为例（图 3-6），切削层是指工件每转一周，车刀主切削刃移动一段距离从工件上切下的那一层金属。

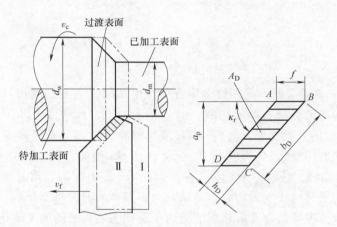

图 3-6　切削层几何参数

1）切削层宽度 b_D 是指沿主切削刃测量的切削层尺寸，反映切削刃参加切削的工作长度（mm）。

2）切削层厚度 h_D 是指两相邻加工表面间的垂直距离（mm）。

3）切削层横截面积 A_D 是指在给定瞬间，切削层的实际断面面积（mm^2）。

$$A_D = b_D h_D$$

因 A_D 不包括残留面积，且在各种方法中 A_D 同进给量和切削深度的关系不同，所以不等于 f 和 a_p 的积。只有在车削中，当残留面积很小时才近似，即

$$A_D \approx f a_p$$

切削层决定了切屑的尺寸即刀具切削部分的载荷。

金属去除率 Q 是刀具在单位时间内从工件上切除的金属材料的体积，是衡量金属切削加工效率的指标，Q 可由切削层横截面积 A_D 和平均切削速度 v_{av} 求出，即

$$Q = A_D v_{av}$$

1. 切削加工时，机械零件是如何形成的？在机床上通过刀具的切削刃和毛坯的相对运动再现母线或导线，可以有哪几种方法？

2. 举例说明什么是表面成形运动，什么是简单运动、复合运动。用相切法形成发生线时所需要的两个成形运动是否是复合运动？为什么？

3. 切削用量三要素是什么？

4. 试用简图分析下列方法加工所需表面时的成形方法，并标明所需的机床运动。①用成形车刀车外圆；②用普通外圆车刀车外圆锥体；③用圆柱铣刀铣平面；④用滚刀滚切斜齿圆柱齿轮；⑤用钻头钻孔；⑥用（窄）砂轮磨（长）圆柱体。

5. 试分析钻孔时的切削厚度、切削宽度及其与进给量、切削深度的关系。

3.2 金属切削的基本规律

金属切削的基本规律包括切削变形、切削力、切削热和切削温度、刀具磨损和刀具寿命的规律。

3.2.1 切削变形

1. 三个变形区

1）第一变形区。图 3-7 所示为塑性金属直角自由切削（直角切削指刀具的刃倾角 $\lambda_s = 0°$ 时的切削，自由切削指刀具只有单刃切削）时的切削区，刀具挤压工件，工件切削层的金属以速度 v 进入 OA 线以后开始变形，直到 OE 线变形终止，这部分金属转变为切屑，这个变形区称为变形区 I，即剪切变形区。切削层的金属到达 OA 线时，其应力达到材料的屈服强度 τ_s，材料在向前方运动时，还沿着 OA 线滑移，因此 OA 线也称为始滑移线。材料到达 OE 线时，滑移终止，切削层材料转变为切屑，运动方向和刀具前刀面基本平行，OE 线也称为终滑移线。变形区 I 的特征主要是沿着滑移线的剪切变形和随之而来的加工硬化。

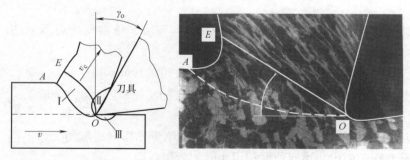

图 3-7　金属切削的三个变形区与变形图像

2）第二变形区。切屑沿前刀面流出时受到挤压和摩擦，使靠近前刀面的晶粒进一步剪切滑移，晶粒剪切滑移剧烈呈纤维化，纤维化方向平行于前刀面，有时有滞流层，形成变形区 II，即刀-屑接触区。

切削层金属经过终滑移线 OE，形成切屑沿前刀面流出时，切屑底层仍受到刀具的挤压和接触面间强烈的摩擦，继续以剪切滑移为主的方式在变形，切屑底层的晶粒弯曲拉长，并趋向于与前刀面平行而形成纤维层，从而使接近前刀面部分的切屑流动速度降低。由于在刀-屑接触界面间存在着很大的压力（可达 2~3GPa），再加上几百摄氏度的高温，切屑底层又总是以新生表面与前刀面接触，从而使刀-屑接触面间产生粘结，切屑和刀具粘结层同其上层金属之间产生内摩擦，实际就是金属内部的剪切滑移，它同材料的剪切屈服强度和接触面的大小有关。当切屑沿前刀面继续流出时，离切削刃越远正应力越小，切削温度也随之降低，使切削层金属的塑性变形减小，刀-屑间实际接触面积减小，进入滑移区后，该区内的摩擦性质为滑动摩擦。

变形区 Ⅱ 对于切削力、切削热、积屑瘤的形成与消失，以及对刀具的磨损等都有直接影响。

3）第三变形区。工件已加工表面的金属受到切削刃钝圆部分和后刀面的挤压、摩擦，产生变形与回弹，造成材料纤维化和加工硬化，形成变形区 Ⅲ，即刀-工接触区。刀具开始切削不久，后刀面就会产生磨损，从而后刀面形成磨损棱带，如图 3-8 所示。由于切削刃钝圆半径的存在，整个切削厚度中，底层金属从切削刃钝圆部分 O 点下面挤压过去，受到后刀面棱带 VB 段的挤压并与之发生相互摩擦，使工件表层金属受到剪切应力的作用，随后开始弹性恢复，假设弹性恢复的高度为 Δh，则已加工表面在 CD 长度上继续与后刀面摩擦。切削刃上 OB、BC 及 CD 三部分构成后刀面上的接触长度，它的接触情况对已加工表面质量有很大影响，可能使得已加工表面产生粗糙、加工硬化、残余应力等。

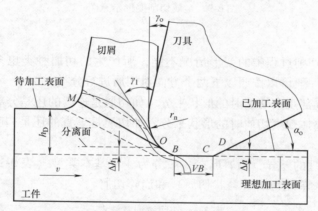

图 3-8　已加工表面的形成过程

2. 切削变形大小的描述

剪切区随切削速度增大而变窄，一般都在 0.02~0.2mm 范围内，因此可以用一个剪切面表示。剪切面和切削速度方向的夹角称为剪切角 φ。剪切角越小，切削变形越大。一般描述切削变形大小用两个参数：变形系数 ξ 和相对滑移 ε。

记切削层厚度为 a_c，切屑的厚度为 a_{ch}，如图 3-9a 所示，则厚度变形系数为切屑厚度与切削层厚度 a_c 之比，长度变形系数为切削层长度 l_c 和切屑长度 l_{ch} 之比，由于切削层宽度和切屑宽度差异很小，因此有

$$\xi = \frac{a_{ch}}{a_c} = \frac{l_c}{l_{ch}} > 1 \tag{3-4}$$

ξ 直观地反映了切削变形程度，并且容易测量，但比较粗略。

由图 3-9b 可知，当平行四边形 OHNM 发生剪切变形后，变为平行四边形 OGPM，在切削过程中，这个相对滑移，可以近似地看成是发生在剪切面 NH 上，剪切面 NH 被推移到 PG 的位置。相对滑移（或称剪切应变）ε 是用来量度切削变形程度的参数，ε 的大小能比较真实地反映切削变形的程度。相对滑移 ε 的定义为

$$\varepsilon = \frac{\Delta s}{\Delta y} = \frac{\overline{NP}}{\overline{MK}} = \frac{\overline{NK} + \overline{KP}}{\overline{MK}} = \cot\varphi + \tan(\varphi - \gamma_o) \tag{3-5}$$

由式（3-5）可知在刀具的前角一定的情况下，相对滑移仅与剪切角 φ 有关。要测量剪切角 φ 和相对滑移 ε，需要快速落刀装置来制取切屑根部试件，或利用高速摄影装置来测量，这样测量的结果相对准确。剪切角 φ 越小，变形系数 ξ 越大，切屑变形越大。

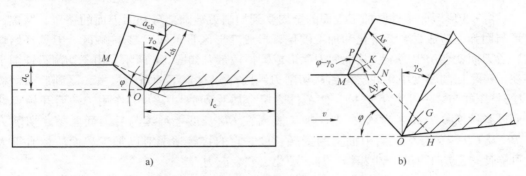

图 3-9　金属切削变形示意图

3. 切屑的种类

工件材料不同，切削过程中的变形情况不同，所产生的切屑种类也多种多样。为了系统地研究切屑的形状，一般可以按照以下两个方面对切屑进行分类。

1）形态。按照局部观察切屑时的形状来分，如切屑是连续的还是分离的。

2）形状。按照整体观察切屑时的形状来分，如切屑是笔直的还是向哪个方向有多大程度的卷曲。

按照切屑形成机理的差异，切屑形态一般分为 4 种基本类型（表 3-1），即带状切屑、挤裂切屑（节状切屑）、单元切屑（粒状切屑）和崩碎切屑。

表 3-1　切屑类型及特点

名称	带状切屑	挤裂切屑	单元切屑	崩碎切屑
简图				
形态	带状，底面光滑，背面呈毛茸状	节状，底面光滑有裂纹，背面呈锯齿状	切屑沿剪切面完全断开，切屑呈粒状	不规则，块状颗粒
变形	剪切滑移尚未达到断裂程度	局部剪切应力达到断裂强度	剪切应力完全达到断裂强度	未经塑性变形即被挤裂

（续）

名称	带状切屑	挤裂切屑	单元切屑	崩碎切屑
形成条件	切削塑性材料，切削速度较高，进给量较小，刀具前角较大	切削塑性材料，切削速度较低，进给量较大，刀具前角较小	切削塑性材料，工件材料硬度较高，韧性较低，切削速度较低	切削硬脆材料，刀具前角较小
影响	切削过程平稳，切削力波动较小，表面粗糙度小，妨碍切削工作，应设法断屑	切削过程欠平稳，切削力有波动，表面粗糙度欠佳	切削力波动较大，切削过程不平稳，表面粗糙度不佳	切削力波动大，有冲击，表面粗糙度恶劣，易崩刀

切屑的形态是随切削条件的改变而改变的。在形成挤裂切屑的情况下，若减小前角或加大切削厚度，就可以得到单元切屑；反之，若加大前角，提高切削速度，减小切削厚度，则可得到带状切屑。

为了满足切屑的处理及运输要求，还需按照切屑的形状进行分类。切屑的形状有带状切屑、管形切屑、盘旋形切屑、环形螺旋切屑、锥形螺旋切屑、弧形切屑、单元切屑、针形切屑等（表 3-2）。

表 3-2　切屑形状（GB/T 16461—2016）

带状切屑	管形切屑	盘旋形切屑	环形螺旋切屑	锥形螺旋切屑	弧形切屑	单元切屑	针形切屑
长	长	平	长	长	连接		
短	短	锥	短	短	松散		
缠乱	缠乱		缠乱	缠乱			

4. 切屑的控制

在现代切削加工中，切削速度与金属切除率达到了很高的水平，切削条件很极端，常常产生大量"不可接受"的切屑。这类切屑或拉伤工件的已加工表面，使表面粗糙度恶化；或划伤机床，卡在机床运动副之间；或造成刀具的早期破损；有时甚至影响操作者的安全。特别对于数控机床、生产自动线及柔性制造系统，如不能有效控制切屑，轻则限制了机床能力的发挥，重则使生产无法正常进行。

切屑控制（又称切屑处理，工厂中一般简称为"断屑"），是指在切削过程中采用适当的工艺措施来控制切屑的流出方向、卷曲及有效折断，以形成便于处理和控制的屑形和大小。

（1）屑形控制　由于切削加工的具体条件不同，要求切屑的形状也有所不同。在一般情况下，不希望得到带状屑，只有在立式镗床上镗盲孔时，为了使切屑顺利排出孔外，才要求形成带状屑或管形屑。弧形屑不缠绕工件，也不易伤人，是一种比较好的屑形，但高频率的碰撞和折断会影响切削过程的平稳性，对已加工表面的表面粗糙度有影响，所以精车时希望形成环形螺旋屑。在重型机床上用大切削深度、大进给量车削钢件时，弧形屑易损环切削刃和飞崩伤人，所以通常希望形成锥形螺旋屑。在自动机床或自动线上，盘旋形屑是一种比较好的屑形。车削铸铁、黄铜等脆性材料时，为避免切屑飞溅伤人或损坏滑动表面，应设法使切屑连成卷状。

（2）卷屑　为了得到要求的切屑形状，均需要使切屑卷曲。基本原理是设法使切屑沿前刀面流出时，受到一个额外的作用力，在该力作用下，使切屑产生一个附加的变形而弯曲。

卷屑的具体方法：

1）自然卷屑。利用前刀面上形成的积屑瘤使切屑自然卷曲。

2）卷屑槽与卷屑台的卷屑。在生产上常用强迫卷屑法，即在前刀面上磨出适当的卷屑槽或安装附加的卷屑台，当切屑流经前刀面时，与卷屑槽或卷屑台相碰而卷曲（图 3-10）。

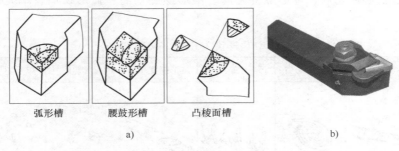

弧形槽　　　腰鼓形槽　　　凸棱面槽

a)　　　　　　　　　　　　　b)

图 3-10　卷屑槽与卷屑台

（3）断屑　为了避免过长的切屑，对卷曲了的切屑需进一步施加力（变形）使之折断。常用的方法有：

1）使卷曲后的切屑与工件相碰，使切屑根部的拉应力越来越大，最终导致切屑完全折断。这种断屑方法一般得到弧形屑、平盘旋形屑或锥盘旋形屑。

2）使卷曲后的切屑与后刀面相碰，使切屑根部的拉应力越来越大，最终导致切屑完全断裂，形成弧形屑。

衡量切屑控制的主要标准：不妨碍正常加工，即不缠绕在工件、刀具上，不飞溅到机床运动部件中；不影响操作者的安全；易于清理、存放和搬运。

5. 积屑瘤

当在一定范围的切削速度下切削塑性材料时，常发现在靠近切削刃的前刀面上黏附着一小块很硬的金属，这块硬金属即为积屑瘤（刀瘤），如图 3-11 所示。

（1）积屑瘤的形成　当切屑沿着刀具的前刀面流出时，在一定的温度与压力作用下，与前刀面接触的切屑底层金属受到的摩擦阻力超过切屑本身的分子结合力时，就会有一部分金属黏附在切削刃附近的前刀面上，形成积屑瘤。积屑瘤形成后不断长大，当达到一定高度时又会破裂，并且被切屑带走或嵌附在工件

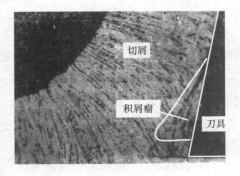

切屑

积屑瘤

刀具

图 3-11　积屑瘤

表面上，上述过程是反复进行的。

（2）积屑瘤对切削过程的影响

①在形成积屑瘤的过程中，金属材料因塑性变形而被强化，积屑瘤的硬度比工件材料高，能代替切削刃进行切削，从而起到保护切削刃的作用。②由于积屑瘤的存在增大了刀具实际工作前角（图 3-12），使切削轻快，因此，粗加工时，积屑瘤的存在是有益的。③积屑瘤的顶端伸出切削刃之外，而且又不断地产生和脱落，使实际切削深度和切削厚度不断变化，影响尺寸精度并会导致切削力的变化，从而引起振动。④有一些积屑瘤碎片黏附在工件已加工表面上，使工件表面变得粗糙。因此，精加工时，应尽量避免产生积屑瘤。

（3）积屑瘤的控制　工件材料和切削速度是影响积屑瘤的主要因素。

1）工件材料。切削塑性大的材料时塑性变形较大，容易产生积屑瘤。切削脆性材料形成的崩碎切屑不流过前刀面，因此一般无积屑瘤。

2）切削速度。如图 3-13 所示，当切削速度很低（$v<5\mathrm{m/min}$）时，切屑流动较慢，切屑底面的金属氧化充分，摩擦因数较小，切削温度低，切屑分子的结合力大于切屑底面与前刀面之间的摩擦力，因而不会出现积屑瘤。当切削速度在 $5\sim50\mathrm{m/min}$ 范围内时，切屑底面的金属与前刀面间的摩擦因数较大，切削温度高，切屑分子的结合力降低，容易产生积屑瘤。当切削速度很高（$v>50\mathrm{m/min}$）时，切削温度很高，切屑底面呈微熔状态，摩擦因数明显降低，积屑瘤也不会产生。

工程上，控制积屑瘤的措施有：①调整切削速度，一般精车、精铣用高速切削；而当用高速钢刀具拉削、铰削和宽刀精刨时，则采用低速切削。②选用适当的切削液对刀具进行冷却润滑。③增大刀具前角，减小刀-屑接触压力。④对塑性较高的材料（如低碳钢）进行正火处理。

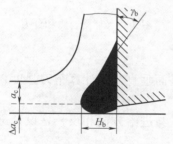

图 3-12　积屑瘤前角和伸出量

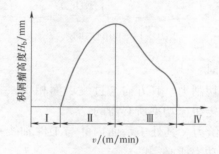

图 3-13　积屑瘤高度与切削速度的关系

6. 影响切削变形的主要因素

1）工件材料。工件材料强度越高，切削变形越小，工件材料塑性越大，切削变形就越大。如不锈钢伸长率大，所以切削变形大，易粘刀不易断屑。

2）前角。前角 γ_o 越大，切屑沿前刀面排出的方向与切削速度方向的差异越小，切屑流动阻力越小，切削变形就越小，还可使剪切角 φ 增大，使切削变形减小。

3）切削速度。在无积屑瘤的切削速度范围内，切削速度越高，切削变形就越小。在有积屑瘤的切削速度范围内，在积屑瘤增长阶段，实际前角增大，故切削变形随 v_c 增加而减小。在积屑瘤消退阶段，实际前角减小，切削变形随之增大。

4）切削层公称厚度。切削层公称厚度增加时，剪切角 φ 增大，切削变形减小，在无积屑瘤情况下，进给量越大（切削层公称厚度增大），则切削变形越小。

3.2.2　切削力

1. 切削力的来源

分析和计算切削力，是计算功率消耗，进行机床、刀具、夹具设计，制订合理的切削用量，优化刀具几何参数的重要依据。在自动化生产中，还可通过切削力来监控切削过程和刀具工作状态，如刀具折断、磨损、破损等状况。

金属切削加工时，刀具使工件材料变形转变成切屑时所承受的力，称为切削力。由前述对切削变形的分析可知，切削力来源于以下三个方面（图 3-14）：

1）克服被加工材料弹性变形的抗力。

2）克服被加工材料塑性变形的抗力。

3）克服切屑与刀具前刀面的摩擦力、刀具后刀面同过渡表面和已加工表面之间的摩擦力。

2. 切削合力

切削各力的总和形成作用在刀具上的合力 F。为了实际应用，F 可分解为相互垂直的 F_c、F_f 和 F_p 三个分力（图 3-15）。

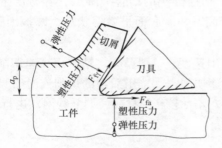

图 3-14　切削力的来源

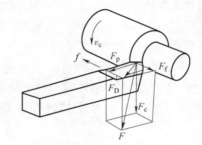

图 3-15　切削合力和分力

在车削时：

F_c 为主切削力。其方向与过渡表面相切，并与基面垂直，是计算车刀强度、设计机床主轴系统、确定机床功率所必需的。

F_f 为进给力。其处于基面内并与工件轴线平行，与进给方向相反，是设计进给机构，计算车刀进给功率所必需的。

F_p 为背向力。其处于基面内并与工件轴线垂直，是计算工件挠度、机床零件和车刀强度的依据。工件在切削过程中产生的振动往往与 F_p 有关。

由图 3-15 可以看出

$$F = \sqrt{F_D^2 + F_c^2} = \sqrt{F_c^2 + F_f^2 + F_p^2} \tag{3-6}$$

随着车刀材料、车刀几何参数、切削用量、工件材料和车刀磨损情况的不同，F_c、F_f 和 F_p 会在较大范围内变化。

3. 切削功率

消耗在切削过程中的功率称为切削功率 P_m。切削功率为力 F_c 和 F_f 所消耗的功率之和，因 F_p 方向没有位移，所以不消耗功率。于是

$$P_m = \left(F_c v_c + \frac{F_f n_w f}{1000} \right) \times 10^{-3} \tag{3-7}$$

式中，P_m为切削功率（kW）；F_c为切削力（N）；v_c为切削速度（m/s）；F_f为进给力（N）；n_w为工件转速（r/s）；f为进给量（mm/r）。

切削力的计算公式中，右侧的第二项是消耗在进给运动中的功率，它相对于F_c所消耗的功率很小（<1%），因此可以略去不计，则

$$P_m = F_c v_c \times 10^{-3} \qquad (3\text{-}8)$$

在求得切削功率后，还可以计算出主运动电动机的功率P_E，但需要考虑机床的传动效率η，即

$$P_E \geqslant \frac{P_m}{\eta} \qquad (3\text{-}9)$$

一般η取$0.75 \sim 0.85$，大值适用于新机床，小值适用于旧机床。

4. 切削力的计算

生产中已经积累了大量的切削力试验数据，对于一般加工方法，如车削、孔加工和铣削等已建立起了可直接利用的经验公式。切削力的计算常采用以下4种方法：指数公式、单位切削力法、解析计算、有限元计算。

在金属切削中广泛应用指数公式计算切削力，常用的指数公式形式为

$$F_c = C_{F_c} a_p^{x_{F_c}} f^{y_{F_c}} v_c^{n_{F_c}} K_{F_c}$$
$$F_p = C_{F_p} a_p^{x_{F_p}} f^{y_{F_p}} v_c^{n_{F_p}} K_{F_p}$$
$$F_f = C_{F_f} a_p^{x_{F_f}} f^{y_{F_f}} v_c^{n_{F_f}} K_{F_f} \qquad (3\text{-}10)$$

式中，C_{F_c}、C_{F_p}、C_{F_f}为系数，由被加工材料的性质和切削条件所决定；x_{F_c}、x_{F_p}、x_{F_f}、y_{F_c}、y_{F_p}、y_{F_f}、n_{F_c}、n_{F_p}、n_{F_f}为三个分力公式中，切削深度a_p、进给量f和切削速度v_c对切削力影响的指数；K_{F_c}、K_{F_p}、K_{F_f}分别为三个分力公式中，当实际加工条件与求得经验公式时的条件不符时，各种因素对切削力的修正系数的积。

式中的系数和指数可在切削用量手册中查得。手册中的数值是在特定的刀具几何参数（包括几何角度和刀尖圆弧半径等）下针对不同的加工材料、刀具材料和加工形式，由大量的试验结果处理而来的。

表3-3列出了计算车削切削力的指数公式中的系数和指数，其中对硬质合金刀具$\kappa_r = 45°$，$\gamma_o = 10°$，$\lambda_s = 0°$；对高速钢刀具$\kappa_r = 45°$，$\gamma_o = 20° \sim 25°$，刀尖圆弧半径$r_\varepsilon = 1.0mm$。当刀具的几何参数及其他条件与上述不符时，各个因素都可用相应的修正系数进行修正。

表 3-3　计算车削切削力的指数公式中的系数和指数

被加工材料	刀具材料	加工形式	公式中的系数及指数											
			主切削力F_c（或F_z）				背向力F_p（或F_y）				进给力F_f（或F_x）			
			C_{F_c}	x_{F_c}	y_{F_c}	n_{F_c}	C_{F_p}	x_{F_p}	y_{F_p}	n_{F_p}	C_{F_f}	x_{F_f}	y_{F_f}	n_{F_f}
结构钢及铸钢 $R_m = 0.637GPa$	硬质合金	外圆纵车、横车及镗孔	1433	1.0	0.75	-0.15	572	0.9	0.6	-0.3	561	1.0	0.5	-0.4
		切槽及切断	3600	0.72	0.8	0	1393	0.73	0.67	0	—	—	—	—
		切螺纹	23879	—	1.7	0.71								
	高速钢	外圆纵车、横车及镗孔	1766	1.0	0.75	0	922	0.9	0.75	0	530	1.2	0.65	0
		切槽及切断	2178	1.0	1.0	0	—	—	—	—	—	—	—	—
		成形车削	1874	1.0	0.75	0	—	—	—	—	—	—	—	—

由此可以容易地估算出某种具体加工条件下的切削力和切削功率。

【例 3-1】 用某硬质合金车刀外圆纵车 $R_m = 0.637GPa$ 的结构钢，车刀几何参数为 $\kappa_r = 45°$，$\gamma_o = 10°$，$\lambda_s = 0°$，切削用量为 $a_p = 4mm$，$f = 0.4mm/r$，$v_c = 1.7m/s$。把由表 3-3 查出的系数和指数代入式（3-10）（由于所给条件与表 3-3 条件相同，故 $K_{F_c} = K_{F_p} = K_{F_f} = 1$）得

$$F_c = (1433 \times 4^{1.0} \times 0.4^{0.75} \times 1.7^{-0.15} \times 1) N = 2662.5N$$

$$F_p = (572 \times 4^{0.9} \times 0.4^{0.6} \times 1.7^{-0.3} \times 1) N = 980.3N$$

$$F_f = (561 \times 4^{1.0} \times 0.4^{0.5} \times 1.7^{-0.4} \times 1) N = 1147.8N$$

切削功率 P_m 为

$$P_m = F_c v_c \times 10^{-3} = (2662.5 \times 1.7 \times 10^{-3}) kW \approx 4.5kW$$

切削力也可通过单位切削力求出。单位切削力的定义是单位切削面积上的切削力，即

$$F_c = \frac{F_z}{A} = \frac{F_z}{a_p f} \tag{3-11}$$

单位切削力可以依据不同的切削条件查阅相关手册得到。

影响切削力大小的因素还有其他切削条件。刀具的几何参数中，前角 γ_o 对切削力影响最大，前角越大，切削变形越小，切削力也越小，但前角太大，刀具楔角会变小，使刀具强度下降，因此刀具前角针对不同的切削条件有一最佳值。

对于车刀，主偏角 κ_r 影响背向力 F_p 和进给力 F_f 的比值，对工件径向变形有影响。车削长轴时，κ_r 宜取 $90°$，甚至 $93°$，其他时候一般为 $45° \sim 75°$。

5. 切削力的测量

随着测试手段的现代化，切削力的测量方法有了很大的发展，在很多场合下已经能很精确地测量切削力。目前采用的切削力测量手段主要有：

1）功率反求法。用功率表测出机床电动机在切削过程中所消耗的功率 P_E 后，计算出切削功率 P_m。这种方法只能粗略估算切削力的大小，不够精确。

2）测力仪测量法。测力仪的测量原理是利用切削力作用在测力仪的弹性元件上所产生的变形，或作用在压电晶体上产生的电荷经过转换处理后，最终读出力值。近代先进的测力仪常与计算机配套使用，直接进行数据处理，自动显示被测力值和建立切削力的经验公式。在自动化生产中，还可利用测力传感装置产生的信号优化和监控切削过程。

研究切削力，对进一步弄清切削机理，计算功率消耗，进行刀具、机床、夹具的设计，制订合理的切削用量，优化刀具几何参数等，都具有非常重要的意义。通过对实测的切削力进行分析处理，可以推断切削过程中的切削变形、刀具磨损、工件表面质量的变化机理。在此基础上，可进一步为切削前用量优化，提高零件加工精度等提供试验数据支持。

6. 影响切削力的因素

（1）工件材料　工件材料的力学性能、加工硬化程度、化学成分、热处理状态以及切削前的加工状态等，都对切削力有影响。

1）工件材料的强度、硬度越高，材料的剪切屈服强度就越高，则切削力越大。

2）工件材料冲击韧性和塑性越大，则强化系数较大，与刀具间的摩擦因数也较大，切削力越大。

3）灰铸铁及其他脆性材料，切削时一般形成崩碎切屑，刀-屑间摩擦小，切削力较小。

（2）切削用量

1）切削深度和进给量。切削深度 a_p 或进给量 f 增大，均使切削力增大。a_p 增大时，变形系数 ξ 不变，切削力成正比例增大。f 增大时，变形系数 ξ 和摩擦因数 μ 降低，切削力不成正比例增大。因此，如从减小切削力和切削功率角度考虑，增大进给量比增大切削深度有利。

2）切削速度。加工塑性金属时，切削速度 v_c 对切削力的影响分为有积屑瘤阶段和无积屑瘤阶段两种（图 3-16）。在积屑瘤增长阶段，随着 v_c 增大，积屑瘤的高度增加，切削变形程度减小，切削层单位面积切削力减小，切削力减小；反之，在积屑瘤减小阶段，切削力逐渐增大。在无积屑瘤阶段，随着 v_c 的增加，切削温度提高，前刀面摩擦因数减小，剪切角增大，变形程度减小，使切削力减小。

加工脆性材料（如灰铸铁）时，形成崩碎切屑，塑性变形小，切屑与前刀面接触长度短，刀-屑间摩擦力小，所以切削速度对切削力的影响不大。

（3）刀具几何参数

1）前角。切削塑性材料时，前角增大，剪切角增加，切削变形系数减小，沿前刀面的摩擦力也减小，因此切削力减小，如图 3-17 所示。

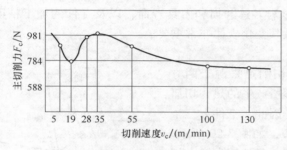

图 3-16　切削速度和主切削力的关系曲线

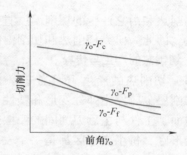

图 3-17　前角对切削力的影响

切削脆性材料时，由于变形小，加工硬化小，前角对切削力的影响不显著。

2）主偏角。主偏角 κ_r 对切削力的影响如图 3-18 所示。对主切削力 F_c 影响不大（幅度不超过 10%），当加工塑性金属时，随着 κ_r 增大，F_c 减小，当 $\kappa_r = 60° \sim 75°$ 时，F_c 出现转折而逐渐增大。κ_r 影响 F_p 和 F_f 的比值（图 3-19），$F_p = F_D \cos \kappa_r$，$F_f = F_D \sin \kappa_r$，随着主偏角增大，F_p 减小，F_f 增大。车削细长轴时，系统刚度小，常用 $\kappa_r = 90° \sim 93°$ 的车刀。

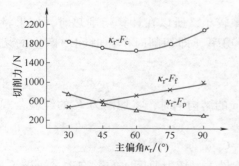

图 3-18　主偏角对切削力的影响

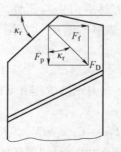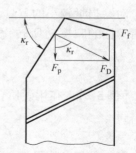

图 3-19　主偏角对 F_p 和 F_f 的影响

3）刃倾角。刃倾角 λ_s 对 F_c 的影响不大，但对 F_p 和 F_f 的影响较大，λ_s 增大（或由负变正），F_p 减小，F_f 增大。因为刃倾角改变时将改变切削合力的方向，因而影响各分力。

4）刀尖圆弧半径。在一般的切削加工中，刀尖圆弧半径 r_ε 对 F_p 和 F_f 的影响较大，对 F_c 的影响较小。随着 r_ε 的增大，切削刃曲线部分的长度和切削层公称宽度随之增大，曲线刃上各点的主偏角 κ_r 减小，切削变形增大，切削力增大，F_p 增大，F_f 减小，F_c 略有增大。为防止振动，应减小 r_ε。

（4）其他因素

1）刀具材料。与工件材料之间的亲和性影响切削时产生的摩擦力大小，从而影响切削力。在同样切削条件下，陶瓷刀具切削力最小，硬质合金次之，高速钢刀具的切削力最大。

2）刀具磨损。当刀具主后刀面磨损后形成后角 α_o 等于 $0°$、宽度为 VB 的窄小棱面时，主后刀面与工件过渡表面接触面增大，作用于主后刀面的正压力和摩擦力增大，导致 F_c、F_f、F_p 都增大。

3）切削液。以冷却作用为主的水溶液对切削力影响很小。润滑作用强的切削油，不仅能减小刀具与切屑、工件表面间的摩擦，而且能减小加工中的塑性变形，故能显著降低切削力。

3.2.3 切削热和切削温度

切削热和由它产生的切削温度直接影响刀具磨损和刀具寿命，以及工件的加工精度和表面质量。因此，研究切削热和切削温度及其变化规律非常重要。

1. 切削热的产生与传导

（1）切削热的产生　切削过程中，切削热来源于两方面：切削层金属发生弹性变形和塑性变形所产生的热，切屑与前刀面、工件与主后刀面间的摩擦热。因此，工件上三个塑性变形区，每个变形区都是一个发热源，如图 3-20 所示。三个热源产生热量的比例与工件材料、切削条件等有关。切削塑性材料，当切削厚度较大时，以第一变形区产生的热量为最多；切削厚度较小时，则第三变形区产生的热量占较大比重。加工脆性材料时，因形成崩碎切屑，故第二变形区产生的热量比重下降，而第三变形区产生的热量比重相应增加。

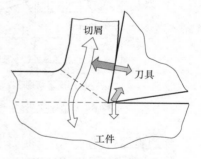

图 3-20　切削热的产生

切削时所消耗的能量有 98%~99% 转化为切削热，其余能量用于形成新表面并以晶格扭曲等形式形成潜藏能。

对磨损量较小的刀具，刀具后刀面与工件的摩擦较小，所以在计算切削热时，如果将刀具后刀面的摩擦功所转化的热量忽略不计，则切削功率（即切削时单位时间内产生的切削热）为

$$P_m = F_c v_c \tag{3-12}$$

【例 3-2】　在用硬质合金车刀车削 $R_m = 0.637\text{GPa}$ 的结构钢时，将切削力 F_c 的经验公式代入后得

$$P_m = F_c v_c = C_{F_c} a_p^{x_{F_c}} f^{y_{F_c}} v_c^{n_{F_c}} K_{F_c} v_c = C_{F_c} a_p^{1.0} f^{0.75} v_c^{0.85} K_{F_c}$$

可知，切削用量中，切削深度 a_p 对切削热的影响最大，切削速度 v_c 的影响次之，进给量 f 的影响最小。其他因素对切削热的影响和它们对切削力的影响完全相同。

（2）切削热的传导　工件切削热主要由切屑、工件及刀具传出，周围介质带走的热量很

少（干切削时约占 1%）。影响切削热传导的主要因素是工件和刀具材料的导热系数以及切削条件的变化。工件材料的导热系数较高时，大部分切削热由切屑和工件传导出去；反之，则刀具传热比重较大。随着切削速度的提高，由切屑传导的热量增多。切屑与刀具接触时间的长短，也会影响刀具的切削温度。若采用冷却性能好的切削液，则切削区大量的热将由切削液带走。

切削航空工业中常用的钛合金时，因为它的导热系数只有碳素钢的 $1/4 \sim 1/3$，切削产生的热量不易传出，因而切削温度较高，刀具就容易磨损。外圆车削时，切屑形成后迅速脱离车刀而落入机床的容屑盘中，故切屑的热量传给刀具的不多。钻削或其他半封闭式容屑的切削加工，切屑形成后仍与刀具及工件相接触，切屑将所带的切削热再次传给工件和刀具，使切削温度升高。

2. 切削温度及温度测量

尽管切削热是切削温度升高的根源，但直接影响切削过程的却是切削温度。切削温度 θ 是指前刀面与切屑接触区内的平均温度。它是由切削热的产生与传出的平衡条件所决定的。产生的切削热越多，传出的切削热越慢，切削温度越高。反之，切削温度就越低。

凡是增大切削力和切削功率的因素都会使切削温度上升，而有利于切削热传出的因素都会降低切削温度。例如，提高工件材料和刀具材料的热导率或充分浇注切削液，都会使切削温度下降。

测量切削温度的方法主要有：热电偶法、光/热辐射法、金相结构法等。

（1）热电偶法　当两种不同材质组成的材料副（如切削加工中的刀具-工件）接近并受热时，会因表层电子溢出而产生溢出电动势，并在材料副的接触界面间形成电位差（即热电势）。由于特定材料副在一定温升条件下形成的热电势是一定的，因此可根据热电势的大小来测定材料副（即热电偶）的受热状态及温度变化情况。采用热电偶法的测温装置结构简单，测量方便，是目前较成熟也较常用的切削温度测量方法。它又分为自然热电偶法和人工热电偶法。

1）自然热电偶法：工件和刀具材料不同，组成热电偶两极，切削时刀具与工件接触处的高温产生温差电势，通过电位差计测得切削区的平均温度。

2）人工热电偶法：用不同材料、相互绝缘金属丝作热电偶两极，可测量刀具或工件指定点温度，可测最高温度及温度分布场。

（2）光/热辐射法　采用光/热辐射法测量切削温度的原理：刀具、切屑和工件材料受热时都会产生一定强度的光/热辐射，且辐射强度随温度升高而加大，因此可通过测量光/热辐射的能量间接测定切削温度，如红外热像仪测量法。

（3）金相结构法　该法基于金属材料在高温下会发生相应的金相结构变化这一原理进行测温，通过观察刀具或工件切削前后金相组织的变化来判定切削温度的变化。除此以外，还可用扫描电镜观测刀具剖面显微组织的变化，并与标准试样对照，从而确定刀具切削过程中所达到的温度值。

3. 刀具切削温度分布规律

在切削变形区内，工件、切屑和刀具上的切削温度分布，即切削温度场，对研究刀具的磨损规律、工件材料的性能变化和已加工表面质量都很有意义。

图 3-21 是在切削钢料时，用红外胶片法测得的切削钢料中正交平面内的温度场。由此可分析归纳出一些切削温度分布的规律。

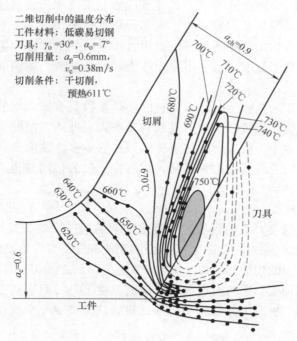

图 3-21　切削时各处的温度分布

1）剪切区内，沿剪切面方向上各点温度几乎相同，而在垂直于剪切面方向上的温度梯度很大。由此可以推想在剪切面上各点的应力和应变的变化不大，而且剪切区内的剪切滑移变形很强烈，产生的热量十分集中。

2）前刀面和后刀面上的最高温度点都不在切削刃上，而是在离切削刃有一定距离的地方，这是摩擦热沿前刀面不断增加的缘故。

3）在靠近前刀面的切屑底层上，温度梯度很大。离前刀面 0.1 ~ 0.2mm，温度就可下降一半，前刀面上的摩擦热集中在切屑底层，对切屑底层金属的剪切强度会有很大的影响，因此，切屑温度上升会使前刀面上的摩擦因数下降。

4）后刀面的接触长度较小，因此工件加工表面上温度的升降是在极短的时间内完成的。刀具通过时加工表面受到一次热冲击。

4. 影响切削温度的主要因素

根据理论分析和大量的试验研究发现切削温度主要受切削用量、刀具几何参数、刀具磨损、工件材料和切削液的影响。

（1）切削用量的影响　试验得出的切削温度经验公式如下：

$$\theta = C_\theta v^{z_\theta} f^{y_\theta} a_p^{x_\theta} \qquad (3\text{-}13)$$

式中，θ 为试验测出的前刀面接触区平均温度（℃）；C_θ 为切削温度系数；v 为切削速度（m/min）；f 为进给量（mm/r）；a_p 为切削深度（mm）；z_θ、y_θ、x_θ 为相应的指数。

用高速钢和硬质合金刀具切削中碳钢时，切削温度系数 C_θ 及指数 z_θ、y_θ、x_θ 见表 3-4。

分析各因素对切削温度的影响，主要应从这些因素对单位时间内产生的热量和传出的热量的影响入手。如果产生的热量大于传出的热量，则这些因素将使切削温度增高；某些因素使传出的热量增大，则这些因素将使切削温度降低。

表 3-4 切削温度系数及指数

刀具材料	加工方法	C_θ	z_θ		y_θ	x_θ
高速钢	车削	140~170	0.35~0.45		0.2~0.3	0.08~0.10
	铣削	80				
	钻削	150				
硬质合金	车削	320	f/(mm/r) 0.1 0.2 0.3	0.41 0.31 0.26	0.115	0.05

1）切削速度对切削温度有显著影响，随着切削速度的提高，切削温度将明显上升。提高切削速度一方面使单位时间内的金属切除量成正比例地增多，消耗的功增大，切削热也会增加；另一方面使摩擦热来不及向切屑内部传导，大量积聚在切屑底层，从而使切削温度升高。但随着切削速度的提高，单位切削力和单位切削功率却有所降低，故切削热不随切削速度成正比地增加。

2）进给量增大，单位时间内的金属切除量增多，切削热也增多，使切削温度上升。单位切削力和单位切削功率随进给量增大而减小，切除单位体积金属产生的热量也减小。进给量增大使切屑变厚，切屑的热容量增大，由切屑带走的热量也增多，故切削区平均温度的上升不甚显著。所以，增大进给量时，所产生的切削热不与金属切除量成正比例地增加。

3）切削深度对切削温度的影响很小，因为切削深度增大以后，切削区产生的热量虽然成正比例地增多，但因切削刃的工作长度也成正比地增长，改善了散热条件，所以切削温度的升高并不明显。

由以上规律可以看到，为了有效地控制切削温度以提高寿命，在机床条件允许下，选用大的切削深度和进给量比选用大的切削速度有利。

（2）刀具几何参数的影响

1）前角影响切削过程中的变形和摩擦，对切削温度有明显的影响。在一定范围内增大前角，切削热减少，切削温度降低。前角加大，散热体积减小，切削温度不会进一步降低。但前角大于18°之后因为刀尖楔角较小，散热体积较小，对切削温度影响不大。

2）随着主偏角的增大，切削温度将逐渐升高。主偏角加大后，切削刃工作长度缩短，使切削热相对集中，而且主偏角增大，则刀尖角减小，使散热条件变差，切削温度升高。反之，若适当减小主偏角，则使刀尖角加大，切削刃工作长度也加长，散热条件得到改善，从而使切削温度降低。

3）刀尖圆弧半径对切削温度的影响不大，仅对改善刀尖处局部散热有利。刀尖圆弧半径 r_ε 在 0~0.5mm 变化时，基本上不影响切削温度。因为随着刀尖圆弧半径加大，切削区的塑性变形增大，切削热也随之增多，但加大刀尖圆弧半径又改善了散热条件，两者相互抵消的结果，使平均切削温度基本不变。

（3）刀具磨损的影响 刀具磨损后切削刃变钝，刃区前方的挤压作用增大，使切削区金属的变形增加；同时，后刀面与工件的摩擦增大，两者均使切削热增多，所以刀具的磨损是影响切削温度的主要因素。当刀具磨损达到一定程度之后，会显著恶化切削条件，使切削温度升高，而较高的切削温度会进一步加剧刀具的磨损，这样就会使刀具迅速损坏。

（4）工件材料的影响

1）工件材料的强度和硬度越高，切削力就越大，切削功耗也越大，产生的热量越多，切削温度越高。工件材料导热系数越低，热量越不容易传出，因此切削温度越高。合金钢的强度普遍高于 45 钢，而导热系数又低于 45 钢，所以切削合金钢时的切削温度高于切削 45 钢。不锈钢、高温合金不但导热系数低，而且有较高的高温强度和硬度，所以切削温度比其他材料要高得多。

2）脆性金属抗拉强度和伸长率都较小，切屑呈崩碎状，与前刀面的摩擦较小，所以切削温度比切削钢料时要小。用 YG8 硬质合金刀车削灰铸铁 HT200 时的切削温度比切削 45 钢低 20%~30%。

（5）切削液的影响　浇注切削液对降低切削温度、减少刀具磨损和提高已加工表面质量有明显的效果。切削液的热导率、比热容和流量越大，切削温度越低。切削液本身温度越低，其冷却效果越显著。

5. 切削液的合理选用

（1）切削液的作用　切削液是一种用在金属切削、磨削加工过程中，用来冷却、润滑刀具和加工件的工业用液体，切削液由多种超强功能助剂经科学复合配合而成，同时具备良好的冷却、润滑、防锈、除油、清洗、排屑、防腐功能，易稀释，具备无毒、无味、对人体无侵蚀、对设备无腐蚀、对环境无污染等特点。

1）冷却作用。切削液的冷却作用是通过切削热的传导带走大量切削热来实现的，由此可降低切削温度，减小工件变形，提高刀具寿命和加工质量。切削液的冷却效果取决于它的热导率、比热容、汽化热汽化速度、流量、流速等。水的比热容比油大，热导率也比油大。因此，水溶液的冷却性最好，乳化液次之，油类最差。

2）润滑作用。金属切削时切屑、工件与刀具界面的摩擦可分为干摩擦、流体润滑摩擦和边界润滑摩擦三种。干切削时，形成金属接触间的干摩擦，摩擦因数很大。加入切削液，切屑、工件与刀具间形成完全的润滑膜，使金属直接接触面积很小，接近于零，则成为流体润滑摩擦，摩擦因数变得很小。实际切削中，由于切屑、工件与刀具界面上承受较大负荷及较高温度，流体油膜大部分被破坏，造成部分金属直接接触，成为边界润滑摩擦，其摩擦因数大于流体润滑摩擦而小于干摩擦。

3）清洗和排屑作用。切削液能将切削中产生的细碎切屑和细磨粒冲出切削区，以减少刀具磨损，且能防止划伤已加工表面和机床导轨面。切削液的清洗效果同其渗透性、流动性和使用压力有关。深孔加工时，使用高压切削液，有助于排屑。

4）防锈作用。为保护工件、机床、夹具、刀具不受周围介质（如空气、水分、酸等）的腐蚀，要求切削液具有一定的防锈作用。在切削液中加入缓蚀剂，如亚硝酸钠、磷酸三钠和石油磺酸钡等，使金属表面生成保护膜，可起到防锈、防蚀作用。

（2）切削液的种类　常用的切削液有水溶性切削液和油溶性切削液。

1）水溶性切削液主要有水溶液、乳化液和化学合成液三种，具有良好的冷却、清洗作用。

水溶液主要成分是水，并在水中加入一定量的防锈剂，其冷却性能好，润滑性能差，呈透明状，常在粗加工和磨削中使用。

乳化液是由矿物油乳化剂及其他添加剂用水稀释而成，呈乳白色。低浓度乳化液以冷却为主，用于机加工和普通磨削加工；高浓度乳化液具有良好的润滑作用，可用于精加工和复杂刀具加工。

化学合成液由水、各种表面活性剂和化学添加剂组成，具有良好的冷却润滑、清洗和防锈性能。

2）油溶性切削液有切削油和极压切削油两种。切削油主要是矿物油，特殊情况下也采用动、植物油或复合油，其润滑性能好，但冷却性能差，常用于精加工工序。极压切削油是在切削油中加入了硫、氯、磷等极压添加剂的切削液，可显著提高润滑效果和冷却作用。

（3）切削液用添加剂　为改善切削液的性能所加的化学物质称为添加剂。常用添加剂有油性添加剂、极压添加剂、表面活性剂等。

1）油性添加剂含有极性分子，能与金属表面形成牢固的吸附膜，在较低温度下起润滑作用。常用的油性添加剂有动、植物油，脂肪酸、胺类、醇类及脂类。

2）极压添加剂是含硫、磷、氯、碘等元素的有机化合物在高温下与金属表面起化学反应，形成化学润滑膜，更耐高温。

3）表面活性剂（乳化剂）是一种有机化合物，可以使原本互不相溶的水和油联系起来，形成稳定的乳化液，还能吸附在金属表面上形成润滑膜起润滑作用。常用的表面活性剂有石油磺酸钠、油酸钠皂、聚氯乙烯、脂肪、醇、醚等。

（4）切削液的选用　切削液的品种很多，性能各异，通常应根据加工性质、工件材料和刀具材料等来选择合适的切削液，才能达到良好的效果。

1）从加工要求方面考虑。粗加工时，要求以冷却为主，也希望降低一些切削力及切削功率，一般应选用冷却作用较好的切削液，如水溶液或低浓度的乳化液等。

精加工时，主要希望提高工件的表面质量和减少刀具磨损，一般应选用润滑作用较好的切削液，如高浓度的乳化液或切削油等。

2）从刀具材料方面考虑。高速钢刀具的耐热性较差，为了提高刀具的寿命，一般要根据加工性质和工件材料选用合适的切削液。

硬质合金刀具由于耐热性和耐磨性都较好，一般不用切削液。

3）从工件材料方面考虑。加工一般钢等塑性材料时，通常选用乳化液或硫化切削油。

加工脆性材料（铸铁、青铜、黄铜）时，为避免崩碎切屑进入机床运动部件之间，一般不使用切削液。

加工高强度钢等难加工材料，宜用极压切削油或乳化液。

4）从加工方法方面考虑。低速精加工（如宽刀精刨、精铰、攻螺纹）时，为了提高工件的表面质量，可用煤油作为切削液。

各种切削液选用见表 3-5。

表 3-5　切削液选用

类型		用途
水溶液	电解水溶液	磨削、钻孔和粗车等
	表面活性水溶液	精车、精铣和铰孔等
乳化液	浓度低的乳化液	冷却，适于粗加工和磨削
	浓度高的乳化液	润滑，适于精加工

（续）

类型		用途
切削油	10 号、20 号机油	普通车削、攻螺纹
	轻柴油	自动机上
	煤油	精加工有色金属、普通孔或深孔
	豆油、菜籽油、蓖麻油等	螺纹加工
极压切削油和极压乳化液		在高温下显著提高冷却和润滑效果，难切削材料的精加工
不用切削液		铸铁、青铜、黄铜等脆性材料，硬质合金刀具

（5）切削液的使用方法

1）浇注法即直接将充足大流量的低压切削液浇注在切削区，在生产中较常用，但难使切削液直接渗入最高温度区，影响切削液的使用效果（图 3-22）。

2）喷雾法即用压缩空气以 0.3~0.6MPa 的压力通过喷雾装置使切削液雾化，高速喷至切削区的方法。高速气流带着雾化成微小液滴的切削液渗透到切削区，在高温下迅速汽化，吸收大量切削热，因此可取得良好的冷却效果（图 3-23）。

图 3-22　浇注法

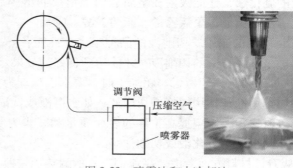

图 3-23　喷雾法和内冷却法

3）内冷却法即将切削液通过刀体内部以较高的压力和较大流量喷向切削区，将切屑冲刷出来同时带走大量的热量。采用这种方法可大大提高刀具寿命、生产效率和加工质量。深孔钻、套料钻等刀具加工时常采用这种冷却方法（图 3-23）。

（6）切削液的研究与发展　近年来，我国的切削液技术发展很快，切削液新品种不断出现，性能也不断改进和完善，为机械加工向节能、减少环境污染、降低工业生产成本方向发展开辟了新路径。绿色切削液研究方面，矿物油逐渐被生物降解性好的植物油和合成酯所代替，油基切削液逐渐被水基切削液所代替，多种性能优良、寿命长、可降解、对人体无害和对环境无污染的切削液已投入使用。

在切削液的绿色使用方面，积极推广集中冷却润滑系统，使切削液维护管理水平不断提高；研究干切削和最小量润滑切削，以减少切削液的使用量；研究和推广切削液废液处理新工艺、新技术，以确保排放的废液对环境无污染。

习题与思考题

1. 影响切削变形的因素有哪些？各因素如何影响切削变形？

2. 切削过程的三个变形区各有何特点？

3. 简述金属切削变形的本质以及切削变形区的划分方法。

4. 为什么剪切面实际上是一个区域？什么是剪切角？

5. 切屑与前刀面的摩擦对第一变形区的剪切变形有何影响？

6. 切屑的种类有哪些？其变形规律如何？

7. 简述积屑瘤的形成原因、影响因素及控制措施。

8. 三个切削分力是如何定义的？各切削分力分别对加工过程有何影响？

9. 分析各个因素影响切削力的原因，特别是切削深度和进给量对切削力的影响。

10. 实际生产中常用哪几种方法计算切削力？有何特点？

11. YT15 硬质合金车刀外圆纵车 $R_m = 0.98\text{GPa}$，207HBW 的 40Cr 钢。车刀的几何参数为 $\gamma_o = 15°$，$\lambda_s = -5°$，$\kappa_r = 75°$，$b_{\gamma1} = 0.4\text{mm}$，$r_\varepsilon = 0.5\text{mm}$；车刀的切削用量为 $a_p \times f \times v = 4\text{mm} \times 0.4\text{mm/r} \times 1.7\text{m/s}$。用指数经验公式计算三向切削分力 F_c、F_p 和 F_f，计算切削功率 P_m。

12. 切削热是怎样传出的？影响切削热传出的主要因素有哪些？

13. 为什么切削钢件时，刀具前刀面的温度要比后刀面高，而切削灰铸铁等脆性材料时则相反？

14. 增大前角可以使切削温度降低的原因是什么？是不是前角越大切削温度越低？

15. 切削液有何作用？如何选用？

3.3　刀具磨损和刀具寿命计算

3.3.1　刀具磨损形态及其原因

刀具磨损是指刀具的刀面和切削刃上的金属微粒被工件、切屑带走而使刀具丧失切削能力的现象，此为正常磨损。另外，裂纹、崩刃、卷刃和破碎等也会使刀具丧失切削能力，此为非正常磨损。非正常磨损往往由于选择、设计、制造或使用刀具不当所造成，生产中应尽量避免。

1. 刀具的正常磨损

切削时，前刀面和主后刀面同切屑和工件之间存在剧烈摩擦，加之切削区内有很高的温度和压力，因此会使前刀面和主后刀面产生不同程度的磨损。

（1）前刀面磨损（月牙洼磨损）　此磨损主要在切削塑性金属时发生，磨损最大的部位与切削温度最高的部位相同；切削塑性材料时，如果切削速度和切削厚度较大，由于切屑与前刀面完全是非氧化表面相互接触和摩擦，化学活性很高，反应很强烈，接触面又有很高的压力和温度，接触面积中有 80% 以上是实际接触，空气或切削液渗入比较困难，容易在前刀面离开主切削刃一小段距离处产生月牙洼。其与切削刃之间存在一条棱边，随着磨损的加剧，月牙洼的深度逐渐加大，以 KT 表示前刀面磨损深度（图 3-24），当棱边减小到很小时，切削金属材料很容易导致崩刃。

（2）后刀面磨损　此磨损主要发生在与切削刃相邻的后刀面上，由于刀具的切削刃不是理想的锋而是有一定的钝圆，后刀面与工件表面的接触压力很大，存在弹性和塑性变形，因此，后刀面实际上是小面积接触，磨损就发生在这个接触面上。在切削速度较低、切削厚度较小的情况下切削塑性金属以及切削脆性金属时，存在着后刀面磨损现象。在切削刃参加切削工作的各点上，后刀面磨损并不均匀，磨损程度（平均磨损值）用棱面高度 VB 表示。

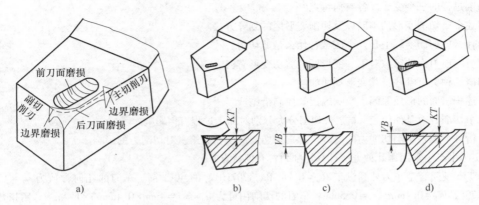

图 3-24　刀具的正常磨损

a）刀具磨损形态　b）前刀面磨损　c）后刀面磨损　d）前刀面、后刀面同时磨损

（3）边界磨损（沟槽磨损）　切削钢料时，常在主切削刃靠近工件外表皮处以及副切削刃靠近刀尖处的后刀面上，磨出较深的沟纹。此两处分别是在主、副切削刃与工件待加工或已加工表面接触的地方。这主要是因为在切削区边缘处刀具会受到较大的切削应力及热应力变化，工件边界处也往往会有上道工序产生的加工硬化层或铸、锻之后的硬质点，导致刀具在刀尖处和切削区边界处产生较强烈的磨损。

图 3-25 所示为刀具正常磨损状态图。

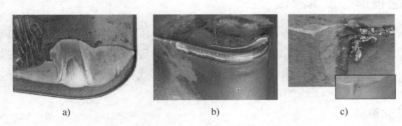

图 3-25　刀具正常磨损状态图

a）前刀面磨损　b）后刀面磨损　c）边界磨损

2. 刀具的非正常磨损

刀具破损也是刀具失效的一种形式，刀具在一定的切削条件下使用时，如果它经受不住强大的应力（切削力或热应力），就可能发生突然损坏，使刀具提前失去切削能力，这种情况就称为刀具破损。

刀具破损的形式分脆性破损和塑性破损两种。

1）脆性破损即刀具在机械和热冲击下崩刃，产生碎屑或发生剥落（即切削刃上成块的刀具材料脱落）。硬质合金和陶瓷刀具在切削时，在机械和热冲击作用下，经常发生脆性破损。脆性破损有崩刃、碎断、涂层剥落和裂纹破损等形态。

2）塑性破损即切削时的高温及高压会使切削刃部分产生塑性流动而丧失切削能力。

表 3-6 列出了常见刀具破损形态、原因及预防措施。

刀具产生破损的原因相当复杂，其出现规律是典型的随机现象，刀具在达到正常磨钝标准之前发生破损会对切削过程产生严重影响，重要场合必须为此设立监控装置。

表 3-6　常见刀具破损形态、原因及预防措施

形态		图例	特点	产生原因	预防措施
脆性破损	崩刃		在机械应力和热应力冲击作用下常发生,包括刃线的轻微损坏,崩刃后仍可使用	有许多磨损状态组合可导致崩刃。但是,最常见的还是热-机械以及黏附带来的崩刃	使用韧性更好的材质;使用刃口强化的刀片;检查工艺系统的刚性;加大主偏角
	碎断		断裂是指切削刃大部分破裂,刀片不能再使用。硬质合金刀具断续切削时常发生	切削刃承载的负荷超出了其承受能力,因为磨损发展过快,导致切削力增大。错误的切削参数或装夹稳定性问题也会导致碎断	识别此类磨损的初兆,并通过选择正确的切削参数和检查装夹稳定性来防止其继续发展
	涂层剥落		常发生在硬质合金和陶瓷刀具断续切削时,常发生在加工具有黏结特性的材料时。缺口尺寸较小时,切削刃还能继续切削	黏附负荷会逐渐发展,切削刃要承受拉应力。这会导致涂层分离,从而露出底层或基体	提高切削速度,选择具有较薄涂层的刀片
	裂纹		狭窄裂口,通过破裂而形成新的边界表面。在继续切削过程中,会迅速扩大,可能使刀具完全失效	梳状裂纹是由于温度快速波动而形成的	使用韧性更高的刀片材质,并且应大量使用切削液或者完全不用切削液
塑性破损	下塌		指切削刃形状永久改变,切削刃出现向内变形(切削刃凹陷)或向下变形(切削刃下塌)	切削刃在高切削力和高温下处于应力状态,超出了刀具材料的屈服强度和温度	使用具有较高热硬度的材质可以解决塑性变形问题。涂层可改进刀片(刀具)的抗塑性变形能力
	凹陷				
	积屑瘤(黏附)		在切削刃顶部形成,从而将切削刃与材料分隔	增大切削力,导致整体失效或积屑瘤脱落,脱落时往往会将涂层甚至部分基体一并剥离	提高切削速度,加工较软、粘性较大的材料时,最好使用较锋利的切削刃

3. 刀具磨损原因

切削过程中刀具的磨损与一般机械零件的磨损有显著的不同。刀具与切屑、工件间的接触表面经常是光鲜表面；前、后刀面上的接触压力很大，有时会超过被切削材料的屈服强度；接触面的温度也很高，如硬质合金加工钢料时可达 800~1000℃。因此，刀具磨损是机械、热和化学三种作用的综合结果。表 3-7 介绍了刀具磨损的几个原因、特点及实例。

表 3-7　刀具磨损的几个原因、特点及实例

原因	特点	实例
磨粒磨损	碳化物（Fe_3C、TiC 等）、氮化物（AlN、Si_3N_4 等）和氧化物（SiO_2、Al_2O_3 等）等硬质点以及积屑瘤碎片等，在刀具表面刻划出沟纹	在各种切削速度下都存在，是低速切削刀具（如高速钢刀具）磨损的主要原因
粘结磨损	切屑、工件与前、后刀面之间，存在着很大的压力和强烈的摩擦，形成光鲜表面接触而发生冷焊粘结，刀具表面上的微粒逐渐被切屑或工件带走	高速钢、硬质合金、陶瓷、立方氮化硼和金刚石刀具都可能因粘结而发生磨损
扩散磨损	高温下，刀具表面与切出的工件、切屑表面接触，刀具和工件、切屑双方的化学元素互相扩散到对方去，改变了原来材料的成分与结构，削弱了刀具材料的性能，加速磨损过程	扩散磨损的快慢和程度同刀具材料的化学成分，刀具、工件材料间的亲和性有关
氧化磨损	当切削温度达 700~800℃ 时，空气中的氧便与硬质合金中的钴和碳化钨、碳化钛等发生氧化作用，产生较软的氧化物（如 Co_3O_4、CoO、WO_3、TiO_2 等）被切屑或工件擦掉而形成磨损	空气不易进入刀-屑接触区，化学磨损中因氧化而引起的磨损最容易在主、副切削刃的工作边界处形成，从而产生较深的磨损沟纹
相变磨损	刀具材料（高速钢）因切削温度升高达到相变温度（550~600℃）时，使金相组织发生变化，硬度降低而造成磨损	与切削温度、硬质合金刀具的材料成分及氧化膜的黏附强度等因素有关
热电磨损	切削区高温作用下刀具与工件这两种不同材料之间产生一种热电势，约 1~20mV，在机床→工件→刀具→机床回路中产生一个微弱电流，会加速刀具磨损	热电势产生的电流大小除与热电势有关外，还与这一回路的电阻（机床电阻）有关

除磨粒磨损外，其他磨损原因都与切削温度有关，不同切削温度下引起刀具磨损的原因及剧烈程度不同。图 3-26 所示为使用硬质合金刀具切削钢料时在不同切削温度下的各种磨损原因占比。刀具磨损与切削温度呈驼峰形关系，在中间存在某一速度范围，使刀具磨损较缓和，磨损强度最低，其对应的切削温度为最佳切削温度。

4. 刀具磨损过程

如图 3-27 所示为某硬质合金车刀的典型磨损曲线，刀具磨损有初期磨损、正常磨损、急剧磨损三个阶段。

1）初期磨损阶段。由于刚开始切削的刀具刀面存在粗糙不平及微观裂纹、氧化或脱碳层等缺陷，加上刀面与工件、切屑接触面小，压力几乎集中于切削

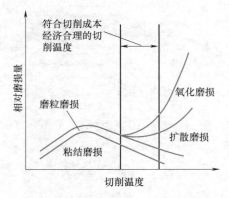

图 3-26　切削温度对刀具相对磨损量的影响

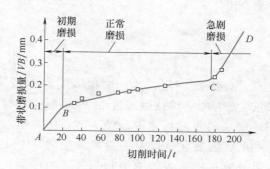

图 3-27　硬质合金车刀的典型磨损曲线

YD05 硬质合金刀片，工件材料：30CrMnSiA，$\gamma_o = 4°$，$\alpha_o = 8°$，$\kappa_r = 45°$，

$\lambda_s = -4°$；$v_c = 150\text{m/min}$，$f = 0.2\text{mm/r}$，$a_p = 0.5\text{mm}$

刃附近，应力大，所以这个阶段磨损较快。一般初期磨损量为 0.05~0.10mm，其大小与刀面刃磨质量有很大关系，实践证明，经仔细研磨过的刀具，其初期磨损量很小。

2）正常磨损阶段。随磨损小棱面的出现，刀具的粗糙表面已经磨平，承压面积增大，压应力减小，从而使磨损速度明显减小，刀具进入正常磨损阶段，该阶段是刀具的有效工作期。该段线型几乎为一倾斜直线，其斜率表示磨损强度，即单位时间内刀具的磨损量。

3）急剧磨损阶段。当磨损量达到一定程度后，刀具变钝，切削力、切削温度增加，磨损量急剧升高，从而导致工件表面粗糙度值增大，并且还会出现噪声、振动等现象，刀具磨损发生质的变化。此阶段磨损曲线斜率很大，磨损剧烈。在此阶段到来之前就应及时换刀，否则，既不能保证加工质量，又会使刀具消耗严重，经济性降低。

一般刀具如车刀、铣刀、单刃镗刀的制造精度对工件精度没有直接影响，但其磨损对工件精度是有影响的。如图 3-28 所示，由于刀具的尺寸磨损会使工件的半径由 R 变成 R'，增加了 μ。刀具尺寸磨损量与切削长度的关系如图 3-29 所示。在初期磨损阶段磨损较多，初始磨损量为 μ_0，以后进入正常磨损阶段，磨损量与切削长度成正比，其斜率 K 称为单位磨损，其单位为每切削 1000m 时刀具的尺寸磨损量（μm）。

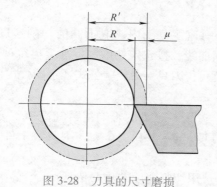

图 3-28　刀具的尺寸磨损

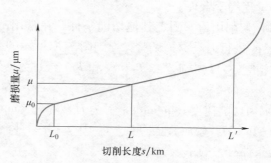

图 3-29　刀具磨损量与切削长度的关系

刀具的磨损量 μ 可用下式计算

$$\mu = \mu_0 + K(L - L_0) \approx \mu_0 + KL \tag{3-14}$$

式中，μ_0 及 K 可由相关手册查得。

3.3.2 刀具寿命计算

1. 刀具磨钝标准

刀具磨损到一定限度就不能继续使用，这个磨损限度称为磨钝标准。在生产实际中，经常卸下刀具来测量磨损量会影响生产的正常进行，因而不能直接根据磨损量的大小，而是根据切削中发生的一些现象来判断刀具是否已经磨钝。例如粗加工时，观察加工表面是否出现亮带，切屑的颜色和形状的变化，以及是否出现振动和不正常的声音等。精加工可观察加工表面粗糙度变化以及测量加工零件的形状与尺寸精度等，如发现异常现象，就要及时换刀。

在评定刀具材料切削性能和试验研究时，都以刀具表面的磨损量作为衡量刀具的磨钝标准。因为一般刀具的后刀面都发生磨损，而且测量也比较方便，国际标准组织 ISO 规定，刀具磨钝标准是指后刀面磨损带中间部分平均磨损量允许达到的最大值。对高速钢刀具、陶瓷刀具和硬质合金刀具，后刀面磨损量 $VB=0.3$mm，如后刀面磨损不均匀，可取 $VB_{max}=0.6$mm；对硬质合金刀具，以前刀面磨损 $kT=0.06+0.3f$ 为标准，其中 f 为进给量。磨钝标准的具体数值可查阅有关手册。确定了磨钝标准之后，就可以定义刀具寿命。

2. 刀具寿命

一把新刀（或重新刃磨过的刀具）从开始使用直至达到磨钝标准所经历的实际切削时间，称为刀具寿命（耐用度）。对于可重磨刀具，刀具寿命指的是刀具两次刃磨之间所经历的实际切削时间；而对其从第一次投入使用直至完全报废（经刃磨后也不可再用）时所经历的实际切削时间，称为刀具总寿命。

显然，对于不重磨刀具，刀具总寿命即等于刀具寿命；而对于可重磨刀具，刀具总寿命则等于其平均寿命乘以刃磨次数。

对于某一切削加工，当工件、刀具材料和刀具几何形状选定之后，切削速度是影响刀具寿命的最主要因素，提高切削速度，刀具寿命就降低，这是由于切削速度对切削温度影响最大，因而对刀具磨损影响最大。

3. 影响刀具寿命的因素

分析刀具寿命影响因素的目的在于调整各因素的相互关系，以保持刀具寿命的合理数值，使切削过程趋于合理。

（1）切削用量 固定其他切削条件，在常用的切削速度范围内，取不同的切削速度 v_1、v_2、v_3、v_4 进行刀具磨损试验，得到图 3-30 所示的磨损曲线，按选定的磨钝标准得出每种切削速度下相应的刀具寿命 T_1、T_2、T_3 和 T_4。经过数据处理可得刀具寿命经验公式（泰勒公式）为

$$vT^m = C \qquad (3-15)$$

式中，v 为切削速度（m/min）；T 为刀具寿命（min）；m 为 v 对 T 的影响指数（高速钢刀具，$m=0.1\sim0.125$；硬质合金刀具，$m=0.2\sim0.4$；陶瓷刀具，$m=0.4$）；C 为与刀具、工件材料和切削条件有关的系数。

v-T 关系式反映了切削速度与刀具寿命的关系，是选用切削速度的重要依据。

图 3-31 所示为各种刀具材料加工同一种工件材料时的后刀面磨损寿命曲线，其中陶瓷刀具的寿命曲线的斜率大，这是因为陶瓷刀具的耐热性很高，所以在非常高的切削速度下仍然有较高的刀具寿命。

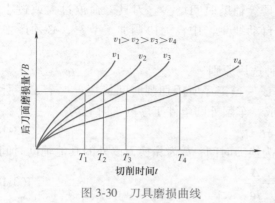

图 3-30 刀具磨损曲线　　　　图 3-31 不同刀具材料的寿命比较

刀具寿命与切削用量之间的关系是以刀具的平均寿命为依据建立的。实际上，切削时，由于刀具和工件材料的分散性，所用机床及工艺系统动、静态性能的差别，以及工件毛坯余量不均等条件的变化，刀具磨损寿命是存在不同分散性的随机变量。通过刀具磨损过程的分析和试验表明，刀具磨损寿命的变化规律服从正态分布或对数正态分布。使用硬质合金刀具切削碳素钢时切削用量与刀具寿命的综合表达式（广义泰勒公式）为

$$T = \frac{C_T}{v^{\frac{1}{m}} f^{\frac{1}{n}} a_p^{\frac{1}{p}}} \tag{3-16}$$

式中，C_T、m、n、p 为与工件、刀具材料等有关的常数，具体可从切削用量手册中查得。

【例 3-3】 用 YT5 硬质合金车刀切削碳钢（$\sigma_b = 0.637\text{GPa}$）时，有

$$T = \frac{C_T}{v^5 f^{2.25} a_p^{0.75}} \tag{3-17}$$

可知：v 对 T 的影响最显著，f 影响次之，a_p 影响最小。这与三者对切削温度的影响顺序完全一致，实质上切削用量对刀具磨损和刀具寿命的影响是通过切削温度起作用的。实际生产中，在提高生产率的同时，又希望刀具使用寿命下降得不多的情况下，优选切削用量的顺序为：首先尽量选用大的切削深度 a_p，其次根据加工条件和加工要求选取允许的最大进给量 f，最后根据刀具使用寿命或机床功率允许的情况选取最大的切削速度 v。

（2）刀具几何参数

1）主偏角 κ_r。κ_r 对刀具寿命的影响是多方面的，κ_r 增大，切削温度升高，且由于切削层公称厚度的增大使单位切削刃负荷增大，导致刀具寿命降低。κ_r 减小，背向力 F_p 的增大可能会引起切削振动而降低刀具寿命。

2）前角 γ_o。γ_o 增大，切削温度降低，刀具寿命提高；但若前角 γ_o 太大，切削刃强度低，散热差，易于破损，刀具寿命反而下降。因此，前角对刀具寿命的影响曲线呈驼峰形，对应于峰顶，刀具寿命存在一个合理值。

（3）工件材料 工件材料的强度、硬度越高，材料的伸长率越大、导热系数越小，产生的切削温度越高，刀具磨损越快，刀具寿命越短。此外，工件材料的成分、组织状态对刀具磨损也有影响，进而影响刀具寿命。

4. 刀具寿命的选择与计算

刀具寿命选择的合理与否，直接影响到生产效率、生产成本和经济效益。刀具寿命选大

值，则切削用量小，生产效率低；刀具寿命选小值，虽可提高切削用量，但却使刀具磨损加快，刀具消耗增加，且使换刀、磨刀及调整刀具等辅助时间增多。刀具寿命值过大或过小都将影响生产效率的提高和生产成本的降低。在自动线生产中，为协调加工节奏，必须严格规定各刀具寿命，定时换刀。

根据生产实际情况的需要，刀具寿命有多种选用原则。

（1）最大生产率寿命　最大生产率是指完成一道工序所用切削时间最短，一个工序所需工时由机动工时、换刀工时和其他辅助工时组成，车削外圆单件工序的工时 t_w 为

$$t_w = t_m + t_c + t_{ot} \tag{3-18}$$

式中，t_m 为一道工序切削时间（机动时间）；t_c 为换刀时间；t_{ot} 为除换刀以外的其他辅助时间。

$$t_m = \frac{l_w \Delta}{n_w f a_p} \tag{3-19}$$

式中，l_w 为切削长度（mm）；f 为进给量（mm/r）；n_w 为工件转速（r/min）；Δ 为加工余量；a_p 为切削深度（mm）。

而

$$n_w = \frac{1000 v_c}{\pi d_w} \tag{3-20}$$

式中，v_c 为切削速度（m/min）；d_w 为工件直径（mm）。

将此式代入式（3-19），得

$$t_m = \frac{l_w \Delta \pi d_w}{1000 v_c f a_p} \tag{3-21}$$

将泰勒公式 $v_c T^m = C$ 代入上式，进一步得

$$t_m = \frac{l_w \Delta \pi d_w}{1000 C f a_p} T^m \tag{3-22}$$

除 T^m 项外，其余各项均为常数，整体用 k 表示，所以有

$$t_m = k T^m \tag{3-23}$$

令换刀一次所需时间为 t_{ct}，则有

$$t_c = t_{ct} \frac{t_m}{T} = t_{ct} \frac{k T^m}{T} = k t_{ct} T^{m-1} \tag{3-24}$$

将 t_m、t_c 代入式（3-18），可得

$$t_w = k T^m + k t_{ct} T^{m-1} + t_{ot} \tag{3-25}$$

将此式画成图 3-32，可以看出 t_w-T_p 关系曲线有最小值，说明此处工时最短，即生产率最高。

对式（3-25）求微分，并取

$$\frac{\mathrm{d} t_w}{\mathrm{d} T} = 0$$

则

$$\frac{\mathrm{d} t_w}{\mathrm{d} T} = m k T^{m-1} + (m-1) k t_{ct} T^{m-2} = 0 \tag{3-26}$$

$$T = \frac{1-m}{m} t_{ct} = T_p \tag{3-27}$$

T_p 即为刀具最大生产率寿命。

（2）经济寿命　使单件工序成本最小的刀具寿命即为经济寿命。以车削为例，设零件的一道工序成本 C 为

$$C = t_m M + t_{ct} \frac{t_m}{T} M + \frac{t_m}{T} C_t + t_{ot} M \tag{3-28}$$

式中，M 为该工序单位时间内的机床折旧费及所分担的全厂开支；C_t 为刃磨一次刀具消耗的费用。

将上式画成图 3-33，则可看出 C 有最小值，说明此处生产成本最低。

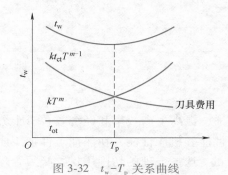

图 3-32　t_w–T_p 关系曲线　　　　图 3-33　刀具寿命 T_c 与成本 C 的关系

对式（3-28）求微分，并取

$$\frac{dC}{dT} = 0$$

得

$$T = \frac{1-m}{m} \left(t_{ct} + \frac{C_t}{M} \right) = T_c \tag{3-29}$$

式中，T_c 即为刀具经济寿命。

选择刀具寿命时应根据对切削过程优化的指标来考虑，刀具寿命的选择原则见表 3-8，一般来说，在产品急需的情况下（如战时急需物资或救灾物资等），应采用刀具最大生产率寿命 T_p。在产品正常生产情况下，宜采用刀具经济寿命 T_c。

表 3-8　刀具寿命的选择原则

刀具特点	选择原则
考虑刀具的复杂程度和制造、重磨的费用	简单的刀具如车刀、钻头等寿命选择短些；结构复杂和精度高的刀具（拉刀、齿轮刀具），寿命选择长些；同一类刀具，尺寸大的，制造和刃磨成本均较高，寿命选择长些。如在通用机床上，硬质合金车刀的寿命大致为 60~90min，钻头的寿命大致为 80~120min，硬质合金端铣刀的寿命大致为 90~180min，而齿轮刀具的寿命则为 200~300min
装卡、调整比较复杂的刀具	多刀车床上的车刀，组合机床上铣刀，以及自动机及自动线上的刀具，寿命应选长一些，一般为通用机床上同类刀具的 2~4 倍。多头钻床上的钻头、丝锥一般应为通用机床上同类刀具的 5~9 倍
生产线上的刀具	寿命应规定为一个班或两个班的时长，以便能在换班时间内换刀
精加工尺寸很大的工件	为避免在加工同一表面时中途换刀，寿命应规定需要至少能完成一次走刀。寿命一般为加工中小件时的 2~3 倍

 习题与思考题

1. 试分析刀具磨损的主要原因。

2. 刀具磨损过程有哪几个阶段？为何会出现这种规律？

3. 刀具破损的主要形式有哪些？高速钢和硬质合金刀具的破损形式有何不同？

4. 说明刀具最大生产率寿命和刀具经济寿命的含义及计算公式。

5. 切削用量对刀具磨损有何影响？在 $vT^m = C$ 的关系中，指数 m 的物理意义是什么？不同刀具材料的 m 值为什么不同？

3.4　切削用量的计算

3.4.1　切削用量的计算过程

切削用量参数对保证工件加工质量和刀具寿命，提高生产效率和经济效益有十分重要的意义，合理的切削用量是指充分利用刀具的切削性能和机床性能，在保证工件加工质量的前提下，获得高的生产率和低的加工成本的切削用量。选择合理的切削用量，必须合理确定刀具寿命。在提高生产率又使刀具使用寿命下降得不多的情况下，优选切削用量的顺序为：首先选择一个尽量大的切削深度 a_p，其次选择一个大的进给量 f，最后根据已确定的 a_p 和 f，并在刀具寿命和机床功率允许条件下选择一个合理的切削速度 v_c。

（1）切削深度 a_p 的确定　切削深度的大小应根据加工余量 Z 的大小确定，并考虑加工的性质。

1）在粗加工时，尽可能一次切除全部加工余量，即选择 a_p 值等于粗加工余量值。对于粗大毛坯，如切除余量大时，由于受工艺系统刚性和机床功率的限制，应尽可能选取较大的切削深度和最少的走刀次数，各次 a_p 按递减原则确定。在中等功率机床上进行粗加工时，a_p 最大可取 8~10mm。

2）在半精加工时，a_p 常取 0.5~2mm。如单面余量 $h>2$mm 时，则应分两次走刀切除。第一次取 $a_p = (2/3~3/4) h$，第二次取 $a_p = (1/3~1/4) h$。如 $h \leqslant 2$mm，亦可一次切除。

3）在精加工时，a_p 常取 0.1~0.4mm，应一次切除精加工余量，即 $a_p = h$。h 值可按工艺手册选定。

4）切削表层有硬皮的铸锻件或不锈钢等冷硬较严重的材料时，应尽可能使 a_p 超过硬皮层或冷硬层，以预防切削刃过早磨损或破损。

（2）进给量 f 的确定

1）粗加工时，工件表面质量要求不高，但切削力较大，f 的大小主要受机床进给机构强度、刀具强度与刚度、工件装夹刚度等因素的限制。在条件许可的情况下，应选择较大的 f，以提高生产效率。

2）精加工时，合理进给量的大小则主要受加工精度和表面粗糙度的限制，应选择较小的 f，以保证工件的加工质量。

3）断续切削时应选较小 f，以减小切削冲击。

4）当刀尖处有过渡刃、修光刃及 v_c 较高时，半精加工及精加工可选较大 f 以提高生产效率。

实际生产中一般利用机械加工手册，采用查表法确定合理的 f。

（3）切削速度 v_c 的确定　v_c 在 f、a_p 确定之后，根据合理的刀具寿命计算或查表确定。

v_c 确定后，机床转速按相应公式计算，得出的数值再按选定的机床说明书中机床具备的转速值进行确定，一般取较高转速值。

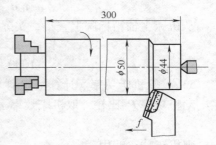

图 3-34　加工工件尺寸

【例 3-4】　图 3-34 所示工件材料为 45 钢棒料（热轧），$\sigma_b = 0.637\text{GPa}$。毛坯尺寸 $\phi50\text{mm}\times350\text{mm}$，加工要求为外圆车削至 $\phi = 44\text{mm}$，$Ra = 3.2\mu\text{m}$，加工长度 300mm。采用型号为 CA6140 的卧式车床加工。刀具为焊接式硬质合金 75° 外圆车刀，刀片材料为 YT15，刀杆截面尺寸为 16mm×25mm；几何参数为 $\gamma_o = 15°$，$\alpha_o = 8°$，$\kappa_r = 75°$，$\kappa_r' = 10°$，$\lambda_s = 6°$，$r_\varepsilon = 1\text{mm}$，$b_{\gamma1}' = 0.3\text{mm}$，$\gamma_{o1} = -10°$。试确定车削外圆的切削用量。

解：因表面粗糙度及尺寸精度有一定要求，故分为粗车及半精车两道工序来确定切削用量。

（1）粗车时切削用量的计算

1）切削深度。根据已知条件，总余量 6mm，单边余量 $Z = 3\text{mm}$，留半精加工余量，取 $a_p = 2.5\text{mm}$。

2）进给量。查表 3-9，取 $f = 0.5\text{mm/r}$。

表 3-9　硬质合金及高速钢车刀粗车外圆的进给量参考值

车刀刀杆截面尺寸 $B \times H$/mm	工件直径/mm	切削深度 a_p/mm				
		≤3	>3~5	>5~8	>8~12	>12
		进给量/（mm/r）				
16×25	40	0.4~0.5	0.3~0.4			
	60	0.5~0.7	0.4~0.6	0.3~0.5		
	100	0.6~0.9	0.5~0.7	0.5~0.6	0.4~0.5	
	400	0.8~1.2	0.7~1.0	0.6~0.8	0.5~0.6	

3）切削速度。工件材料为热轧 45 钢，由表 3-10 知，当 $a_p = 2.5\text{mm}$，$f = 0.5\text{mm/r}$ 时，可取 $v_c = 100\text{m/min}$。

表 3-10　硬质合金外圆车刀切削速度的参考值

工件材料及热处理状态	$a_p = 0.3 \sim 2\text{mm}$ $f = 0.08 \sim 0.3\text{mm/r}$ v/（m/min）	$a_p = 2 \sim 6\text{mm}$ $f = 0.3 \sim 0.6\text{mm/r}$ v/（m/min）	$a_p = 6 \sim 10\text{mm}$ $f = 0.6 \sim 1\text{mm/r}$ v/（m/min）
热轧（低碳钢）、易切钢	140~180	100~120	70~90
热轧（中碳钢）	130~160	90~110	60~80
调质（中碳钢）	100~130	70~90	50~70
热轧（合金钢）	100~130	70~90	50~70
调质（合金钢）	80~110	50~70	40~60
退火（工具钢）	90~120	60~80	50~70
HBW<190（灰铸铁）	90~120	60~80	50~70

4）确定机床主轴转速。

$$n_s = \frac{1000 v_c}{\pi d_w} = \frac{1000 \times 100}{\pi 50} \text{r/min} = 636.9 \text{r/min}$$

从机床主轴箱标牌上查得，实际主轴转速 n 为 560r/min，故实际切削速度为

$$v_c = \frac{\pi d n}{1000} = \frac{\pi \times 50 \times 560}{1000} \text{m/min} = 87.9 \text{m/min}$$

5）校验机床功率。计算主切削力 F_c（计算过程略），求出切削功率 P_m，和 CA6140 机床主电动机功率 P_E 比较，取机床效率 $\eta_m = 0.8$，得

$$P_m / \eta_m < P_E$$

则机床功率够用。

（2）半精车时切削用量的计算

1）切削深度。$a_p = 0.5 \text{mm}$。

2）进给量。由表 3-11 知，当 $Ra = 3.2 \mu\text{m}$，$\kappa_r' = 10°$，$v_c = 50 \sim 100 \text{m/min}$，$r_\varepsilon = 1 \text{mm}$ 时，$f = 0.30 \sim 0.35 \text{mm/r}$，取 $f = 0.3 \text{mm/r}$。

表 3-11　高速车削时按表面粗糙度选择进给量的参考值

刀具	表面粗糙度 $Ra/\mu\text{m}$	工件材料	$\kappa_r'/(°)$	切削速度 v_c 的范围/（m/min）	刀尖圆弧半径 r_ε/mm		
					0.5	1.0	2.0
					进给量 f/（mm/r）		
$\kappa_r' > 0°$ 的车刀	12.5	中碳钢、灰铸铁	5 / 10 / 15	不限制	—	1.00~1.10 / 0.80~0.90 / 0.70~0.80	1.30~1.50 / 1.00~1.10 / 0.90~1.00
	6.3	中碳钢、灰铸铁	5 / 10~15	不限制		0.55~0.70 / 0.45~0.60	0.70~0.85 / 0.60~0.70
	3.2	中碳钢	5	<50 / 50~100 / 100	0.22~0.30 / 0.23~0.35 / 0.35~0.40	0.25~0.35 / 0.35~0.40 / 0.40~0.50	0.30~0.45 / 0.40~0.55 / 0.50~0.60
		中碳钢	10~15	<50 / 50~100 / 100	0.18-0.25 / 0.25~0.30 / 0.30~0.35	0.25~0.30 / 0.30~0.35 / 0.35~0.40	0.30~0.45 / 0.35~0.55 / 0.50~0.55
		灰铸铁	5 / 10~15	限制	—	0.30~0.50 / 0.25~0.40	0.45~0.65 / 0.50~0.55
	1.6	中碳钢	≥5	30~50 / 50~80 / 80~100	—	0.11~0.15 / 0.14~0.20 / 0.16~0.25	0.14~0.22 / 0.17~0.25 / 0.25~0.35
		中碳钢		100~130 / 130		0.20~0.30 / 0.25~0.30	0.25~0.39 / 0.25~0.39
		灰铸铁	≥5	不限制		0.15~0.25	0.20~0.35
	0.8	中碳钢	≥5	100~110 / 110~130 / 130	—	0.12~0.18 / 0.13~0.18 / 0.17~0.20	0.14~0.17 / 0.17~0.23 / 0.21~0.27

3）切削速度。由表 3-10 知，当 $a_p = 0.5\text{mm}$，$f = 0.3\text{mm/r}$ 时，$v_c = 130 \sim 160\text{m/min}$，取 $v_c = 130\text{m/min}$。

4）确定机床主轴转速。

$$n_s = \frac{1000v_c}{\pi d_w} = \frac{1000 \times 130}{\pi \times 44}\text{r/min} = 940.9\text{r/min}$$

从机床主轴箱标牌上查得，主轴转速 n 为 900r/min，故实际切削速度为

$$v_c = \frac{\pi dn}{1000} = \frac{\pi \times 44 \times 900\text{m/min}}{1000} = 124.3\text{m/min}。$$

3.4.2　工件材料的切削加工性

工件材料的切削加工性是指材料在一定条件下被切削加工成合格零件的难易程度。

1. 材料切削加工性的不同表示方法

衡量材料切削加工性的指标很多，一般地说，良好的切削加工性是指：刀具寿命较长或一定寿命下的切削速度较高；在相同的切削条件下切削力较小，切削温度较低；容易获得好的表面质量；切屑形状容易控制或容易断屑。但衡量一种材料切削加工性的好坏，还要看具体的加工要求和切削条件。

在生产和试验中，往往只取某一项指标来反映材料切削加工性的某一侧面。常用的表示方法有以下两种：

一是使用生产率和刀具寿命的表示方法：①一定生产率条件下，加工这种材料时刀具寿命；②一定刀具寿命 T 前提下，加工这种材料所允许的切削速度 v_T；③相同的切削条件下，刀具达到磨钝标准时所能切除工件材料的体积。

二是使用已加工表面质量、切削力或切削功率、是否易于断屑的表示方法。

2. 材料相对加工性等级

v_T 的含义是指刀具寿命为 $T(\text{min})$ 时，切削某种材料所允许的切削速度。v_T 越高，表示材料的切削加工性越好。通常取 $T = 60\text{min}$，v_T 写作 v_{60}；对于一些特别难加工的材料，也可取 $T = 30\text{min}$，v_T 写作 v_{30}。

通常以切削正火状态 45 钢的 v_{60} 作为基准，写作 $(v_{60})_j$；而把其他各种材料的 v_{60} 同此值相比，这个比值 K_r 称为材料的相对加工性。即

$$K_r = \frac{v_{60}}{(v_{60})_j} \tag{3-30}$$

常用材料的相对加工性 K_r 分为 8 级，见表 3-12。K_r 实际上也反映了不同材料对刀具磨损和刀具寿命的影响。

表 3-12　常用材料的相对加工性等级

加工性等级	材料名称及种类		相对加工性 K_r	代表性材料
1	很易切削材料	一般有色金属	>3.0	铜铅合金，铝铜合金，铝镁合金
2	容易切削材料	易切削钢	2.5~3	15Cr 退火，$\sigma_b = 0.373 \sim 0.441\text{GPa}$；易切削钢，$\sigma_b = 0.393 \sim 0.491\text{GPa}$
3	普通材料	较易切削钢	1.6~2.5	30 钢正火，$\sigma_b = 0.441 \sim 0.549\text{GPa}$

（续）

加工性等级	材料名称及种类		相对加工性 K_r	代表性材料
4	普通材料	一般钢及铸铁	1.0~1.6	45 钢，灰铸铁
5		稍难切削材料	0.65~1.0	20Cr13 调质，$\sigma_b = 0.834GPa$，85 钢 $\sigma_b = 0.883GPa$
6	难加工材料	较难切削材料	0.5~0.65	45Cr 调质，$\sigma_b = 1.03GPa$；65Mn 调质，$\sigma_b = 0.932~0.981GPa$
7		难切削材料	0.15~0.5	50CrVA 调质；钛合金
8		很难切削材料	<0.15	某些钛合金，铸造镍基高温合金

3. 工件材料力学性能及物理化学性能对切削加工性的影响

金属材料在载荷作用下抵抗破坏的性能，称为力学性能。金属材料使用性能决定了它的使用范围与使用寿命，金属材料的力学性能是零件的设计和选材时的主要依据，外加载荷性质不同（例如拉伸、压缩、扭转、冲击、循环载荷等），对金属材料要求的力学性能也将不同。常用的力学性能包括：硬度、强度、塑性、韧性、弹性模量等。

（1）硬度 ①常温硬度：工件材料硬度越高，切削力越大，切削温度越高，刀具磨损越快。②高温硬度：工件材料高温硬度越高，加工性越差。因为切削温度对切削过程的有利影响（软化）对高温硬度高的材料不起作用。③硬质点：金属中硬质点越多，形状越尖锐、分布越广，则材料的加工性越差。④加工硬化：加工硬化性越严重，切削加工性越差。

（2）强度 强度越高的材料，产生的切削力越大，切削时消耗的功率越多，切削温度亦越高，刀具越容易磨损。因此，在一般情况下，加工性随工件材料强度提高而降低。

（3）塑性 材料塑性大，切削加工性差：切削力大，刀具容易产生粘结和扩散磨损，低速切削时易出现积屑瘤与鳞刺，断屑困难。材料塑性太小时，切屑与前刀面的接触变得很短，切削力、切削热集中在切削刃附近，使刀具磨损严重，故切削性也差。

（4）韧性 韧性大的材料，切削加工性较差，在断裂前吸收的能量多，切削功率消耗多，且断屑困难。

（5）弹性模量 弹性模量 E 是衡量材料刚度（抵抗弹性变形的性能）的指标，E 值越大，材料刚度越大，切削加工性越差。

材料的切削加工性是上述这些力学性能（硬度、强度、塑性、韧性、弹性模量等）综合影响的结果。

常用的其他性能如下：

（1）导热系数 导热系数低，切削温度高，刀具易磨损，切削加工性差。导热系数由大到小顺序：纯金属、有色金属、碳结构钢、铸铁、低合金结构钢、合金结构钢、工具钢、耐热钢、不锈钢。

（2）物理化学反应 如镁合金易燃烧，钛合金切屑易形成硬脆化合物等，不利于切削进行。

4. 常用金属材料的切削加工性

（1）有色金属 铝及铝合金，铜及铜合金等通常属于易切削材料。

（2）铸铁 其加工性一般较碳钢好，各种铸铁加工性主要取决于石墨的存在形式、基体组织状态、金属组织成分和热处理方式。例如：灰铸铁，可锻铸铁和球墨铸铁中，石墨分别呈片状、团絮状和球状，因此它们的强度依次提高，加工性随之变差。

（3）碳素钢　普通碳素钢的切削加工性主要取决于钢中碳的含量，低碳钢硬度低、塑性和韧性高，切削变形大，切削温度高，断屑困难，故加工性较差。高碳钢的硬度高、塑性低、导热性差，故切削力大，切削温度高，刀具寿命低，加工性也差。相对而言，中碳钢的切削加工性较好。

（4）合金工具钢　在碳素钢中加入一定合金元素，如 Si、Mn、Cr、Ni、Mo、W、V、Ti 等，使钢的力学性能提高，但加工性也随之变差。

5. 改善材料切削加工性的途径

工件材料的切削加工性能往往不符合使用部门的要求，为改善工件材料切削加工性能以满足加工部门的需要，在保证产品和零件使用性能的前提下，应通过各种途径，采取措施达到改善切削加工性能的目的。

（1）调整材料的化学成分　因为材料的化学成分直接影响其力学性能，如碳钢中，随着含碳量的增加，其强度和硬度一般都提高，其塑性和韧度降低。故高碳钢强度和硬度较高，切削加工性较差；低碳钢塑性和韧度都较高，切削加工性也较差；中碳钢的强度、硬度、塑性和韧度居于高碳钢和低碳钢之间，故切削加工性较好。在钢中加入适量的硫、铅等元素，可有效地改善其切削加工性。这样的钢称为易切削钢，但只有在满足零件对材料性能要求的前提下才能这样做。

（2）采用合适的热处理工艺　化学成分相同的材料，当其金相组织不同时，力学性能就不一样，其切削加工性就不同。因此，可通过对不同材料进行不同的热处理来改善其切削加工性。例如：高碳钢、工具钢的硬度偏高，且有较多的网状、片状的渗碳体组织，加工性差，经过球化退火即可降低硬度，并得到球状渗碳体；热轧中碳钢的组织不均匀，经正火可使其组织与硬度均匀；低碳钢的塑性太高，可通过正火适当降低塑性，提高硬度；马氏体不锈钢常要进行调质处理降低塑性；铸铁在切削加工前一般均要进行退火处理，降低表层硬度等来改善切削性能；白口铸铁可在 910～950℃经 10～20h 的退火或正火，使其变为可锻铸铁，从而改善切削性能。

习题与思考题

1. 从刀具寿命角度出发，应按什么顺序选择切削用量？从机床动力角度出发，应按什么顺序选择切削用量？为什么？

2. 粗加工时进给量的选择受哪些因素限制？当进给量受到表面粗糙度限制时，有什么办法能增加进给量，而保证表面粗糙度要求？

3. 如果选定切削用量后，发现所需的功率超过机床功率时，应如何解决？

4. 在 CA6140 车床上粗车、半精车一套筒的外圆，材料为 45 钢（调质），$\sigma_b = 681.5\text{MPa}$，200HBW，毛坯尺寸 $d \times l = 80\text{mm} \times 350\text{mm}$，车削后的尺寸 $d = \phi75^{\ 0}_{-0.25}\text{mm}$，$L = 340\text{mm}$，表面粗糙度 Ra 为 $3.2\mu\text{m}$。试选择刀具材料、刀具类型、刀具几何参数及切削用量。

5. 工件材料切削加工性为什么是相对的？用什么指标来衡量工件材料切削加工性？怎样评价工件材料切削加工性？

6. 通过分析影响工件材料切削加工性的因素，探讨改善工件材料切削加工性的途径。

7. 试说明在下列不同情况下刀具几何参数的选择有何不同：①加工灰铸铁和一般碳素结构钢；②加工不锈钢和中碳钢；③加工高硬度高强度钢和中碳钢。

第 4 章　机械加工精度与加工表面质量控制

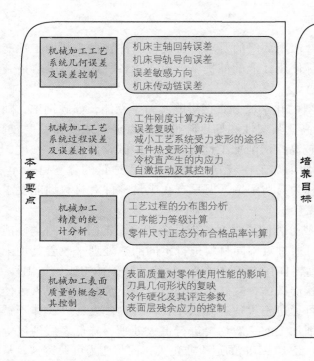

本章要点

| 机械加工工艺系统几何误差及误差控制 | 机床主轴回转误差
机床导轨导向误差
误差敏感方向
机床传动链误差 |

机械加工工艺系统过程误差及误差控制：工件刚度计算方法　误差复映　减小工艺系统受力变形的途径　工件热变形计算　冷校直产生的内应力　自激振动及其控制

机械加工精度的统计分析：工艺过程的分布图分析　工序能力等级计算　零件尺寸正态分布合格品率计算

机械加工表面质量的概念及其控制：表面质量对零件使用性能的影响　刀具几何形状的复映　冷作硬化及其评定参数　表面层残余应力的控制

培养目标

质量分析与控制是机械制造过程中的重要环节，涵盖了整个制造加工过程。机器零件的加工质量是整台机器质量的基础，机器零件的加工质量指标有两种：一是加工精度，二是加工表面质量

本章研究的是加工精度及表面质量的分析与控制问题。本章在讲授零件的加工质量基本知识的基础上，对工艺系统的原始误差对加工精度的影响规律，控制加工误差的方法，提高零件机械加工精度的途径，机械加工精度的统计分析方法，机械加工表面质量的概念及其控制等内容进行阐述，揭示其产生机理和相互之间的内在联系

通过对本章的学习，学生能够理解加工精度和加工表面质量的基本理论和基本规律，培养学生不屈不挠、精益求精的工匠精神，激发学生百折不挠的刻苦钻研精神，为培养卓越工程师奠定基础

4.1　机械加工工艺系统几何误差及误差控制

4.1.1　机械加工精度的基本概念

1. 加工精度

（1）加工精度　指零件经机械加工后，其几何参数（尺寸、形状、表面相互位置）的实际值与理想值的符合程度。符合程度越高，加工精度也越高。一般机械加工精度是在零件工作图上给定的，包括：零件的尺寸精度，零件的形状精度，零件的位置精度。

（2）加工误差　实际加工不可能做得与理想零件完全一致，总会有大小不同的偏差，零件加工后的实际几何参数对理想几何参数的偏离程度，称为加工误差。生产实际中用控制加工误差的方法来保证加工精度。

2. 获得加工精度的方法

零件的加工精度包括尺寸精度、形状精度和位置精度。尺寸精度、形状精度和位置精度三者之间的联系：形状误差应限制在位置公差内，位置误差应限制在尺寸公差内。

（1）获得尺寸精度的方法

1）试切法。即先试切出很小一部分加工表面，测量试切后所得的尺寸，按照加工要求适当调整刀具切削刃相对工件的位置，再试切、测量，如此经过多次试切和测量，当被加工尺寸达到要求后，再切削整个待加工面。这种方法效率低，对操作者的技术水平要求高，主要适用于单件、小批生产。

2）调整法。利用机床上的定程装置、对刀装置或预先调整好的刀架，调整好刀具和工件在机床上的相对位置，并在一批零件的加工过程中保持这个位置不变，以保证被加工尺寸精度。有时需要先按试切法确定刻度盘上的刻度，按照刻度盘进刀，进行切削。该法加工后工件精度的一致性好，适用于成批、大量生产。

3）定尺寸刀具法。用具有一定尺寸精度的刀具（如铰刀、扩孔钻、钻头等）来保证被加工工件尺寸的精度。其加工精度主要取决于刀具的制造、刃磨质量和切削用量。该法生产率较高，但刀具制造较复杂，常用于孔、螺纹和成形表面的加工。

4）自动控制法。用测量装置、进给机构和控制系统构成加工过程的自动循环，即自动完成加工中的切削、测量、补偿调整等一系列的工作，当工件达到要求的尺寸时，机床自动退刀停止加工。这种方法可分为自动测量和数字控制两种，前者机床上具有自动测量工件尺寸的装置，在达到要求时，停止进刀；后者是根据预先编制好的机床数控程序实现进刀的。该方法质量稳定，生产率高，加工柔性好，能适应多品种生产，是目前机械制造的发展方向。

（2）获得形状精度的方法

1）成形法。采用成形刀具加工工件的成形表面以达到所要求的形状精度，其取决于切削刃的形状精度。

2）轨迹法。依靠刀具与工件的相对运动轨迹来获得工件的形状。

3）展成法。利用刀具与工件做展成切削运动，其包络线形成工件形状。展成法常用于各种齿形加工，其形状精度与刀具精度以及机床传动精度有关。

（3）获得位置精度的方法

位置精度（平行度、垂直度、同轴度等）的获得同工件的装夹方式和加工方法有关。当需要多次装夹加工时，有关表面的位置精度依靠夹具的正确定位来保证；如果工件一次装夹加工多个表面时，各表面的位置精度则依靠机床的精度来保证，如数控加工中主要靠机床的精度保证工件各表面之间的位置精度。零件的位置精度的获得，有直接找正法、划线找正法和夹具定位法。

1）直接找正法。通过划针、百分表等工具，找正工件位置并施以夹紧来直接获取零件的位置精度。

2）划线找正法。通过划针在零件上画出要加工表面的位置线段，再按所划线段用划针找正工件在机床上的位置，并施以夹紧来获取零件的位置精度。

3）夹具定位法。通过将工件直接安装在夹具的定位元件上，以获取零件的位置精度。

3. 研究加工精度的方法

研究加工精度的方法有两种：一是通过分析计算或试验、测试等方法，研究某一确定因素对加工精度的影响。一般不考虑其他因素的同时作用，主要分析该因素与加工误差间单独的关系。二是统计分析法，运用数理统计方法对生产中一批工件的实测结果进行数据处理，用以控制工艺过程的正常进行。该法主要研究各项误差综合的变化规律，一般只适用于大批量生产。

在实际生产中，两种方法结合，先用统计分析法寻找误差的出现规律，初步判断产生加工误差的可能原因，然后运用单因素分析法进行分析、试验，以便迅速有效地找出影响加工精度的主要原因。

机械加工工艺系统的几何误差包括机床、夹具、刀具的误差，是由制造误差、安装误差以及使用中的磨损引起的。

4.1.2 工艺系统原始误差

1. 原始误差的概念

在机械加工中，零件的尺寸、几何形状和表面间相对位置的形成，取决于工件和刀具在切削运动过程中相互位置的关系。而工件和刀具，又安装在夹具和机床上，并受到夹具和机床的约束。机械加工中，由机床、夹具、刀具和工件等组成的系统，称为工艺系统。工艺系统中的种种误差，在不同的具体条件下，以不同的程度和方式反映为加工误差。工艺系统各环节间相互位置相对于理想状态产生的偏移，即工艺系统的误差，称为原始误差。原始误差会在加工中以不同的程度和方式反映为零件的加工误差，是加工误差产生的根源。保证和提高加工精度的方法就是首先要掌握工艺系统中各种原始误差的物理本质，以及它们对加工精度影响的基本规律，通过原始误差和加工误差之间的定性与定量关系分析，从而掌握控制加工误差的方法和途径。

2. 工艺系统的原始误差的分类

工艺系统的原始误差（图 4-1）可分为三大类：一是在零件未加工前工艺系统本身所具有的某些误差因素，是工艺系统原有误差，也称为工艺系统静误差（加工前的误差）。二是在加工过程中受力、热、磨损等因素的影响，工艺系统原有精度受到破坏而产生的附加误差，称为工艺过程原始误差，或动误差（加工中的误差）。三是加工后产生的误差，包括测量误差、内应力引起的变形误差。

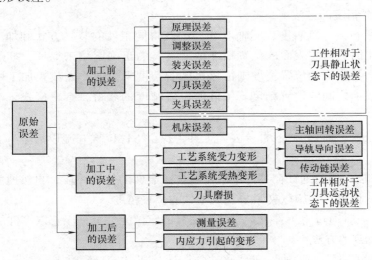

图 4-1 工艺系统的原始误差的分类

4.1.3 原理误差

原理误差是由于采用近似的成形运动或近似的切削刃轮廓所引起的误差。如在普通公制丝杠的车床上加工模数制和英制螺纹，只能用近似的传动比配置挂轮，加工方法本身就带来一个传动误差。

齿轮滚刀存在两种原理误差：一种是由所谓的"近似造型法"发展而来的原理误差，为了降低制造成本，采用阿基米德基本蜗杆或法向直廓基本蜗杆来代替渐开线基本蜗杆而产生的切削刃齿廓近似造型误差（图 4-2）；另一种是由于滚刀切削刃数有限，实际上加工出的齿形是一条由微小折线段组成的曲线，和理论上的光滑渐开线有差异，滚切齿轮就是一种近似的加工方法。

用成形刀具加工复杂的曲线表面时，要使刀具刃口做出完全符合理论曲线的轮廓，有时非常困难，往往采用圆弧、直线等简单、近似的线形。例如齿轮模数铣刀的成形面轮廓就不是纯粹的渐开线，所以有一定的原理误差（图 4-3）。此外，相同模数的齿轮，其齿数不同时，齿形也不同，为了减少模数铣刀的种类，对于每种模数，只用一套（有 8、15、26 把等系列）模数铣刀来分别加工在一定齿数范围内的所有齿轮。该铣刀的参数按该组齿轮中齿数最少的齿形设计，这样切削其他齿数的齿轮时，齿形就有了偏差，产生了加工原理误差。误差的大小可以从相关刀具设计的资料中查得。

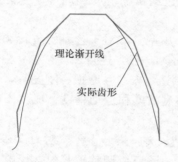

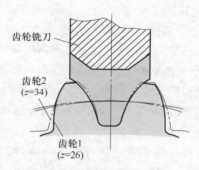

图 4-2　滚齿的齿形误差　　　　图 4-3　铣齿的齿形误差

采用近似的成形运动或近似的切削刃轮廓，虽然会带来加工原理误差，但往往可以简化机床结构或刀具形状，工艺上容易实现，有利于从总体上提高加工精度、降低生产成本、提高生产效率。因此，原理误差的存在有时是合理的、可以接受的。但在精加工时，对原理误差需要仔细分析，必要时还需进行计算，以确保由其引起的加工误差不会超过规定的精度要求所允许的范围（一般地，原理误差引起的加工误差应小于工件公差值的 10%）。

4.1.4　调整误差

在机械加工的各个工序中，需要对机床、夹具及刀具进行调整。由于调整不可能绝对准确，就会带来一项原始误差，即调整误差。不同的调整方式，有不同的误差来源。

（1）试切法调整　单件小批量生产中，通常采用试切法加工。调整误差有：测量误差、试切时与正式切削时切削层厚度不同引起的误差，以及机床进给机构的位移误差。

1）测量误差。由测量器具误差、测量温度变化、测量力及视觉偏差等引起的误差。

2）试切时与正式切削时切削层厚度不同引起的误差。在切削加工中，切削刃所能切掉的最小切屑厚度是有一定限度的，精加工时，试切的最后一刀总是很薄的，如果认为试切尺寸已经合格，就合上纵走刀机构切削下去，则新切到部分的切削深度比已试切的部分大。粗加工试切时，由于粗加工的余量比试切层大得多，受力变形也大得多，因此粗加工所得的尺寸要比试切部分的尺寸大一些（图4-4）。

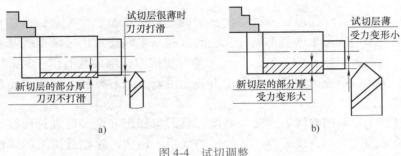

图 4-4　试切调整
a）精加工　b）粗加工

3）机床进给机构的位移误差。试切中，低速微量进给时，常会出现进给机构的"爬行"现象，结果使刀具的实际进给量比手轮转动刻度值要偏大或偏小些，难以控制尺寸精度，造成加工误差。操作中常采用两种措施减小误差：一种是在微量进给以前先退出刀具，然后再快速引进刀具到新的手轮刻度值，中间不停顿，使进给机构滑动面间不产生静摩擦；另一种是轻轻敲击手轮，用振动消除静摩擦。

（2）调整法调整　在大批大量生产中，广泛采用调整法对工艺系统进行调整，除了试切法调整误差的影响因素外，影响调整误差的因素还有：

1）按定程机构调整。行程挡块、靠模、凸轮制造、安装、磨损、刚度等，以及与其配合使用的离合器、行程开关、控制阀等控制元器件的灵敏度和运动精度，成为影响调整误差的主要因素。

2）按样件或样板调整。样件或样板本身的制造误差、安装误差、对刀误差成为影响调整误差的主要因素。具体来说，按标准样块或对刀块（导套）调整刀具时，影响刀具调整精度的主要因素有标准样件本身的尺寸误差、刀块（导套）相对工件定位元件之间的位置尺寸误差、刀具调整时的目测误差、切削加工时刀具相对于工件加工表面的弹性退让和行程挡块的受力变形引起的误差等。

4.1.5　装夹误差与夹具误差

工件的装夹误差是指定位误差和夹紧误差，将直接影响工件加工表面的位置精度或尺寸精度。定位误差在夹具设计章节中叙述，夹紧误差在本章夹紧力对加工精度的影响中叙述。

夹具误差主要包括：定位元件、刀具导向件、分度机构、夹具体等的制造误差；夹具装配后，以上各种元件工作面之间的相对位置误差；夹具使用过程中工作表面的磨损引起的误差。夹具误差将直接影响工件加工表面的位置精度或尺寸精度。

【例4-1】　某钻夹具如图4-5所示，钻套轴心线 f 至夹具定位平面间 c 的距离误差，影响工件孔轴心线 a 至底面 B 的尺寸 L 的精度；钻套轴心线 f 与夹具定位平面 c 间的平行度误差，影响工件孔轴心线 a 与底面 B 的平行度；夹具定位平面 c 与夹具体底面 d 的垂直度误差，影响工件孔轴心线 a 与底面 B 间的尺寸精度和平行度；钻套孔的直径误差将影响工件孔轴心线 a 至底面 B 的尺寸精度和平行度。

为了保证工件的加工精度，除了严格保证夹具的制造精度外，必须注意提高夹具易磨损件（如钻套、定位销等）的耐磨性。当磨损到一定限度后需及时予以更换。夹具设计时，凡

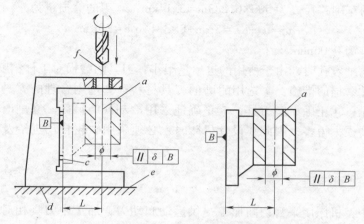

图 4-5 工件在夹具中的装夹示意图

影响工件精度的有关技术要求必须给出严格的公差。精加工用夹具一般取工件上相应尺寸公差的 1/3~1/2，粗加工取 1/10~1/5。

4.1.6 刀具误差

刀具误差是由于刀具制造和刀具磨损引起的误差。

1）采用定尺寸刀具（如钻头、铰刀、键槽铣刀、圆拉刀等）加工时，刀具的尺寸误差将直接影响工件尺寸精度。

2）采用成形刀具（如成形车刀、成形铣刀、齿轮模数铣刀、成形砂轮等）加工时，刀具在切削基面上的投影就是加工表面的母线形状。因此切削刃的形状误差，以及刃磨、安装、调整不正确，都会直接影响加工表面的形状精度。

3）采用展成刀具（如齿轮滚刀、花键滚刀、插齿刀等）加工时，刀具切削刃的几何形状及有关尺寸误差也会影响工件的加工精度。

4）采用一般刀具（车刀、铣刀、镗刀等）加工时，加工表面的形状由机床运动精度保证，尺寸由调整精度决定，刀具的制造精度对加工精度无直接影响。

任何刀具在切削过程中，都不可避免地要产生磨损，对切削性能、加工精度、加工表面质量有不良影响，还会引起工件尺寸和形状的改变。例如用成形刀具加工时，刀具刃口的不均匀磨损将直接复映在工件上，造成工件形状误差。在加工较大表面（一次走刀需较长时间）时，刀具的尺寸磨损会严重影响工件的形状精度。车削细长轴时，刀具的逐渐磨损会使工件产生锥形的圆柱度误差。用调整法加工一批工件时，刀具或砂轮的磨损会扩大工件尺寸的分散范围。

【例 4-2】 用调整法加工一批材料为 45 钢的小轴，直径为 $\phi20\text{mm}$，长度 $l=30\text{mm}$，刀具材料为 YG15，切削速度 v 为 100m/min，进给量 f 为 0.3mm/r，试计算加工 500 件后刀具磨损所引起的工件直径的误差。

解： 查手册，得 YG15 车刀精车 45 钢时，刀具初始磨损量 $\mu_0=5\mu\text{m}$，单位磨损量 $K=8\mu\text{m}/\text{km}$。

车刀车削每件时的切削路径为

$$\pi dl/f = \pi\times20\times30/0.3 = 6283\text{mm} = 6.283\text{m}$$

车削 500 件的车削路径 L 为 $500 \times 6.283\text{m} = 3.14\text{km}$，车刀的磨损量为

$$\mu \approx \mu_0 + KL = 5\mu\text{m} + 8 \times 3.14\mu\text{m} = 30\mu\text{m}$$

所以直径误差为 0.06mm。

精密车削、精细镗孔时，由于所用的进给量很小，刀具的磨损对工件精度的影响很大。

减少刀具尺寸磨损的措施：①选用耐磨的刀具材料；②选用合理的刀具几何参数；③选用合理的切削用量；④正确刃磨刀具；⑤正确地采用冷却润滑液等。磨削时砂轮的耗损，一般比车刀刀尖的磨损大得多，因此在设计机床时，必须采用砂轮自动进给及补偿装置来减少砂轮磨损的影响。

4.1.7 机床主轴回转误差

在工艺系统中，机床用来为切削加工提供运动和动力，加工中刀具相对于工件的成形运动一般都是通过机床完成的，因此，工件的加工精度在很大程度上取决于机床的精度，机床原有误差对加工精度的影响最为显著，也最为复杂。机床误差来自三个方面：机床本身的制造、磨损和安装。机床在出厂以前要通过机床精度检验，检验的内容是机床主要零、部件本身的形状和位置误差，要求它们不超过规定的数值。以车床为例，主要项目有：①床身导轨在垂直面和水平面内的直线度和平行度；②主轴轴线对床身导轨的平行度；③主轴回转精度；④传动链精度；⑤刀架各溜板移动时，对主轴轴线的平行度和垂直度。

机床的几何误差是通过各种成形运动反映到加工表面的，机床的成形运动主要包括两大类，即主轴回转运动和移动件的直线运动。因而机床几何误差对工件加工精度影响较大的有：主轴回转误差、导轨导向误差和传动链误差。另外，机床的磨损会使机床工作精度下降。

1. 主轴回转误差的概念与形式

机床主轴是安装工件或刀具的基准，并将运动和动力传给工件或刀具，因此，主轴回转误差将直接影响被加工工件的精度。主轴回转误差指主轴各瞬时的实际回转轴线对其理想回转轴线（各瞬时回转轴线的平均位置）的变动量。

由于主轴部件受到制造、装配、使用中各种因素的影响，会使主轴产生回转误差，因此其误差可以分解为径向圆跳动、轴向窜动和角度摆动三种基本形式（图 4-6）。

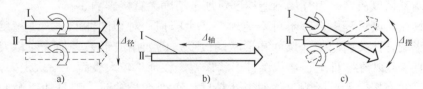

图 4-6 主轴回转误差的基本形式

a）径向圆跳动 b）轴向窜动 c）角度摆动

Ⅰ—瞬间实际回转轴线 Ⅱ—理想回转轴线

1）径向圆跳动是实际回转轴线始终平行于理想轴线的方向做径向运动。它影响工件圆柱面的形状精度。

2）轴向窜动是实际回转轴线始终沿理想轴线的方向做轴向运动。它主要影响工件的形状精度、位置精度和轴向尺寸精度。

3）角度摆动是实际回转轴线始终与理想轴线倾斜一个角度进行摆动，但其交点位置固定不变。它影响工件圆柱面与端面的加工精度。

　　主轴回转误差实际上是上述三种运动的合成，因此主轴不同横截面上轴心线的运动轨迹既不相同，也不相似，最终造成主轴的实际回转轴线对其理想回转轴线的"漂移"。

2. 影响主轴回转误差的因素

　　影响主轴回转误差的主要因素有：主轴支承轴颈的误差、轴承的误差、轴承的间隙、箱体支承孔的误差、与轴承相配合零件的误差及主轴刚度和热变形等。

　　（1）主轴误差　即主轴支承轴径的圆度误差、同轴度误差，这些误差会使主轴轴心线发生偏斜，从而导致主轴径向回转误差的产生。主轴轴颈一般是和滚动轴承的内圈装成一体而旋转的，因为轴承内外圈是一种薄壁零件，受力后很容易变形，它安装到主轴轴颈上时又有一定过盈量。因此轴颈如果不圆，内圈就会变形，使内圈的滚道也变得不圆，这样就破坏了滚动轴承原来的精度，导致主轴回转精度的下降。

　　（2）轴承误差

　　1）主轴采用滑动轴承支承时，主轴是以轴颈在轴承孔内旋转的，主轴轴径和轴承孔的圆度误差对主轴回转误差有直接影响。

　　在采用滑动轴承结构为主轴的车床上车削外圆时，主轴的受力方向是一定的（切削力 F 方向基本上不变），主轴轴颈被压向轴承孔表面的一定地方，孔表面接触点几乎不变，这时主轴轴颈的圆度误差就会引起主轴径向回转误差，而轴承内孔的圆度误差对主轴径向回转误差的影响则不大（图 4-7a）。在镗床一类机床上，作用在主轴上的切削力是随镗刀旋转的，轴表面接触点几乎不变，这时轴承孔内表面的圆度误差就会引起主轴径向回转误差，而主轴轴颈圆度误差对主轴径向回转误差的影响则不大（图 4-7b）。

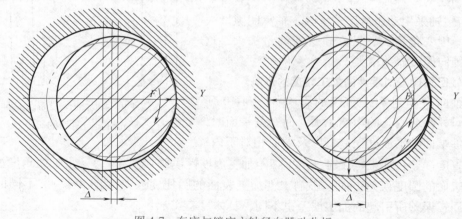

图 4-7　车床与镗床主轴径向跳动分析

Δ—径向跳动量

　　2）主轴采用滚动轴承支承时，滚动轴承的内圈、外圈和滚动体本身的几何误差都将影响主轴回转精度。此外，主轴轴颈的误差、轴承孔的误差、装配质量以及装配间隙等对主轴回转精度也有重要影响。滚动轴承本身的回转精度取决于：内外环滚道的圆度误差，内环的壁厚差，以及滚动体的尺寸误差和圆度误差（图 4-8），在前后支承处这些误差综合起来造成了主轴轴心线的移动和摆动，在主轴每一转中都是变化的。

　　若滚动轴承中滚动体大小不一致，将引起主轴径向跳动。当最大的滚动体通过承载区一次，主轴回转轴线会跳动一次，其频率与保持架转速有关。通常保持架转速约为内环转速的 1/2，故这种径向跳动主轴每转两周发生一次，常称为"双转跳动"。

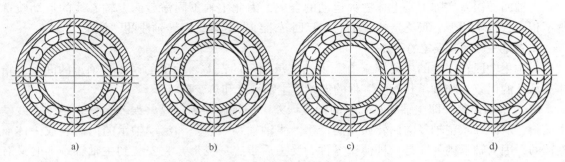

图 4-8　轴承内环及滚动体的形状误差

a）孔与滚道不同轴　b）滚道不圆　c）滚道有波度　d）滚动体尺寸误差

轴承内环是一个薄壁零件，若主轴轴颈不圆，会使内环滚道发生相应的变形，从而引起主轴的径向跳动。

3）主轴采用推力轴承时，其滚道的端面误差会造成主轴的轴向窜动，如图 4-9 所示，若只有一个端面滚道存在误差，对轴向窜动影响很小，只有当两个滚道端面均存在误差时，才会引起较大的跳动量。同样，推力轴承滚动体的几何误差，两推力环安装面的误差，以及装配质量和装配间隙等对主轴轴向窜动误差也有重要影响。

4）当主轴采用角接触球轴承和圆锥滚子轴承时，其滚道误差既会引起主轴轴向窜动，也会引起径向跳动和摆动。

5）当主轴采用动压滑动轴承时，轴承间隙增大会使油膜厚度变化增大，轴心轨迹变动量加大，这会使主轴径向回转误差增大。

3. 主轴回转误差对零件的加工精度的影响

主轴轴向窜动对加工精度的影响如图 4-10 所示，车削对外圆或内孔的影响不大，而车削端面时，将造成工件端面的平面度误差，以及端面相对于内、

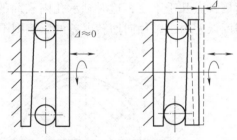

图 4-9　推力轴承端面误差对主轴轴向窜动的影响

外圆的垂直度误差；加工螺纹时，产生螺距加工周期性误差（图 4-11）。主轴的角度摆动影响工件加工表面的圆度误差，而且影响工件加工表面的圆柱度误差（图 4-12）。不同的加工方法，主轴回转误差所引起的加工误差也不同，具体见表 4-1。

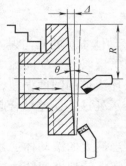

图 4-10　主轴轴向窜动对加工精度的影响

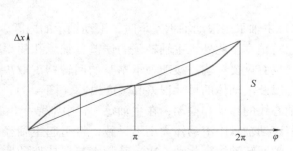

图 4-11　螺距加工周期性误差

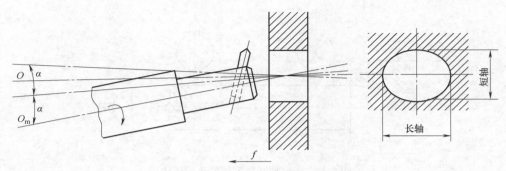

图 4-12　纯角度摆动对镗孔的影响

O—工件孔轴心线　　O_m—主轴回转轴心线

表 4-1　机床主轴回转误差对零件的加工精度的影响

基本形式	车床上车削			镗床上镗削	
	内、外圆	端面	螺纹	孔	端面
纯径向跳动	影响极小，近似真圆（理论上为心脏线形）	无影响	影响极小	圆度误差，椭圆孔（每转跳动一次时）	无影响
纯轴向窜动	无影响	平面度、垂直度（端面凸轮形）	螺距误差	无影响	平面度误差，垂直度误差
纯角度摆动	近似圆柱（理论上为锥形）	影响极小，垂直度误差		圆柱度误差，椭圆柱孔（每转摆动一次时）	垂直度误差，平面度（马鞍形）

　　适当提高主轴及箱体的制造精度，选用高精度的轴承，提高主轴部件的装配精度，对高速主轴部件进行平衡，对滚动轴承进行预紧等，均可提高机床主轴的回转精度。在生产实际中，从工艺方面采取转移主轴回转误差的措施，消除主轴回转误差对加工精度的影响，也是十分有效的。例如，在外圆磨床上用两端死顶尖定位工件磨削外圆、在内圆磨床上用 V 形块装夹磨削主轴锥孔、在卧式镗床上采用镗模和镗杆镗孔等。

　　4. 主轴回转精度的测量

　　目前测试机床主轴回转精度的方法主要分为静态测试法、动态测试法和在线误差补偿检测法。静态测试法（如打表法）简单，但实际参考价值小，目前已较少使用。动态测试法现已较为成熟，测量结果实际参考价值高精确性好，广泛应用于现场检测。在线误差补偿检测法将检测结果直接用于控制切削补偿量，并将结果集成到机床内部作为系统闭环控制的反馈检验。

　　静态测试法是将精密测量检验棒插入主轴锥孔，在其圆周表面和端部用千分表测量（图 4-13），此法简单易行，但不能反映主轴工作转速下的回转精度，不能把不同性质的误差区分开来。此法可用于测量心轴本身的误差，主轴锥孔误差，锥孔与主轴回转轴线的不同轴误差等。

　　主轴回转精度的动态测试法中，国内外较普遍的是使用电容电感涡流传感器对安装在主轴上的标准球进行单点或多点测量，电容式传感器结构简单、线性范围宽、灵敏度更高，与基准球构成两极板；电涡流传感器分辨率高、线性度高、抗干扰力强，对环境的适应能力强，国内较

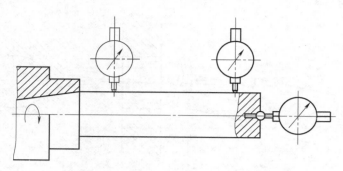

图 4-13　主轴回转精度的静态测试法

多采用电容式传感器，电涡流式传感器在国外也有较广泛的应用。近年来随着科学技术的发展也出现了一些新的方法，如单点法、双点法、三点法、虚拟仪器法、CCD 法等测试方法。

工件回转类主轴早期采用单向法测量，精度较低，单点双向法可提高精度，但需调整测头位置，给安装造成麻烦，目前较多采用两点法测量；刀具回转类主轴一般可用多点（两点、三点）法测量，其中正交和直线两点法数据处理简单，且直线法降低了基准球的精度要求，任意角度法和三点法处理数据较复杂；圆弧极板法由于圆弧形极板制造困难，因此应用较少。虚拟仪器法特点是编程简单，用户可根据自己的需求进行定义和组织模块，柔性好，适应性强。CCD 法免去了基准球（环）的安装，测量装置简单、无须消偏、易于计算机数据处理，但有时会受图像灰度值饱和程度的影响。在满足测量要求的情况下，应尽量选取安装、操作及数据处理都较简便，测量成本较低的测量方法。

主轴回转精度的在线测量和控制，对于高精度机床与超精密加工是十分重要的。

5. 提高主轴回转精度的措施

1）提高主轴部件的制造精度。提高轴承的回转精度（选用高精度的滚动轴承，或采用高精度的多油楔动压轴承和静压轴承）；提高箱体支承孔、主轴轴颈、与轴承相配合零件有关表面的加工精度；提高主轴部件的装配精度，对高速主轴部件进行平衡等。例如，在实际生产中，主轴轴承，特别是前轴承，多选用 D、C 级轴承；当采用滑动轴承时，常常采用静压滑动轴承，目的就是提高轴系刚度，减少径向圆跳动。

2）对滚动轴承进行预紧。该法增强了轴承刚度，对轴承内、外圈滚道和滚动体的误差起均化作用，因而可提高主轴回转精度。

3）采用误差转移法。从工艺方面采取转移主轴回转误差的措施，使主轴回转误差不反映到工件上，也就是消除主轴回转误差对加工精度的影响，这种办法也是十分有效的。例如，在外圆磨床上磨削外圆柱面时，采用两个固定顶尖支承，主轴只起传动作用。工件的回转精度完全取决于顶尖和中心孔的形状误差和同轴度误差，而提高顶尖和中心孔的精度要比提高主轴部件的精度容易且经济得多。

4.1.8　机床导轨导向误差

机床导轨副是实现直线运动的主要部件，其制造和装配精度是影响刀具或工件直线运动精度的主要因素。它不但是机床运动的基准，而且也是机床上确定各机床部件相对位置关系的基准，它会导致刀尖相对于工件加工表面的位置变化，所以导轨误差会对零件的加工精度产生直接的影响。机床导轨的精度要求主要有以下三个方面：在水平面内的直线度、在垂直面内的直线度、前后导轨的平行度（扭曲）。

1. 形式及其对工件加工精度的影响

（1）导轨在水平面内的直线度误差　外圆磨床导轨在 x 方向存在误差 Δ，磨削外圆时工件沿砂轮法线方向产生位移，引起工件在半径方向上的误差 $\Delta R = \Delta$。当磨削长外圆柱表面时，造成工件的圆柱度误差（图 4-14）。

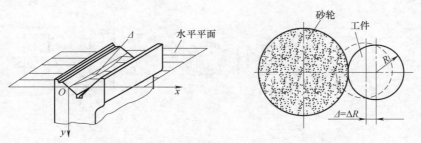

图 4-14　外圆磨床导轨在水平面内的直线度误差

（2）导轨在垂直面内的直线度误差　图 4-15 所示为外圆磨床导轨在垂直 y 方向存在误差 Δ，磨削外圆时，工件沿砂轮切线方向产生位移，此时工件半径方向上产生误差 $\Delta R = \Delta^2/2R$，其值甚小。但导轨在垂直方向上的误差对平面磨床、龙门刨床、铣床等将引起法向位移，直接反映到被加工工件的表面，最终造成工件的形状误差。

由此可知，当原始误差值相等时，所引起的法线方向上的加工误差最大，切线方向上的误差最小（可以忽略不计）。把对加工误差影响最大的方向（即通过切削刃加工表面的法线方向）称为误差敏感方向。

【例 4-3】　某外圆磨床导轨在 x 和 y 方向都存在误差 $\Delta = 0.1\text{mm}$，砂轮直径 $d = 40\text{mm}$，求引起的外圆误差。

x 方向：$\Delta R = \Delta = 0.1\text{mm}$。

y 方向：$\Delta R = \Delta^2/2R = 0.1^2/40\text{m} = 0.00025\text{mm}$。

（3）导轨的扭曲　图 4-16 所示为卧式车床前后导轨平行度误差（扭曲），该误差使大溜板产生横向倾斜，刀具产生位移，因而引起工件形状误差。由几何关系可知，工件产生的半径误差值为 $\Delta R = \Delta x = (H/B)\Delta$。一般车床 $H/B = 2/3$，外圆磨床 $H/B = 1$，因此导轨扭曲引起的加工误差不容忽视。

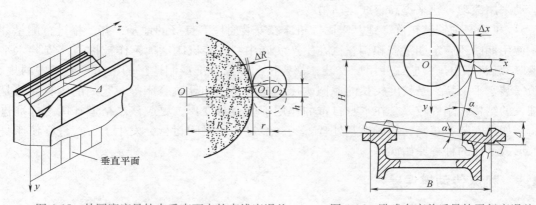

图 4-15　外圆磨床导轨在垂直面内的直线度误差　　图 4-16　卧式车床前后导轨平行度误差

（4）导轨对主轴回转轴线的平行度或垂直度　若导轨与机床主轴回转轴线不平行或不垂直，则会引起工件的几何形状误差。车削外圆柱面时车床导轨与主轴回转轴线在水平面内不平行，会使工件表面产生锥度（图 4-17a）；在垂直面内不平行，会使工件表面产生马鞍形误差（图 4-17b）。车削端面时小刀架导轨与主轴回转轴线在水平面内不垂直，会使工件表面产生凹或凸形误差（图 4-17c）。

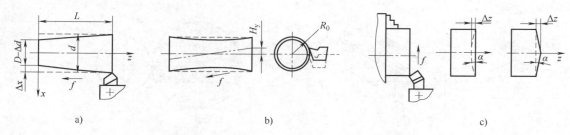

a)   b)   c)

图 4-17　成形运动间位置误差对外圆和端面车削的影响

2. 影响机床导轨导向误差的因素

1）机床制造误差。例如导轨、溜板的制造误差以及机床的装配误差。

2）机床的安装。例如机床安装不正确；刚性较差的长床身在自重的作用下容易产生变形；地基不牢固。

3）导轨磨损。例如使用程度不同及受力不均，导轨沿全长上各段的磨损量不等，就引起导轨在水平面和垂直面内产生位移及倾斜。

3. 提高导轨导向精度的措施

1）提高机床导轨、溜板的制造精度及安装精度。

2）提高导轨的耐磨性。可采用耐磨合金铸铁、镶钢导轨、贴塑导轨、滚动导轨、静压导轨、导轨表面淬火等措施，以延长导轨寿命。

3）选用合理的导轨形状和导轨组合形式，并在可能的条件下增加工作台与床身导轨的配合长度。

4）选用适当的导轨类型。例如，在机床上采用液体或气体静压导轨结构，由于在工作台与床身导轨之间有一层压力油或压缩空气，既可对导轨面的直线度误差起均化作用，又可减轻导轨面在使用过程中的磨损，故能提高和保持工作台的直线运动精度。高速导轨磨床的进给运动采用滚动导轨来提高直线运动精度。

5）机床必须安装正确，地基牢固。机床在安装时应有良好的地基，并严格进行测量和校正。使用期间还应定期复校和调整，在生产实际中，安装机床这项工作被称为"安装水平的调整"。新机床出厂检验或使用厂安装，都要按照国家标准或制造厂的机床说明书中的规定，检验安装水平。特别是长度较长的龙门刨床、龙门铣床和导轨磨床等，它们的床身导轨是一种细长的结构，刚性较差，在本身自重的作用下就容易变形，更应该严格遵守国家标准进行检验。如果安装不正确，或者地基处理不当，经过一段时间运行会发生下沉，最终使床身弯曲，形成上述的种种原始误差。

4.1.9　机床传动链误差

1. 机床传动链误差的概念

传动链的传动误差，是指内联系的传动链中首末两端传动元件之间相对运动的误差。它是按展成法原理加工工件（如螺纹、齿轮、蜗轮及其他零件）时，影响加工精度的主要因素。

传动链中的各传动元件（齿轮、蜗轮、蜗杆），都因有制造误差、装配误差和磨损而产生转角误差，这些误差的累积，就是传动链的传动误差。传动误差用传动链末端元件的转角误差作为衡量标准。

若传动链是升速传动，则传动元件的转角误差将被扩大；反之，则转角误差将被缩小。例如，车削螺纹时，要求工件旋转一周，刀具直线移动一个导程，如图 4-18 所示。

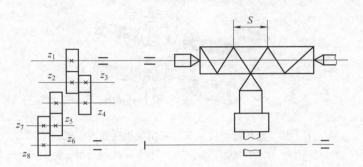

图 4-18　车螺纹的传动示意图

机床传动系统中刀具与工件间的运动关系可表示为 $S=iT$，S 为工件导程，T 为丝杠导程，i 为齿轮 $z_1 \sim z_8$ 的传动比。传动时必须保持 $S=iT$ 为恒值。由于传动链上各传动件不可能制造、安装得绝对准确，总会存在一定的误差，所以每个传动件的误差都将通过传动链影响螺纹的加工精度，那么各传动件误差对螺纹精度影响的综合结果 $\Delta\varphi_\Sigma$ 就等于各传动元件转角误差 $\Delta\varphi_j$ 所引起末端元件转角误差的叠加，具体为

$$\Delta\varphi_\Sigma = \sum_{j=1}^{n} \Delta\varphi_{jm} = \sum_{j=1}^{n} k_j \Delta\varphi_j \qquad (4\text{-}1)$$

式中，k_j（$j=1, 2, \cdots, n$）为第 j 个传动件的误差传递系数，即第 j 个传动件至末端元件的传动比。

2. 减少机床传动链误差的措施

1）缩短传动链，减少误差源数目。

2）提高传动元件，特别是提高末端传动元件的制造精度和装配精度，以减小误差源。此外，可采用各种消除间隙装置以消除传动齿轮间的间隙。

3）尽可能采用降速传动，按降速比递增的原则分配各传动副的传动比，因为升速传动时 $k_j > 1$，传动误差被扩大，降速传动时 $k_j < 1$，传动误差被缩小。尽可能使末端传动副采用大的降速比（k_j 值小），因为末端传动副的降速比越大，其他传动元件的误差对被加工工件的影响越小；末端传动元件的误差传递系数等于 1，它的误差将直接反映到工件上，因此末端传动元件应尽可能地制造得精确些。

4）采用误差校正机构。测出传动误差，在原传动链中人为地加入一个误差，其大小与传动链本身的误差相等且方向相反，从而相互抵消。

【例 4-4】　高精度丝杠车床常采用的机械式校正机构，如图 4-19 所示。根据测量被加工工件 1 的导程误差，设计出校正尺 5 上的校正曲线 7。校正尺 5 固定在机床床身上，加工螺纹时，车床丝杠带动丝杠螺母 2，及与其相连的刀架和杠杆 4 移动。同时，校正尺 5 上的校正曲线 7 通过滚柱触头 6、杠杆 4 使丝杠螺母 2 产生一个附加转动，从而使刀架得到一个附加位

移，以补偿传动误差。

采用机械式的校正装置只能校正机床静态的传动误差。如果要校正机床静态及动态传动误差，则需采用计算机控制的传动误差补偿装置。

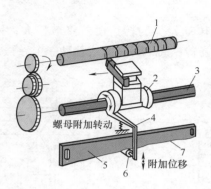

图 4-19　高精度丝杠车床常采用的机械式校正机构

1—工件　2—丝杠螺母　3—车床丝杠　4—杠杆　5—校正尺　6—滚柱触头　7—校正曲线

习题与思考题

1. 普通车床主轴前端锥孔或自定心卡盘夹爪的定心表面，出现过大的径向跳动时，常在刀架上安装内圆磨头进行自磨的修磨加工，修磨后的定心表面，其径向跳动量确实大为减小，试问：

1）修磨后是否提高了主轴回转精度？为什么？

2）在机床主轴存在几何偏心的情况下，以精车过的轴套工件的外圆定位来精车轴套内孔时，会产生怎样的加工误差？

2. 为什么对卧式车床床身导轨在水平面内的直线度要求高于在垂直面内的直线度要求？而对平面磨床的床身导轨其要求却相反？对镗床导轨的直线度为什么在水平面与垂直面都有较高的要求？

3. 在卧式镗床上采用工件送进方式加工直径为 $\phi 200mm$ 的通孔时，若刀杆与送进方向倾斜 $\alpha = 1.5°$，则在孔径横截面内将产生什么样的形状误差？其误差大小为多少？

4. 在车床上车一直径为 $\phi 80mm$、长为 2000mm 的长轴外圆，工件材料为 45 钢，切削用量为 $v = 2m/s$，$a_p = 0.4mm$，$f = 0.2mm/r$，刀具材料为 YT15，如果只考虑刀具磨损引起的加工误差，问该轴车后能否达到 IT8 的要求？

5. 用小钻头加工深孔时，在钻床上常发现孔轴线偏弯（图 4-20a），在车床上常发现孔径扩大（图 4-20b），试分析其原因。

6. 在车床上加工心轴（图 4-21）时粗、精车外圆 B 及台肩面 A，经检验发现外圆 B 有圆柱度误差，A 对 B 有垂直度误差。试分析产生以上误差的主要原因。

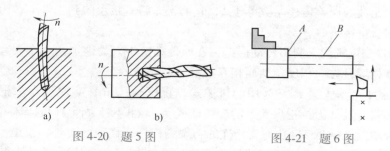

图 4-20　题 5 图　　　　图 4-21　题 6 图

7. 在车床上加工圆盘件的端面时，有时会出现圆锥面（中凸或中凹）或端面凸轮的形状。试分析造成如图 4-22 所示的端面几何形状误差的原因。

8. 当龙门刨床床身导轨不直（图 4-23）时，加工后的工件会呈现什么形状？当工件刚度很小时呢？当工件刚度很大时又如何？

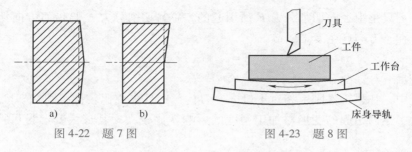

图 4-22 题 7 图　　　　　　图 4-23 题 8 图

4.2 机械加工工艺系统过程误差及误差控制

4.2.1 机械加工工艺系统受力变形引起的误差

1. 基本概念

机械加工工艺系统在切削力、夹紧力、惯性力、重力、传动力等的作用下，会产生相应的变形，从而破坏了刀具和工件之间正确的相对位置，产生加工误差，使工件的加工精度下降，此外还影响着表面质量，限制了切削用量和生产率的提高。

在车床上加工一根细长轴时（图 4-24a），可以看到在纵向进给过程中切屑的厚度发生了变化，越到中间，切屑层越薄，加工出来的工件两头细中间粗。这是由于工件的刚性太差，因而受到切削力产生变形，越到中间变形越大，实际切削深度也就越小，所以产生腰鼓形的加工误差。

在内圆磨床上进行切入式磨孔时（图 4-24b），由于内圆磨头轴比较细，磨削时因磨头轴受力变形，而使工件孔呈锥形。在精磨主轴和活塞外圆的最后几个行程中，砂轮并没有再向工件进给，即所谓"无进给磨削"或"光磨"，但依然磨出火花，先多后少，直至无火花为止。这就是用多次无进给的行程来消除工艺系统的受力变形，以保证工件的加工精度和表面粗糙度。

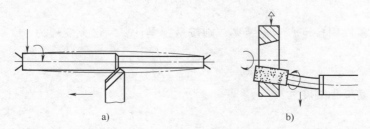

图 4-24 受力变形对工件精度的影响
a）车细长轴　b）磨内孔

工艺系统在外力作用下产生变形的大小，不仅取决于外力的大小，而且和工艺系统抵抗外力使其变形的能力，即工艺系统的刚度有关。

垂直作用于工件加工表面（加工误差敏感方向）的径向切削分力 F_y 与工艺系统在该方向上的变形 y 之间的比值，称为工艺系统刚度。即

$$k_{系} = \frac{F_y}{y} \tag{4-2}$$

式中，变形 y 不只是由径向切削分力 F_y 所引起的，垂直切削分力 F_z 与走刀方向切削分力 F_x 也会使工艺系统在 y 方向产生变形，故

$$y = y_{Fx} + y_{Fy} + y_{Fz} \tag{4-3}$$

2. 工件刚度

工艺系统中，如果工件刚度相对于机床、刀具、夹具来说比较低，则在切削力的作用下，工件由于刚度不足而引起的变形对加工精度的影响就比较大，其最大变形量可按材料力学有关公式计算。

车细长轴时（图 4-25），L 为工件长度（mm）；x 为刀尖距右顶尖的距离（mm）；E 为工件材料的弹性模量（N/mm²）；I 为工件截面的惯性矩（mm⁴）（棒料 $I = \pi d^4/64$，d 为直径）。工件的变形 $Y_工$ 可按简支梁计算

$$Y_工 = \frac{F_y}{3EI} \cdot \frac{x^2 (L-x)^2}{L} \tag{4-4}$$

当切削至工件的中点时，工件变形最大，且最大变形为

$$Y_{工max} = \frac{F_y L^3}{48EI} \tag{4-5}$$

此时，工件的最小刚度为

$$Y_{工min} = \frac{F_y}{Y_{工max}} = \frac{48EI}{L^3} \tag{4-6}$$

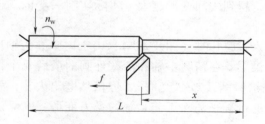

图 4-25 车细长轴时的刚度计算

如果同样的零件用自定心卡盘装夹，则按悬臂梁计算，最大变形为

$$Y_{工max} = \frac{F_y L^3}{3EI} \tag{4-7}$$

此时，工件的最小刚度为

$$Y_{工min} = \frac{F_y}{Y_{工max}} = \frac{3EI}{L^3} \tag{4-8}$$

3. 刀具刚度

外圆车刀在加工表面法线（y）方向上的刚度很大，其变形可以忽略不计。镗直径较小的内孔时，若刀杆刚度很差，则刀杆受力变形对孔加工精度就有很大影响。刀杆变形也可以按

材料力学有关公式计算。

4. 机床部件刚度及其影响因素

机床部件由许多零件组成，零件之间存在着结合面、配合间隙和刚度薄弱环节，机床部件刚度受这些因素的影响，特别是薄弱环节对部件刚度的影响较大，目前主要还是用试验方法来测定机床部件刚度。

图 4-26a 所示为某车床刀架、头架、尾架部件静刚度试验，在车床上用双顶尖安装大刚度心轴，在刀架上安装螺旋加力器，在加力器和心轴之间有测力环。试验时转动加力器的加力螺钉施加 1 次作用力，测力环中千分表的读数显示施加作用力的大小，刀架、头架和尾架上的千分表数值显示各自的位移量。该试验载荷逐渐加大，再逐渐减少，反复三次。图 4-26b 所示为刀架三次加载、卸载的静刚度曲线。机床部件刚度的特点：变形与载荷不成线性关系；加载曲线和卸载曲线不重合，卸载曲线滞后于加载曲线；第一次卸载后，变形恢复不到第一次加载的起点，这说明有残余变形存在，经多次加载、卸载后，加载曲线起点才和卸载曲线终点重合，残余变形才逐渐减小到零；机床部件的实际刚度远比按实体估算的刚度要小。

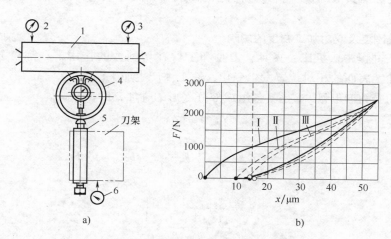

a)   b)

图 4-26　某车床静刚度试验及刀架静刚度曲线
1—心轴　2、3—千分表　4—千分表及测力环　5—加力器　6—千分表

影响机床部件刚度的因素有：

（1）结合面接触变形　由于零件之间接合表面的实际接触面积只是理论接触面的一小部分，真正处于接触状态的只是一些凸峰（图 4-27），在外力作用下，实际接触区的接触应力很大，产生了较大的接触变形。其中有表面层的弹性变形，也有局部塑性变形。这些接触变形

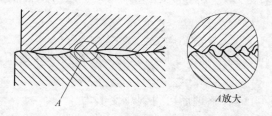

图 4-27　零件之间接合表面的实际接触面

会直接导致机床部件刚度下降。零件表面越粗糙，表面宏观几何形状误差越大，实际接触面积越小，接触刚度越小；材料硬度高，接触刚度就大；表面纹理方向相同时，接触变形较小，接触刚度就较大。

（2）摩擦力　机床部件受力变形时，零件间连接表面会发生错动，加载时摩擦力阻碍变形的发生，卸载时摩擦力阻碍变形的恢复，故表面间摩擦力是造成加载和卸载刚度曲线不重合的重要原因之一。

（3）低刚度零件　在机床部件中，低刚度零件受力变形对部件刚度的影响很大。例如，溜板部件中的楔铁，由于其结构细长，加工时又难以做到平直，致使其装配后与导轨配合不好，容易产生变形，对机床部件刚度产生很大影响。内圆磨头的轴是部件刚度的薄弱环节。

（4）间隙　机床部件在受力作用时，首先消除零件间在受力作用方向上的间隙，这会使机床部件产生相应的位移。在加工过程中，如果机床部件的受力方向始终保持不变，机床部件在消除间隙后就会在某一方向与支承件接触，此时间隙对加工精度基本无影响。但如果像镗头、行星式内圆磨头等部件，受力方向经常在改变，间隙引起位移，影响了刀具与零件表面间的正确位置。

5. 工艺系统刚度及其对加工精度的影响

在机械加工过程中，机床、夹具、刀具和工件在切削力的作用下，都将分别产生变形，致使刀具和被加工表面的相对位置发生变化，使工件产生加工误差。

工艺系统的受力变形量 $y_系$ 是其各组成部分变形的叠加，即

$$y_系 = y_机 + y_夹 + y_刀 + y_工$$

而

$$k_系 = \frac{F_y}{y_系}, \ k_机 = \frac{F_y}{y_机}, \ k_夹 = \frac{F_y}{y_夹}, \ k_刀 = \frac{F_y}{y_刀}, \ k_工 = \frac{F_y}{y_工}$$

$$k_系 = \frac{1}{\dfrac{1}{k_机} + \dfrac{1}{k_夹} + \dfrac{1}{k_刀} + \dfrac{1}{k_工}} \tag{4-9}$$

所以，当知道工艺系统各个组成部分的刚度后，即可求出系统刚度。

工艺系统刚度对加工精度的影响主要有以下几种情况：

（1）切削力作用点位置变化引起的工件形状误差　图 4-28 所示为双顶尖安装车削光轴示意图，假定工件和刀具的刚度很大（可忽略工件与刀具的变形），工艺系统的变形只考虑机床的变形，并假定车刀进给过程中主切削力（背向力 F_p）保持不变。L 为工件长度，当车刀进给到离 A 端距离为 z 时，车床前顶尖处受作用力 F_A，相应的变形 $x_{tj} = AA'$，尾顶尖处受力 F_B，相应的变形 $x_{wz} = BB'$，刀架受力 F_p 相应的变形 $x_{dj} = CC'$。这时工件轴心线 AB 位移到 $A'B'$，因而刀具切削点处工件轴线的位移 x_z 为

$$x_z = x_{tj} + \Delta x = x_{tj} + (x_{wz} - x_{tj})z/L \tag{4-10}$$

考虑到刀架的变形，可得到由机床变形引起的刀具在切削点处相对于工件的总位移为

$$x_{jc} = x_z + x_{dj} = x_{tj} + (x_{wz} - x_{tj})z/L + x_{dj} \tag{4-11}$$

把刚度公式代入式（4-11），整理后可得到总变形为

$$x_{jc} = F_p\left[\frac{1}{k_{tj}}\left(\frac{L-z}{L}\right)^2 + \frac{1}{k_{wz}}\left(\frac{z}{L}\right)^2 + \frac{1}{k_{dj}}\right] = x_{jc}(z) \tag{4-12}$$

式中，k_{tj}、k_{wz}、k_{dj} 分别为前顶尖、尾顶尖、刀架的刚度。

这说明，随着切削力作用点位置的变化，刀具在误差敏感方向上相对于工件的位移量也会有所变化。由于在相对位移大的地方从工件上切去的金属层薄，故因机床受力变形使加工出来的工件呈两端粗、中间细的鞍形。

若工件刚度小，则在切削力的作用下，其变形大大超过机床、夹具和刀具的变形量，此时，机床、夹具和刀具的受力变形可以忽略不计，工艺系统的变形完全取决于工件的变形。此时由材料力学公式可以计算出工件在切削点的变形量。

若工件刚度并不是很大或很小，这时就要同时考虑机床和工件的变形，在切削点处刀具相对于工件的位移量为二者的叠加。

（2）切削力大小的变化引起的加工误差 加工过程中，由于工件的加工余量发生变化、工件材质不均等因素引起的切削力变化，使工艺系统变形发生变化，从而产生加工误差。

【例 4-5】 毛坯椭圆形状误差的复映如图 4-29 所示。让刀具调整到图上细双点划线位置，在毛坯椭圆长轴方向上的切削深度为 a_{p1}，短轴方向上为 a_{p2}。

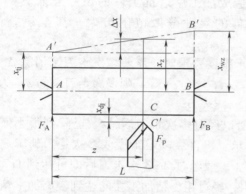

图 4-28 工艺系统变形随切削力作用点变化而变化

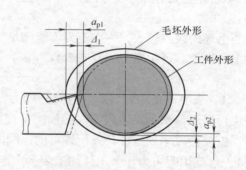

图 4-29 毛坯椭圆形状误差的复映

某圆柱形工件毛坯存在圆柱度误差（椭圆形横截面），需要粗车。如图 4-29 所示，加工时根据设定尺寸（细双点画线圆的位置）调整刀具的切削深度。在工件每一转中，切削深度发生变化，最大切削深度为 a_{p1}，最小切削深度为 a_{p2}。假设毛坯材料的硬度是均匀的，那么 a_{p1} 处的切削力 F_{p1} 最大，相应的变形 Δ_1 也最大，a_{p2} 处的切削力 F_{p2} 最小，相应的变形 Δ_2 也最小。由此可见，当车削具有圆度误差（半径上）$\Delta_m = a_{p1} - a_{p2}$ 的毛坯时，由于工艺系统受力变形，使工件产生相应的圆度误差（半径上）$\Delta_m = \Delta_1 - \Delta_2$。

由于切削深度不同，切削力不同，工艺系统产生的让刀变形也不同，故加工出来的工件仍然存在椭圆形状误差。由于工艺系统受力变形，使毛坯误差部分反映到工件上，此种现象称为"误差复映"。

误差复映的数值可根据刚度计算公式求得。如果工艺系统的刚度为 k，则车削时工件的圆度误差（半径上）为

$$\Delta_g = \Delta_1 - \Delta_2 = (F_{p1} - F_{p2})/k \tag{4-13}$$

考虑到正常切削条件下，背向力 F_p 与切削深度 a_p 近似成正比，即

$$F_{p1} = Ca_{p1}, \quad F_{p2} = Ca_{p2}$$

式中，C 为同刀具几何参数及切削条件（刀具材料、工件材料、切削类型、进给量与切削速度、切削液等）有关的系数。将上面两式代入式（4-13），得到

$$\Delta_g = \frac{C}{k}(a_{p1} - a_{p2}) = \frac{C}{k}\Delta_m = \varepsilon\Delta_m \qquad (4\text{-}14)$$

式中，

$$\varepsilon = \frac{\Delta_g}{\Delta_m} = \frac{C}{k} \qquad (4\text{-}15)$$

ε 称为误差复映系数，ε 通常是个小于 1 的正数，它是误差复映程度的度量，定量地反映了毛坯误差加工后减小的程度，ε 与工艺系统的刚度成反比，与径向切削力系数 C 成正比。工艺系统刚度越高，ε 越小，也即复映在工件上的误差越小。要减少工件的复映误差，可增加工艺系统的刚度或减小径向切削力系数（例如增大主偏角、减少进给量等）。

由以上分析可知，如果知道了某加工工序的复映系数，就可以通过测量毛坯的误差值来估算加工后工件的误差值。当工件毛坯有形状误差或相互位置误差时，加工后仍然会有同类的加工误差出现。在成批大量生产中用调整法加工一批工件时，若毛坯尺寸不同而导致加工余量不均匀，那么误差复映会造成加工后这批工件的尺寸分散。材料硬度不均匀，引起切削力的变化，同样会使工件的尺寸分散范围扩大，甚至超差而产生废品。

当毛坯的误差较大，一次走刀不能满足加工精度要求时，需要多次走刀来消除 Δ_m 复映到工件上的误差。每次走刀的复映系数为 ε_1，ε_2，ε_3，$\cdots$，ε_n 等，则多次走刀总的 $\varepsilon_{总}$ 为

$$\varepsilon_{总} = \varepsilon_1 \times \varepsilon_2 \times \varepsilon_3 \times \cdots \times \varepsilon_n \qquad (4\text{-}16)$$

$\varepsilon < 1$，表明该工序对误差具有修正能力，所以经过多次走刀后，$\varepsilon_{总}$ 已降到很小值，加工误差也可以逐渐减小而达到零件的加工精度要求。工件经多道工序或多次走刀加工之后，工件的误差就会减小到工件公差所许可的范围内（一般经过 2~3 次走刀后即可达到 IT7 的精度要求）。这就说明了为什么工件加工要多次走刀，经过粗、精加工才能达到较高加工精度的原因。但走刀次数太多，会降低生产率。

【例 4-6】 具有偏心量 $e = 1.5\text{mm}$ 的短阶梯轴装夹在车床自定心卡盘中，分两次走刀粗车小头外圆，设两次走刀的复映系数均为 $\varepsilon = 0.1$，试估算加工后阶梯轴的偏心量。

解：第一次走刀后工件的偏心量 e_1 为：$e_1 = \Delta_{工1} = \varepsilon\Delta_{毛} = 0.1 \times 1.5\text{mm} = 0.15\text{mm}$；第二次走刀后工件的偏心量 e_2 为：$e_2 = \Delta_{工2} = \varepsilon\Delta_{工1} = \varepsilon^2\Delta_{毛} = 0.1^2 \times 1.5\text{mm} = 0.015\text{mm}$。

（3）其他作用力的影响引起的误差 工艺系统除受切削力作用外，还会受到夹紧力、重力、惯性力、传动力等，也会使工件或夹具产生变形，造成加工误差。例如，龙门铣床、龙门刨床刀架横梁的自重引起的变形，镗床镗杆由于自重产生的下垂变形等，都会造成加工误差。

1）夹紧力产生的加工误差。工件在装夹时，由于工件刚度较低或夹紧力着力点不当，会使工件产生相应的变形，造成加工误差。用自定心卡盘夹持薄壁套筒，假定毛坯件是圆形，夹紧后由于受力而变形（图 4-30a）。虽车出的孔为圆形，但车削后壁厚不一致，松开后，套筒弹性恢复成圆形，而孔存在形状误差。为了减少薄壁套筒因夹紧变形造成的加工误差，可采用开口过渡环（图 4-30b）或圆弧面卡爪（图 4-30c）夹紧，使夹紧力均匀分布。

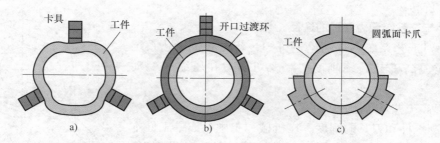

图 4-30　夹紧力引起的加工误差

a) 自定心卡盘夹紧　b) 开口过渡环夹紧　c) 圆弧面卡爪夹紧

磨削薄片零件时，若工件有翘曲误差，电磁吸盘吸紧后，误差减小，磨后松开，工件出现扭曲误差。在工件和磁力吸盘之间垫入一层薄橡皮垫（0.5mm 以下），经过正、反面的多次磨削后，就可得到较平的平面（图 4-31）。

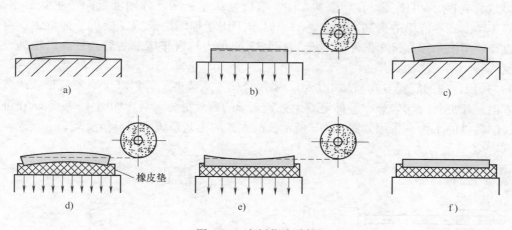

图 4-31　磨削薄片零件

a) 毛坯翘曲　b) 吸盘吸紧　c) 磨后松开，工件扭曲

d) 磨削凸面　e) 磨削凹面　f) 磨后松开，工件平直

2）重力产生的加工误差。工艺系统中有关零、部件自身的重力所引起的相应变形，如龙门铣床、龙门刨床刀架横梁，其主轴箱或刀架在横梁上面移动时，由于主轴箱的重力使横梁的变形在不同位置是不同的，因而造成加工误差，这时工件表面将成中凹形。为减少这种影响，有时将横梁导轨面做成中凸形，而提高横梁本身的刚度是根本措施。镗床的镗杆自重下垂变形，摇臂钻床的摇臂在主轴箱自重下的变形等都会造成加工误差。

3）惯性力产生的加工误差。在工艺系统中，由于存在不平衡构件，在高速切削过程中就会产生离心力。离心力 Q 在每一转中不断地改变方向，它在加工误差敏感方向上分力的方向与切削力方向有时相同，有时相反，从而引起受力变形的变化，使工件产生形状误差，工件加工后呈心脏线形。在实际生产中，为了减少惯性力，常采用对称平衡方法，或通过降低转速减少由惯性力引起的加工误差。

4）传动力产生的加工误差。在车床或磨床上加工轴类零件时，常用单爪拨盘带动工件旋转（图 4-32），传动力的方向是变化的。因此，精密零件的加工应采用双爪拨盘或柔性连接装置带动工件旋转。

6. 减小工艺系统受力变形的途径

由前面对工艺系统刚度的论述可知，若要减少工艺系统变形，就应提高工艺系统刚度，减少切削力并压缩其变动幅值。

（1）提高工艺系统刚度

1）提高工件和刀具的刚度。在机械加工中，如果工件本身的刚度较低，特别是叉架类、细长轴等零件，较易变形，此时，提高工件的刚度是提高加工精度的关键。其主要措施是缩小切削力的作用点到支承之间的距离，以增大工件切削

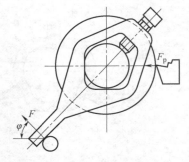

图 4-32　传动力产生的加工误差

时的刚度。如车削细长轴时采用跟刀架或中心架，铣削叉架类工件时在工件刚度薄弱处设置辅助支承或增设工艺表面等工艺措施，均可提高工件刚度。

孔加工时设置钻套或镗套以提高刀具刚度。

2）提高机床部件刚度。在切削加工中，有时会由于机床部件刚度低而产生变形和振动，影响加工精度和生产率的提高。因此，加工时常采用增加辅助装置、减少悬伸量，以及增大刀杆直径等措施来提高机床部件的刚度。图 4-33 所示为转塔车床加装导向杆，以提高刀架部件刚度。

3）采用合理的装夹方式和加工方式。采用合理方式装夹工件以减少夹紧变形，改变夹紧力的方向、让夹紧力均匀分布等都是减少夹紧变形的有效措施。对比如图 4-34a 所示在卧式铣床上铣削零件的平面，采用如图 4-34b 所示铣削方式的工艺系统刚度显然要高。

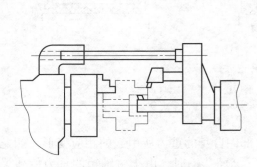

图 4-33　转塔车床加装导向杆

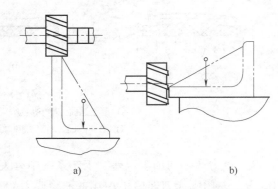

a)　　　　　　　　　b)

图 4-34　改变加工和装夹方式提高工艺系统刚度

4）提高接触刚度。一般部件的刚度都是接触刚度低于实体零件的刚度，改善工艺系统中主要零件接触面的配合质量，如机床导轨副、锥体与锥孔、顶尖与中心孔等配合面采用刮研与研磨，以提高配合表面的形状精度，减小表面粗糙度值，使实际接触面增加，从而有效地提高接触刚度。此外还可以在接触面间预加载荷，这样可消除配合面间的间隙，增加实际接触面积，减少受力后的变形量，此法常在轴承的调整中应用。

（2）减小切削力及其变化　切削力的变化将导致工艺系统变形发生变化，使工件产生几何误差。改善毛坯制造工艺，合理地选择刀具材料，合理选择刀具的几何参数（如增大刀具前角和主偏角），对工件材料进行合理地热处理以改善材料的加工性能等，都可使切削力减小。使一批工件的加工余量和加工材料性能尽量保持均匀不变，就能使切削力的变动幅度控

制在某一许可范围内。

4.2.2　工艺系统受热变形引起的误差

切削过程中始终伴随着热的作用，包括切削热、摩擦热、辐射热等。在热的作用下，工艺系统不可避免地要产生变形，会使刀具相对于工件的正确位置受到破坏，造成加工误差。工艺系统热变形对加工精度的影响比较大，特别是在精密加工和大件加工中，由热变形所引起的加工误差有时可占工件总误差的 40%~70%。机床、刀具和工件受到各种热源的作用，温度会逐渐升高，同时它们也通过各种传热方式向周围的物质和空间散发热量。当单位时间传入的热量与其散出的热量相等时，工艺系统就达到了热平衡状态。

1. 工艺系统的热源

引起工艺系统的热变形的热源可分为内部热源和外部热源两大类。

（1）内部热源　主要指切削热和摩擦热，它们产生于工艺系统内部，属于传导传热。

1）切削热是切削加工过程中最主要的热源。在切削（磨削）过程中，切削的弹性、塑性变形能，以及刀具、工件和切屑之间摩擦的机械能，绝大部分都转变成了切削热（表 4-2）。

表 4-2　各种加工方式传热特点

切削类型	传热特点
车削	切屑带走的热量为 50%~80%，传给工件的热量约为 30%，传给刀具的热量一般不超过 5%
铣削、刨削	传给工件的热量一般占总切削热的 30% 以下
钻削、卧式镗孔	有大量的切屑滞留在孔中，传给工件的热量多，如在钻孔加工中传给工件的热量超过 50%
磨削	砂轮为热的不良导体，磨屑带走的热量很少，大部分热量传入工件，磨削表面的温度可高达 800~1000℃。

2）工艺系统中的摩擦热主要是由机床和液压系统中运动部件产生的，如电动机、轴承、齿轮、丝杠副、导轨副、离合器、液压泵、阀等各运动部分产生的摩擦热。摩擦热在工艺系统中是局部发热，会引起局部温升和变形，破坏了系统原有的几何精度，对加工精度会带来严重影响。

（2）外部热源　主要是指环境温度和各种热辐射，产生于工艺系统外部，属于对流传热，对大型和精密件的加工影响较大。外部热源的热辐射（如照明灯光、加热器等对机床的热辐射）及周围环境温度（如昼夜温度不同）对机床热变形的影响，也不容忽视。

2. 工艺系统热变形对加工精度的影响

（1）工件热变形对加工精度的影响　对于一些简单的均匀受热工件，如车、磨轴类件的外圆，待加工后冷却到室温时其长度和直径将有所收缩，由此而产生尺寸误差 ΔL。这种加工误差可用简单的热伸长公式进行估算

$$\Delta L = L\alpha\Delta t \tag{4-17}$$

式中，L 为工件热变形方向的尺寸（mm）；α 为工件的热膨胀系数（1/℃）；Δt 为工件的平均温升（℃）。

在精密丝杠磨削加工中，工件的热伸长会引起螺距的累积误差。

【例 4-7】　长为 400mm 的丝杠 [T10A，α 为 11.0×10^{-6}（1/℃）]，加工过程温升 1℃，热

伸长量为：$\Delta L = L\alpha\Delta t = 400\times11.0\times10^{-6}\times1\,mm = 4.4\times10^{-3}\,mm = 4.4\,\mu m$。5 级丝杠累积误差全长 $\leqslant 5\mu m$，可见热变形的严重性。

当工件受热不均，如磨削零件单一表面时，由于工件单面受热而产生向上翘曲变形 y，加工冷却后将形成中凹的形状误差 y'（图 4-35a）。y' 的量值可根据图 4-35b 所示的几何关系求得

$$y' = \frac{\alpha L^2 \Delta t}{8H} \tag{4-18}$$

由此可知，工件的长度 L 越大，厚度 H 越小，则中凹形状误差 y' 就越大。在铣削或刨削薄板零件平面时，也有类似情况发生。为减小工件的热变形带来的加工误差，应控制工件上下表面的温差 Δt。

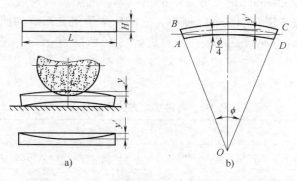

图 4-35　平板磨削加工时的翘曲变形计算

【例 4-8】　高为 600mm，长为 2000mm 的床身 ［铸铁，α 为 10.4×10^{-6}（1/℃）］，若加工时上表面温升为 3℃，则变形量为

$$y' = \frac{\alpha L^2 \Delta t}{8H} = \frac{10.4\times10^{-6}\times2000^2\times3\,mm}{8\times600} = 0.026\,mm$$

此值已大于精密导轨平直度要求。

（2）机床热变形对加工精度的影响　一般机床的体积较大，热容量大，虽温升不高，但变形量不容忽视，且由于机床结构较复杂，加之达到热平衡的时间较长，因此其各部分的受热变形不均，会造成机床部件产生变形，从而破坏原有的相互位置精度，造成工件的加工误差。

由于机床结构形式和工作条件不同，热量分布不均匀，从而各部件产生的热变形不同，所以各种机床对于工件加工精度的影响方式和影响结果也各不相同。对于车、铣、钻、镗类机床，主轴箱中的齿轮、轴承摩擦发热和润滑油发热是其主要热源，使主轴箱及与之相连部分（如床身或立柱）的温度升高而产生较大变形，从而造成了机床主轴抬高和倾斜。例如车床空转时主轴升温试验数据表明，主轴在水平方向的位移有 $10\mu m$，而垂直方向的位移有 $180\sim200\mu m$，这对于刀具水平安装的卧式车床的加工精度影响较小，但对于刀具垂直安装的自动车床和转塔车床的加工精度的影响就不容忽视了。

龙门刨床、导轨磨床等大型机床由于它们的床身较长，如导轨面与底面间有温差，就会产生较大的弯曲变形，从而影响加工精度。例如一台长 12m、高 0.8m 的导轨磨床床身，导轨面与床身底面温差 1℃时，其弯曲变形量可达 0.22mm。

床身上下表面产生温差，不仅是由于工作台运动时导轨面摩擦发热所致，环境温度也是重要的影响原因。例如在夏天，地面温度一般低于车间室温，会使床身产生中凸。

（3）刀具热变形对加工精度的影响　尽管在切削加工中传入刀具的热量很少，但由于刀具的尺寸和热容量小，因此仍有相当程度的温升，从而引起刀具的热伸长并造成加工误差。例如用高速钢刀具车削时，刃部的温度高达 700 ~ 800℃，刀具热伸长量可达 0.03 ~ 0.05mm，因此对加工精度的影响不容忽略。图 4-36 所示为车刀热伸长量与切削时间的关系。其中，曲线 1 是车刀连续切削时的热伸长曲线。切削开始时，刀具的温升和热伸长较快，随后趋于缓和，逐步达到热平衡，车刀的散热量等于传给车刀的热量，车刀不再伸长；

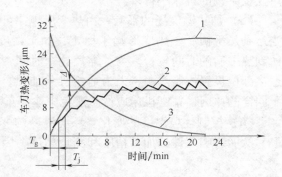

图 4-36　刀具热伸长量与切削时间的关系
1—连续切削　2—间断切削　3—冷却曲线

当车刀停止切削后，刀具温度开始下降较快，之后逐渐减缓，如图中曲线 3 所示。图中曲线 2 为加工一批短小轴件的刀具热伸长曲线。在工件的切削时间 T_g 内，刀具伸长，在装卸工件时间 T_j 内，刀具又冷却收缩，在加工过程中逐渐趋于热平衡。

3. 减少工艺系统热变形的主要途径

（1）减少发热和隔热　切削中内部热源是机床产生热变形的主要根源。为了减少机床的发热，在新的机床产品设计中凡是能从主机上分离出去的热源，一般都有分离出去的趋势，如电动机、齿轮箱、液压装置和油箱等。对于不能分离出去的热源，如主轴轴承、丝杠副、高速运动的导轨副、摩擦离合器等，可从结构和润滑等方面改善其摩擦特性，减少发热，如采用静压轴承、静压导轨、低粘度润滑油、锂基润滑脂等。也可以用隔热材料将发热部件和机床大件分隔开来。

（2）改善散热条件　为了消除机床内部热源的影响，可以采用强制冷却的办法，吸收热源发出的热量，从而控制机床的温升和热变形，这是近年来使用较多的一种方法。目前，大型数控机床、加工中心机床都普遍使用冷冻机对润滑油和切削液进行强制冷却，以改善冷却的效果。

（3）均衡温度场　单纯的减少温升有时不能收到满意的效果，可采用热补偿法使机床的温度场比较均匀，从而使机床产生均匀的热变形以减少对加工精度的影响。图 4-37 所示为平面磨床采用热空气加热温升较低的立柱后壁，以减少立柱前后壁的温度差，从而减少立柱的弯曲变形。热空气从电动机风扇排出，通过特设的管道引向防护罩、立柱和后壁空间。采用这种措施后，工件端面平行度误差可降为原来的 1/4 ~ 1/3。

（4）改进机床结构　采用合理的机床结构可以减少热变形的影响，将轴、轴承、传动齿轮尽量对称布置，可使变速箱箱壁温升均匀，减少箱体变形。

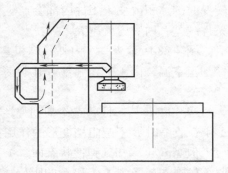

图 4-37　平面磨床采用热空气加热温升较低的立柱后壁

机床大件的结构和布局对机床的热态特性有很大影响。以加工中心为例，在热源的影响下，单立柱结构的机床会产生相当大的扭曲变形，而双立柱结构的机床由于左右对称，仅产生垂直方向的热位移，很容易通过调整的方法予以补偿。因此双立柱结构的机床其热变形比单立柱结构的机床小得多。

（5）加快温度场的平衡　由热变形规律可知，热变形影响较大的是在工艺系统升温阶段，当达到热平衡后，热变形趋于稳定，加工精度就容易控制。对于精密机床特别是大型机床，达到热平衡的时间较长。为了缩短这个时间，可以在加工前使机床高速空运转，或在机床的适当部位设置控制热源，人为地给机床加热，使之较快达到热平衡状态，然后进行加工。基于同样的原因，精密机床应尽量避免中途停车。

（6）控制环境温度的变化　环境温度的变化和室内各部分的温差会使工艺系统产生热变形，从而影响工件的加工精度和测量精度。因此，在加工或测量精密零件时，应控制室温的变化。

精密机床（如精密磨床、坐标镗床、齿轮磨床等）一般安装在恒温车间，以保持其温度的恒定。恒温精度一般控制在±1℃，精密级为±0.5℃，超精密级为±0.01℃。

4.2.3　内应力重新分布引起的误差

1. 基本概念

内应力（或残余应力）是指外部载荷去除后，仍残存在工件内部的应力。工件在铸造、锻造及切削加工后，内部会存在各种内应力。工件上一旦产生内应力之后，就会使工件金属处于一种高能位的不稳定状态，它本能地要向低能位的稳定状态转化，使内应力重新分布，并伴随有变形发生，从而使工件丧失原有的加工精度。零件内应力的重新分布不仅影响零件的加工精度，而且对装配精度也有很大的影响，内应力存在于工件的内部，而且其存在和分布情况相当复杂，因此，必须采取措施消除内应力对零件加工精度的影响。

2. 内应力的产生

内应力是由金属内部的相邻组织发生了不均匀的体积变化而产生的，体积变化的因素主要来自热加工或冷加工。

（1）热加工中产生的内应力　在铸造、锻造、焊接、热处理等热加工过程中，由于工件壁厚不均匀导致热胀冷缩不均匀、金相组织的转变等原因，使工件产生内应力。

在铸造、锻造、焊接及热处理过程中，由于工件各部分不均匀的热胀冷缩以及金相组织转变时的体积改变，工件内部会产生很大的内应力。工件结构越复杂、壁厚相差越大、散热条件越差，内应力就越大。

图 4-38 所示为一个内外壁厚相差较大的铸件内应力的产生及变形。浇铸后，铸件将逐渐冷却至室温，由于壁 A 和壁 C 比较薄，散热较易，所以冷却比较快，壁 B 比较厚，所以冷却比较慢。

当 A 和 C 从塑性状态冷却到弹性状态时，壁 B 的温度还比较高，尚处于塑性状态，所以 A 和 C 收缩时 B 不起阻挡变形的作用，铸件内部不产生内应力。

但当 B 也冷却到弹性状态时，A 和 C 的温度已经降低很多，收缩速度变得很慢，这时 B 收缩较快，就受到了 A 和 C 的阻碍。因此，B 受拉应力的作用，A 和 C 受压应力的作用，形成了相互平衡的状态（图 4-38b）。

如果在这个铸件的 A 上开一个口，则 A 的压应力消失，铸件在 B 和 C 的内应力作用下，B 收缩，C 伸长，铸件就发生弯曲变形，直至内应力重新分布达到新的平衡为止（图 4-38c）。

推广到一般情况，各种铸件都难免因冷却不均匀而形成内应力，铸件的外表面总比中心部分冷却得快。特别是有些铸件（如机床床身），为了提高导轨面的耐磨性，采用局部激冷的工艺使它冷却得更快一些，以获得较高的硬度，这样在铸件内部形成的内应力也就更大一些。若导轨表面经过粗加工切去一些金属，这就像在图 4-38c 中的铸件 A 上开口一样，必将引起内应力的重新分布并朝着建立新的应力平衡的方向产生弯曲变形。为了克服这种内应力重新分布而引起的变形，特别是对大型和精度要求高的零件，一般在铸件粗加工后安排时效处理，然后再进行精加工。

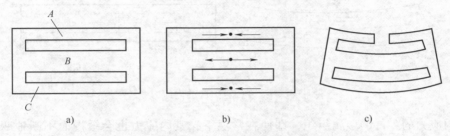

图 4-38　内外壁厚相差较大的铸件内应力的产生及变形

（2）冷校直产生的内应力　丝杆一类的细长轴刚性差，在加工和使用过程中容易产生弯曲变形。弯曲的工件（原来无内应力）要校直，常采用冷校直。

冷校直就是在原有变形的相反方向加力（图 4-39a），使工件向反方向弯曲，产生塑性变形，以达到校直的目的。

在 F_1 的作用下，工件内部的应力分布如图 4-39b 所示。即在轴心线以上的部分产生了压应力（用"–"表示），在轴心线以下部分产生了拉应力（用"+"表示）。此时，工件处于弹性变形状态，应力分布成直线。

在 F_2 的作用下，工件继续变形，工件内部的应力分布如图 4-39c 所示，即在轴心线以上的部分产生了压应力，在轴心线以下部分产生了拉应力。外层材料产生塑性变形（在虚线以外是塑性变形区域，应力分布成曲线），内层材料依然处于弹性变形状态（在轴心线和上下两条虚线之间是弹性变形区域，应力分布成直线）。

当外力 F_2 去除以后，弹性变形部分本来可以完成恢复而消失，但因塑性变形部分恢复不了，内外层金属就起了互相牵制的作用，产生了新的内应力平衡状态（图 4-39d）。

所以说，冷校直后的工件虽然减少了弯曲，但是依然处于不稳定状态，如再次加工，又将产生新的变形。对要求较高的零件，就需要在高温时效后进行低温时效的后续工序中来克服这个不稳定的缺点。为了从根本上消除冷校直带来的不稳定的缺点，对于高精度的丝杠（6 级以上）不允许象普通精度丝杠那样采用冷校直工艺，而是采用加粗的棒料经过多次车削和时效处理来消除内应力。

（3）切削加工中产生的内应力　工件表面在切削力作用力下，也会出现不同程度的塑性变形和金属组织的变化而引起局部体积改变，因而产生内应力。这种内应力的分布情况由加工时的各种工艺因素所决定。切削加工时，表层金属产生塑性变形，体积膨胀，受到里层组织的阻碍，故表层产生压应力，里层产生拉应力。切削时，若表层温度超过弹性变形范围，则会产生热塑性变形；切削后，表层温度下降快，冷却收缩也比里层大，当温度降至弹性变形范围内，表层产生拉应力，里层将产生平衡的压应力。

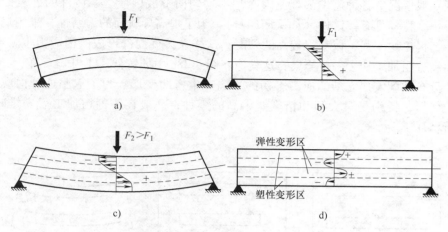

图 4-39 冷校直引起的内应力

存在内应力的零件的金属组织,即使在常温下,其内应力也会缓慢而不断地变化,直到内应力消失为止。在变化过程中,零件的形状将逐渐改变,使原有的加工精度逐渐消失。

3. 减少或消除残余应力的措施

1)合理设计零件结构。改进零件结构,即设计零件时,尽量做到壁厚均匀,结构对称,以减少内应力的产生。

2)合理安排热处理和时效处理。对铸造、锻造、焊接件进行退火、回火及时效处理,零件淬火后进行回火,对精密零件,如丝杠、精密主轴等,应多次安排时效处理。

时效处理,是指金属或合金工件经固溶处理,经过高温淬火或一定程度的冷加工变形后,在较高的温度或室温中放置保持,其形状、尺寸、性能随时间而变化的热处理工艺。时效处理的目的是消除工件的内应力,稳定组织和尺寸,改善力学性能(一般地讲,经过时效处理后,工件硬度和强度均有所增加,塑性、韧性和内应力则有所降低)。

若将工件加热到较高温度,并在较短时间内进行时效处理的工艺,称为人工时效处理。若将工件放置在室温或自然条件下长时间存放的时效处理,称为自然时效处理。振动时效处理是让工件受到激振器或振动台一定频率的振动,或将工件装入滚筒在滚筒旋转时相互撞击使其内应力得以释放,从而达到时效的目的。

3)合理安排工艺过程。粗、精加工宜分阶段进行,使粗加工后有一定时间让内应力重新分布,以减少对精加工的影响。

4.2.4 机械加工过程中振动引起的误差

机械振动是指工艺系统或系统的某些部分沿直线或曲线并经过其平衡位置的往复运动。工艺系统一旦发生机械振动,会破坏工件与刀具之间的正常的运动轨迹,使加工表面产生振痕,将严重影响零件的表面质量和使用性能。低频振动增大波度,高频振动增大表面粗糙度;振动导致的动态交变载荷使刀具极易磨损;振动会导致机床、夹具的零件连接松动,增大间隙,降低刚度和精度,并缩短使用寿命;振动还可能发出噪声,污染工作环境。据统计,机械加工过程中的振动以自激振动为主,约占总数的70%以上。为了避免发生振动或减小振动,有时不得不降低切削用量,致使机床、刀具的工作性能得不到充分发挥,限制了生产效率的提高。

机械设备在加工中所出现的振动形式主要包括三种，分别是自由振动、受迫振动（强迫振动）以及自激振动。

1）自由振动是指当系统受到初始干扰力而破坏了其平衡状态后，仅靠弹性恢复力来维持的振动。在切削过程中，由于材料硬度不均或工件表面有缺陷，常常出现这种振动，但由于阻尼存在，振动会迅速衰减，因此对加工影响较小。

2）受迫振动是指在工艺系统内部或外部周期性干扰力持续作用下，系统被迫产生的振动。这种振动的影响范围是比较大的。频率等于外界周期性干扰力的频率或它的整数倍。

3）自激振动（也叫颤振）是指系统在没有受到外界周期性干扰力（激振力）作用下，由系统内部激发及反馈的相互作用而产生的稳定的周期性振动。维持振动的能量来自振动系统本身，并与切削过程密切相关。

1. 受迫振动及其控制

（1）受迫振动的振源　受迫振动的振源包括来自机床内部的机内振源和来自机床外部的机外振源两大类（表4-3）。

表 4-3　受迫振动的振源

形式	原因	示例
机外振源	机床的周边设备运动	影响因素较多，如冲压设备、龙门刨床等，可通过加设隔振地基来隔离
机内振源	机床高速旋转件不平衡引起的振动	联轴器、带轮、卡盘等由于形状不对称、材质不均匀或其他原因造成的质量偏心，主轴与轴承间的间隙过大，主轴轴颈的圆度、轴承制造精度不够，产生离心力而引起受迫振动
	机床传动机构缺陷引起的振动	齿轮制造不精确（齿轮的周节误差和周节累积误差）或安装不良会产生周期性干扰力；带接缝使带传动的转速不均匀；轴承滚动体尺寸误差和液压传动中液压脉动等引起的振动
	切削过程中的冲击和切削过程本身的不均匀性引起的振动	在有些切削过程中，刀具在切入工件或切出工件时，或铣削、拉削及车削带有槽的断续表面时，由于间歇切削而使切削力发生周期性变化，从而引起的振动
	往复运动部件的惯性力引起的振动	具有往复运动部件的机床，当运动部件换向时的惯性力及液压系统中液压件的冲击现象

（2）受迫振动的特点

1）受迫振动是在外界周期性干扰力的作用下产生的，但振动本身并不能引起干扰力的变化。

2）受迫振动的频率总与外界干扰力的频率相同或成倍数关系。

3）受迫振动振幅的大小在很大程度上取决于干扰力的频率与工艺系统固有频率的比值，如果相等时，振幅达最大值，产生共振。

4）受迫振动振幅的大小还与干扰力、系统刚度及阻尼系数有关，干扰力越大，系统刚度和阻尼系数越小，则振幅越大。

5）受迫振动的位移变化总是比干扰力在相位上滞后一个相位角，其值同系统的动态特性及干扰力频率有关。

（3）受迫振动的消除与控制

1）消振与减振。可通过提高机床的制造和装配精度，以消除工艺系统内部的振动源。如机床中高速回转的零件要进行静平衡和动平衡（如磨床的砂轮、电动机的转子等）；提高齿轮的制造和装配精度；采用对振动和动平衡不敏感的高阻尼材料制造齿轮，以减少齿轮啮合所造成的振动。

2）隔振。如使机床的电动机与床身采用柔性连接以隔离电动机本身的振动；把液压部分与机床分开；采用液压缓冲装置以减少部件换向时的冲击。采用厚橡皮、木材将机床与地基隔离，用防振沟隔开设备的基础和地面的联系，以防止周围的振源通过地面和基础传给机床；精密机床和精密仪器常用空气垫来隔振。此外，还可用动力式减振器来减振。

3）提高加工系统的刚度，增加系统阻尼。如采用刮研各零、部件之间的接触表面，以增加各种部件间的连接刚度；利用跟刀架，缩短工件或刀具装夹时的悬伸长度等方法以增加工艺系统的刚度。可采用内阻尼较大的材料，或者采用"薄壁封砂"结构，即将型砂、泥芯封闭在床身空腔内，来增大机床结构的阻尼；在某些场合下，牺牲一些接触刚度，如在接触面间垫以塑料、橡胶等，增加接合处的阻尼，提高系统的抗振性。

4）调整振源频率。如调整刀具或工件的转速，使激振力频率偏离工艺系统的固有频率。

2. 自激振动及其控制

（1）自激振动的振源　如果切削过程很平稳，即使系统存在产生自激振动的条件，但因切削过程没有交变的动态切削力，也不可能产生自激振动。但是，在实际加工过程中，偶然的外界干扰（如工件材料硬度不均、加工余量有变化等）总是存在的，这种偶然性外界干扰所产生的切削力的变化，作用在机床系统上，会使系统产生振动。系统的振动将引起工件与刀具间的相对位置发生周期性变化，使切削过程产生维持振动的动态切削力。如果工艺系统不存在自激振动的条件，这种偶然性的外界干扰，将因工艺系统存在阻尼而使振动逐渐衰减。如果工艺系统存在产生自激振动的条件，就会使机床加工系统产生持续的振动。

（2）自激振动的特点

1）机械加工中的自激振动是在没有周期性外力（相对于切削过程而言）干扰下所产生的。维持自激振动的能量来自机床电动机，电动机除了供给切削的能量外，还通过切削过程把能量传输给振动系统，使机床系统产生振动运动。

2）自激振动的频率接近于系统的某一固有频率，即振动频率取决于振动系统的固有特性。

3）自激振动是一种不衰减的振动。振动过程本身能引起某种不衰减的周期性变化，而振动系统能通过这种力的变化，从不具备交变特性的能源中周期性地获得补充能量，从而使这个振动得到维持。当运动停止，则这种外力的周期性变化和能量的补充过程也都立即停止。

4）自激振动不因有阻尼存在而衰减为零。

（3）自激振动的消除与控制　自激振动主要受切削过程中的工艺系统内部因素的影响，主要影响因素有切削用量、刀具几何参数和切削过程中的阻尼等。通过合理控制这些因素，就能减小或消除自激振动。

1）合理选择切削用量。采用高速切削或低速切削可以避免自激振动。通常当进给量 f 较小时振幅较大，增大进给量可使振幅减小，在加工表面粗糙度允许的情况下，可以选取较大的进给量以避免自激振动。切削深度 a_p 增大时，切削力越大，越易产生振动。

2）合理选择刀具几何参数。刀具几何参数中对振动影响最大的是主偏角和前角。主偏角增大，则垂直于加工表面方向的切削分力减小，故不易产生自振。当 $\kappa_r = 90°$ 时，振幅最小。前角越大，切削力越小，振幅也越小。适当地增大前角、主偏角，能减小背向力，从而减小振动。

后角可尽量取小，但精加工中由于切削深度较小，后角较小时，刀刃不容易切入工件，且使刀具后刀面与加工表面间的磨擦加剧，反而容易引起自激振动。通常在刀具的后刀面上磨出一段后角为负的窄棱面，可以增大工件和后刀面之间的摩擦阻尼，起到很好的减振效果。

3）提高工艺系统的抗振性。为了提高机床的抗振性，除了可以采用薄壁封砂结构床身外，高精度的车床和磨床，为了提高刚性、抗振性和热稳定性，其床身可以趋向于应用人造花岗岩。外圆磨床的主轴系统要适当地减小轴承的间隙，滚动轴承要加上适当的预紧力，以增强接触刚度。

为了提高刀具的抗振性，需要刀具具有高的弯曲与扭转刚度、高的阻尼系数，因此可改善刀杆等的惯性矩、弹性模量和阻尼系数。例如硬质合金虽有高弹性模量，但阻尼性能较差，因而可以和钢组合使用构成组合刀杆，这样就能发挥钢和硬质合金两者的优点。

为了提高工件安装时的刚性，主要是提高工件的弯曲刚性，如加工细长轴时，用中心架或跟刀架来提高工件的抗振性能；当用细长刀杆加工孔时，要采用中间导向支承来提高刀具的抗振性能等。

4）采用减振装置。在采用上述措施后仍然不能达到减振目的时，可考虑使用减振装置。常用减振装置有阻尼减振器和冲击减振器。

阻尼减振器是利用固体和液体的摩擦阻尼来消耗振动能量的。如在机床主轴系统中附加阻尼减振器，它相当于间隙很大的滑动轴承，通过阻尼套和阻尼间隙中的黏性油的阻尼作用来减振。

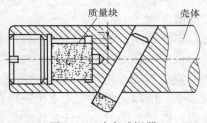

图 4-40　冲击减振器

冲击减振器如图 4-40 所示，是由一个与振动系统刚性相连的壳体和一个在壳体内自由冲击的质量块所组成的。当系统振动时，自由质量块反复冲击振动系统，消耗振动的能量，以达到减振效果。

4.2.5　提高工艺系统加工精度的途径

机械零件在加工过程中，采用任何加工方法所得到的实际参数都不会与图样要求的参数绝对相符合，总存在着一定的误差，误差的大小决定加工质量的高低。因此了解影响加工精度及表面质量的工艺因素，并加以控制，是提高加工质量的有效途径。提高加工精度的基本方法有如下几种。

1. 误差减小法

误差减小法是在查明影响加工精度的主要原始误差因素之后，设法对其直接进行消除或减小的方法。

车削细长轴时，由于受力和热的影响，工件会产生弯曲变形。在采用"大走刀反向切削法"时，再辅之以弹簧后顶尖和跟刀架，使工件受拉伸，会大大消除热伸长的危害。工艺上常用中心架和跟刀架（图 4-41）减小车削细长轴时的变形。

薄环形零件在磨削中，采用了树脂黏结剂加强工件刚度的办法，使工件在自由状态下得到固定，解决了控制薄环形零件两端面平行度的问题。其具体方法是将薄环形状零件在自由

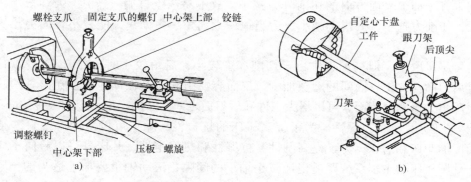

图 4-41　车削细长轴时的工艺方法

a）带中心架安装细长轴　b）带跟刀架安装细长轴

状态下粘结到一块平板上，将该平板放到具有磁力的平面上，然后自上磨平工件的上端面。加工完，使黏结剂热化，将工件从平板上取下，再以磨平的这一面作为基准，磨另一面，以保证其平行度。

2. 误差转移法

误差转移法实质上是将工艺系统的几何误差、受力变形和受热变形等转移到不影响加工精度的方向上。

车床的误差敏感方向是工件的直径方向，选用立轴转塔车床车削工件外圆时，转塔刀架的转位误差会引起刀具在误差敏感方向上的位移，严重影响工件的加工精度。如果将转塔刀架的安装形式改为图 4-42 所示情况，刀架转位误差所引起的刀具位移对工件加工精度的影响就很小。所以，转塔车床在生产中都采用"立刀"安装法，把切削刃的切削基面放在垂直平面内，这样可把刀架的转位误差转移到误差不敏感的切线方向。

在利用镗模进行镗孔时，主轴与镗杆浮动连接，这样就使镗孔的误差不受机床误差的影响，其机床的几何误差转移到浮动连接的部件上，镗孔精度由夹具镗模来保证，如图 4-43 所示。

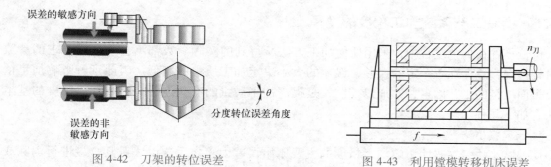

图 4-42　刀架的转位误差　　　　　图 4-43　利用镗模转移机床误差

3. 误差分组法

在生产中会遇到本工序的加工精度稳定，工序能力也足够，但毛坯或上道工序加工的半成品精度太低，引起定位误差或复映误差过大，因而不能保证加工精度的情况。若要求提高毛坯精度或上道工序加工精度，往往是不经济的，这时可采用误差分组法，即把毛坯（或上道工序）尺寸按照误差大小分为 n 组，每组毛坯的误差就缩小为原来的 $1/n$，然后按组分别调整刀具与工件的相对位置或调整定位元件，从而达到缩小整批工件的尺寸分散范围的目的。提高配合件的配合精度，也可以采用分组装配法。

在精加工齿形时，为保证加工后齿圈与内孔的同轴度，应尽量减小齿轮内孔与心轴的配合间隙，为此可将齿轮内孔尺寸分为 n 组，然后配以相应的 n 根不同直径的心轴，一根心轴相应加工一组孔径的齿轮，可显著提高齿圈与内孔的同轴度。

4. 误差平均法

研磨时，磨具的精度并不很高，镶嵌在磨具上的磨料粒度的大小也不一样，但由于研磨时工件和磨具之间有着复杂的相对运动轨迹，使工件上各点均有机会与磨具的各点相互接触并受到均匀的微量切削，使得"磨具不精确"这种原始误差均匀地作用于工件，从而可获得精度高于磨具原来精度的加工表面。

5. 就地加工法

牛头刨床、龙门刨床为了使它工作台面分别对滑枕和横梁保持平行的位置关系，在装配后在自身机床上进行"自刨自"的精加工。平面磨床的工作台面也是在装配后进行"自磨自"的最终加工。

6. 误差补偿法

误差补偿法就是人为地造出一种新的原始误差去抵消原来工艺系统中固有的原始误差，从而达到减少加工误差、提高加工精度的目的。①采用校正装置，如用校正机构提高丝杠车床传动链精度；②以弹性变形补偿热变形，导轨磨床等大型机床磨削导轨面时，由于温度升高而产生上凸变形，磨平后导轨面温度恢复常温产生下凹误差，若磨削前给导轨面附加一个向下夹紧力使导轨弹性变形下弯，磨削时导轨面温度上升至水平状态进行磨削，磨削完成后温度降低，同时撤掉附加夹紧力导轨面，这样就能保证导轨面处于水平状态；③以几何误差补偿受力变形误差，龙门铣床的横梁在横梁自重和立铣头自重的共同影响下会产生下凹变形，使加工表面产生平面度误差，若在刮研横梁导轨时故意使导轨面产生向上凸起的几何形状误差，则在装配后就可补偿因横梁和立铣头的重力作用而产生的下凹变形；④以热变形补偿热变形，立式平面磨床立柱前壁温度高，产生后倾，采用热空气加热立柱后壁，以热变形补偿热变形。

7. 控制误差法

此法一般在自动加工中用到。在加工循环中，利用测量装置连续地测出工件的实际尺寸，随时给刀具以附加的补偿，控制刀具和工件间的相对位置，直至实际值与调定值的差不超过预定的公差为止。

习题与思考题

1. 提高工艺系统刚度的措施有哪些？

2. 假设工件的刚度极大，且车床主轴、尾座刚度不等，$k_{主轴} > k_{尾座}$，试分析如图 4-44 所示的三种加工情况，加工后工件表面会产生何种形状误差？

3. 已知某车床部件刚度为 $k_{主轴} = 44500\text{N/mm}$，$k_{刀架} = 13330\text{N/mm}$，$k_{尾座} = 30000\text{N/mm}$，$k_{刀具}$ 很大。

1）如果工件是一个刚度很大的光轴，装夹在两顶尖间加工，试求：①刀具在床头处的工艺系统刚度；②刀具在尾座处的工艺系统刚度；③刀具在工件中点处的工艺系统刚度；④刀具在距床头为 2/3 工件长度处的工艺系统刚度。并画出加工后工件的大致形状。

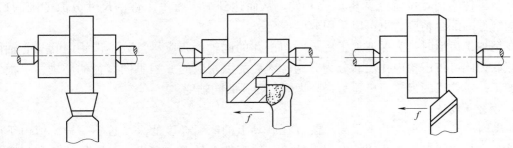

图 4-44　题 2 图

2) 如果 F_y = 500N，工艺系统在工件中点处的实际变形为 0.05mm，求工件的刚度是多少？

4. 在车床上用前后顶尖装夹，车削长为 800mm，外径要求为 $\phi50_{-0.04}^{0}$ mm 的工件外圆。已知 $k_{主轴}$ = 10000N/mm，$k_{刀架}$ = 4000N/mm，$k_{尾座}$ = 5000N/mm，F_y = 300N，试求：

1) 由于机床刚度变化所产生的工件最大直径误差，并按比例画出工件的外形。

2) 由于工件受力变形所产生的工件最大直径误差，并按同样比例画出工件的外形。

3) 上述两种情况综合考虑后，工件最大直径误差是多少？能否满足预定的加工要求？若不符合要求，可采取哪些措施解决？

5. 已知车床车削工件外圆时的 $k_{系}$ = 20000N/mm，毛坯偏心 e = 2mm，毛坯最小切削深度 a_{p2} = 1mm，C = 1500N/mm，问：

1) 毛坯最大切削深度 a_{p1} 为多少？

2) 第一次进给后，反映在工件上的残余偏心误差 $\Delta_{工1}$ 是多少？

3) 第二次进给后的 $\Delta_{工2}$ 是多少？

4) 第三次进给后的 $\Delta_{工3}$ 是多少？

5) 若其他条件不变，设 $k_{系}$ = 10000N/mm，求 $\Delta'_{工1}$、$\Delta'_{工2}$、$\Delta'_{工3}$ 各为多少？并说明 $k_{系}$ 对残余偏心的影响规律。

6. 何谓误差复映现象？误差复映系数的含义是什么？它与哪些因素有关？减小误差复映现象对加工精度的影响有何工艺措施？

7. 在车床上加工一批光轴的外圆，加工后经测量发现整批工件有下列几何形状误差（图 4-45），试分别说明可能产生上述误差的各种因素。

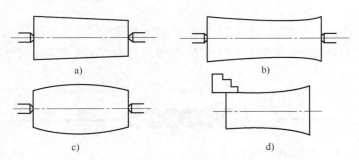

图 4-45　题 7 图

8. 在卧式铣床上按图 4-46 所示装夹方式用铣刀 A 铣削键槽，经测量发现工件两端处的深度大于中间的，且都比未铣键槽前的调整深度小。试分析产生这一现象的原因。

9. 在外圆磨床上磨削图 4-47 所示轴类工件的外圆，若机床几何精度良好，试分析所磨外圆出现纵向腰鼓形的原因？

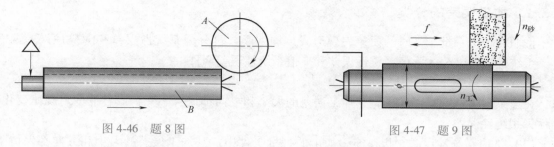

图 4-46　题 8 图　　　　　　　　　　图 4-47　题 9 图

10. 在外圆磨床上磨削某薄壁衬套 A，如图 4-48 所示，衬套 A 装在心轴上后，用垫圈、螺母压紧，然后顶在顶尖上磨衬套 A 的外圆至图样要求。卸下工件后发现工件呈鞍形，试分析其原因。

11. 有一板状框架铸件，壁 3 薄，壁 1 和壁 2 厚，当采用宽度为 B 的铣刀铣断壁 3 后（图 4-49），断口尺寸 B 将会因内应力重新分布产生什么样的变化？为什么？

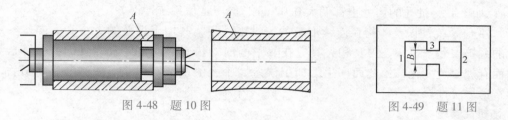

图 4-48　题 10 图　　　　　　　　　　图 4-49　题 11 图

12. 在某车床上加工一根长为 1632mm 的丝杠，要求加工成 8 级精度，其螺距累积误差的具体要求为：在 25mm 长度上不大于 $18\mu m$；在 100mm 长度上不大于 $25\mu m$；在 300mm 长度上不大于 $35\mu m$；在全长上不大于 $80\mu m$。在精车螺纹时，若机床丝杠的温度比室温高 2℃，工件丝杠的温度比室温高 7℃，从工件热变形的角度分析，精车后丝杠能否满足预定的加工要求？

13. 车刀按图 4-50a 所示的方式安装加工时有强烈振动发生，此时若将刀具反装（图 4-50b），或采用前后刀架同时车削（图 4-50c），或设法将刀具沿工件旋转方向转过某一角度装夹在刀架上（图 4-50d），加工中的振动就可能会减弱或消失，试分析其原因。

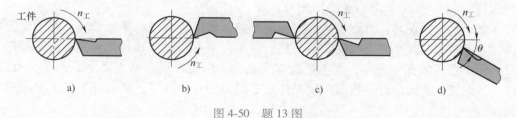

图 4-50　题 13 图

4.3　机械加工精度的统计分析

实际生产中影响加工精度的原始误差很多，这些原始误差往往是综合地交错在一起，会对加工精度产生综合影响，而且其中不少原始误差的影响往往带有随机性，因此很难用单因素估算法去分析其因果关系。为此，生产中常采用统计分析法，通过对一批工件进行检查测量，将所测得的数据进行处理与分析，找出误差分布与变化的规律，从而找出解决问题的途径。

4.3.1 加工误差的分类

按照在加工一批工件时的误差表现形式，加工误差可分为系统性误差和随机性误差两大类。系统性误差又分为常值系统性误差和变值系统性误差两种。

1. 系统性误差

在连续加工的一批工件中，其加工误差的大小和方向都保持不变，或者按一定规律变化，统称为系统性误差。

（1）常值系统性误差　指在连续加工的一批工件中，其加工误差的大小和方向都保持不变或基本不变的系统误差。加工原理误差，机床、刀具、夹具量具的制造误差，以及工艺系统在均值切削力下的受力变形等引起的加工误差等均与加工时间无关，其大小和方向在一次调整中也基本不变，因此都属于常值系统性误差。机床、夹具、量具等磨损引起的加工误差，在一次调整的加工中无明显的差异，故也属于常值系统性误差。例如铰刀的直径偏大0.02mm，加工后一批孔的尺寸也都偏大0.02mm，属于常值系统性误差。

（2）变值系统性误差　指在连续加工的一批工件中，其加工误差的大小和方向按一定规律变化的系统误差。机床、刀具和夹具等在热平衡前的热变形误差以及刀具的磨损等，随加工时间而有规律地变化，由此而产生的加工误差属于变值系统性误差。在达到热平衡后，则又引起常值系统性误差。

2. 随机性误差

在连续加工的一批工件中，其加工误差的大小和方向是随机性的无规则变化的，称为随机性误差。这是工艺系统中随机因素所引起的加工误差，它是由许多相互独立的工艺因素微量地随机变化和综合作用的结果。例如，毛坯的余量大小不一致或硬度不均匀将引起切削力的变化，在变化的切削力作用下由于工艺系统的受力变形而导致的加工误差就带有随机性，属于随机性误差。此外，定位误差、夹紧误差（夹紧力大小不一致）、多次调整的误差、残余应力引起的工件变形误差等都属于随机性误差。随机性误差是不可避免的，但可以从工艺上采取措施来控制其影响。如提高工艺系统刚度，提高毛坯加工精度（使余量均匀），毛坯热处理（使硬度均匀），时效处理（消除内应力）等。

对于常值系统性误差，若能掌握其大小和方向，就可以通过调整而消除；对于变值系统性误差，若能掌握其大小和方向随时间变化的规律，则可通过自动补偿消除；对于随机性误差，只能缩小它们的变动范围，而不可能完全消除。随机性误差从表面上看似乎没有规律，但是应用数理统计的方法可以找出一批工件加工误差的总体规律，然后在工艺上采取措施来加以控制。

4.3.2 工艺过程的分布图分析

统计分析是以生产现场观察和对工件进行实际检验的数据资料为基础，用数理统计的方法分析处理这些数据资料，从而揭示各种因素对加工误差的综合影响，获得解决问题途径的一种分析方法。

1. 直方图

在加工过程中，对某工序的加工尺寸采用抽取有限样本数据进行分析处理，用直方图的形式表示出来，以便于分析加工质量及其稳定程度的方法，称为直方图分析法。

在抽取的有限样本数据中，加工尺寸的变化称为尺寸分散；频率与组距（尺寸间隔）之比称为频率密度。

以工件的尺寸（很小的一段尺寸间隔）为横坐标，以频数或频率为纵坐标表示该工序加工尺寸的实际分布图称为直方图。直方图上矩形的面积等于频率密度乘以组距（尺寸间隔），也等于频率。由于所有各组频率之和等于 100%，故直方图上全部矩形面积之和等于 1。

成批加工某种零件时，抽取其中一定数量进行测量，抽取的这批零件称为样本，其件数 n 称为样本容量。所测零件的加工尺寸或偏差是在一定范围内变动的随机变量，用 x 表示。样本尺寸或偏差的最大值 x_{max} 与最小值 x_{min} 之差称为极差，用 R 表示。

将样本尺寸或偏差按大小顺序排列，并将它们分成 k 组，组距为 d，则 d 可按下式计算

$$d = \frac{R}{k-1} \tag{4-19}$$

同一尺寸或同一误差组的零件数量 m_i 称为频数，频数 m_i 与样本容量 n 之比称为频率，用 f_i 表示。

选择组数 k 和组距 d 要适当，组数过多，组距太小，分布图受到局部因素的影响太大；组数太少，组距太大，分布特征将被掩盖。k 值一般应根据样本容量来选择（表 4-4）。

表 4-4　分组数 k 的选定

n	$25 \sim 40$	$40 \sim 60$	$60 \sim 100$	100	$100 \sim 160$	$160 \sim 250$
k	6	7	8	10	11	12

以工件尺寸（或误差）为横坐标，以频数或频率为纵坐标，就可做出该批工件加工尺寸（或误差）的试验分布图，即直方图。

为了分析该工序的加工精度情况，可在直方图上标出该工序的加工公差带位置，并计算出该样本的统计数字特征：平均值 $\bar{x}$ 和标准差 s。

样本的平均值 $\bar{x}$ 表示该样本的尺寸分布中心，其计算公式为

$$\bar{x} = \frac{1}{n} \sum_{i=1}^{n} x_i \tag{4-20}$$

式中，x_i 为各样件的实测尺寸（或偏差）。

样本的标准差 s 反映了该工件的尺寸分散程度，其计算公式为

$$s = \sqrt{\frac{1}{n-1} \sum_{i=1}^{n} (x_i - \bar{x})^2} \tag{4-21}$$

【例 4-9】　在无心磨床上磨削一批直径尺寸为 $\phi 20_{-0.015}^{-0.005}$ mm 的销轴，绘制工件直径尺寸的直方图。

解：1）确定样本容量，采集数据。实际生产中，通常取样本容量 $n = 50 \sim 100$。本例取 $n = 100$。对随机抽取的 100 个工件，用千分比较仪逐个进行测量（比较仪按 $\phi 20$mm 尺寸用块规调整零点），实测数据列于表 4-5 中。

表 4-5　轴径尺寸偏差的实测值　　　　　　　　　　　　　　（单位：μm）

-10	-10	-8	-7	-14	-8	-4	-8	-9	-10	-9	-8	-9	-11	-10	-9	-9	-6	-6	-5
-10	-5	-6	-12	-9	-10	-8	-8	-13	-10	-9	-5	-11	-9	-9	-10	-8	-8	-7	-7
-13	-9	-11	-10	-10	-5	-6	-11	-9	-9	-9	-12	-7	-9	-10	-9	-8	-6	-6	-8
-10	-10	-11	-11	-7	-9	-9	-4	-7	-7	-12	-9	-7	-6	-9	-5	-8	-8	-8	-11
-5	-10	-10	-8	-5	-11	-9	-7	-7	-8	-9	-8	-12	-10	-8	-8	-8	-7	-5	-10

2）确定分组数 k、组距 d、各组组界和组中值。

① 按表中数据初选分组数：$k' = 10$。

② 确定组距。找出最大值 $x_{max} = -4\mu m$，最小值 $x_{min} = -14\mu m$，计算组距为

$$d' = \frac{R}{k-1} = \frac{x_{max} - x_{min}}{k-1} = \frac{(-4)-(-14)}{10-1}\mu m = 1.1\mu m$$

千分比较仪的最小读数值为1，组距应是最小读数的整数倍，故取组距为

$$d = 1\mu m$$

③ 确定分组数为

$$k = \frac{R}{d} + 1 = \frac{10}{1} + 1 = 11$$

④ 确定各组组界。各组组界为

$$x_{min} + (i-1)d \pm d/2 \quad (i = 1, 2, \cdots, k)$$

本例中各组的组界分别为-14.5，-13.5，…，-3.5。

⑤ 统计各组频数。本例中各组频数分别为 1, 2, 4, 8, 17, 21, 19, 12, 6, 8, 2。

3）计算平均值和标准差。

$$\bar{x} = -8.55$$

$$s = 2.06$$

4）画出直方图，如图 4-51 所示。

2. 正态分布曲线方程及特性

研究加工误差时，常常应用数理统计学中的一些理论分布曲线来近似代替试验分布曲线，这样做常可使误差分析问题得到简化。概率论已经证明，相互独立的大量微小随机变量其总和的分布符合正态分布。大量试验表明，在机械加工中，用调整法加工一批零件，当不存在明显的变值系统性误差因素时，加工后零件的尺寸近似于正态分布。

正态分布曲线的形状如图 4-52 所示，其概率密度函数表达式为

$$y = \frac{1}{\sigma\sqrt{2\pi}}e^{-\frac{1}{2}\left(\frac{x-\mu}{\sigma}\right)^2} \quad (-\infty < x < +\infty, \sigma > 0) \tag{4-22}$$

式中，y 为分布的概率密度；x 为随机变量；μ 为正态分布随机变量总体的算术平均值；σ 为正态分布随机变量的标准差。

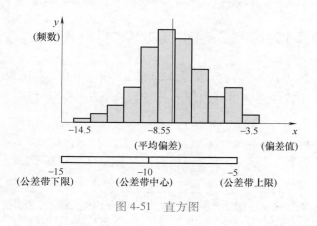

图 4-51　直方图

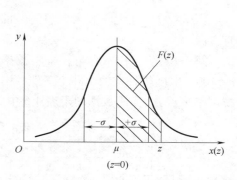

图 4-52　正态分布曲线

平均值 $\mu = 0$，标准差 $\sigma = 1$ 的正态分布，称为标准正态分布，记为：$N(0, 1)$。

正态分布函数是正态分布概率密度函数的积分，即

$$F(x) = \frac{1}{\sigma\sqrt{2\pi}} \int_{-\infty}^{x} e^{-\frac{1}{2}\left(\frac{x-\mu}{\sigma}\right)^2} dx \tag{4-23}$$

由上式可知，$F(x)$ 为正态分布曲线上下积分限间包含的面积，它表示随机变量 x 落在区间 $(-\infty, x)$ 上的概率。为了计算方便，将标准正态分布函数的值计算出来，制成表 4-6。任何非标准的正态分布都可以通过坐标变换变为标准的正态分布。故可以利用标准正态分布的函数值，求得各种正态分布的函数值。

表 4-6　$\varphi(z)$ 值

z	$\varphi(z)$	z	$\varphi(z)$	z	$\varphi(z)$	z	$\varphi(z)$	z	$\varphi(z)$
0.00	0.0000	0.26	0.1023	0.52	0.1985	1.05	0.3531	2.60	0.4953
0.01	0.0040	0.27	0.1046	0.54	0.2054	1.10	0.3643	2.70	0.4965
0.02	0.0080	0.28	0.1103	0.56	0.2123	1.15	0.3749	2.80	0.4974
0.03	0.0120	0.29	0.1141	0.58	0.2190	1.20	0.3849	2.90	0.4981
0.04	0.0160	0.30	0.1179	0.60	0.2257	1.25	0.3944	3.00	0.49865
0.05	0.0199	0.31	0.1217	0.62	0.2324	1.30	0.4032	3.20	0.49931
0.06	0.0239	0.32	0.1255	0.64	0.2389	1.35	0.4115	3.40	0.49966
0.07	0.0279	0.33	0.1293	0.66	0.2454	1.40	0.4192	3.60	0.499841
0.08	0.0319	0.34	0.1331	0.68	0.2517	1.45	0.4265	3.80	0.499928
0.09	0.0359	0.35	0.1368	0.70	0.2580	1.50	0.4332	4.00	0.499968
0.11	0.0398	0.36	0.1406	0.72	0.2642	1.55	0.4394	4.50	0.499997
0.12	0.0438	0.37	0.1443	0.74	0.2703	1.60	0.4452	5.00	0.49999997
0.13	0.0478	0.38	0.1480	0.76	0.2764	1.65	0.4505		
0.14	0.0517	0.39	0.1517	0.78	0.2823	1.70	0.4554		
0.15	0.0557	0.40	0.1554	0.80	0.2881	1.75	0.4599		
0.16	0.0596	0.41	0.1591	0.82	0.2939	1.80	0.4641		
0.17	0.0636	0.42	0.1628	0.84	0.2995	1.85	0.4678		
0.18	0.0675	0.43	0.1664	0.86	0.3051	1.90	0.4713		
0.19	0.0714	0.44	0.1700	0.88	0.3106	1.95	0.4744		
0.21	0.0753	0.45	0.1736	0.90	0.3159	2.00	0.4772		
0.22	0.0793	0.46	0.1772	0.92	0.3212	2.10	0.4821		
0.23	0.0832	0.47	0.1808	0.94	0.3264	2.20	0.4861		
0.24	0.0871	0.48	0.1844	0.96	0.3315	2.30	0.4893		
0.25	0.0910	0.49	0.1879	0.98	0.3365	2.40	0.4918		

令

$$z = \frac{x-\mu}{\sigma}, \quad dx = \sigma dz$$

则

$$\varphi(z) = \frac{1}{\sqrt{2\pi}} \int_0^z e^{-\frac{z^2}{2}} dz \qquad (4-24)$$

对于不同 z 值的 $\varphi(z)$，可由表 4-6 中查出。

当 $z = \pm 3$，即 $x - \mu = \pm 3\sigma$ 时，由上表查得 $F(3) = 0.49865 \times 2 = 99.73\%$。这说明随机变量 x 落在 $\pm 3\sigma$ 范围内的概率为 99.73%，落在此范围以外的概率仅为 0.27%，可忽略不计。因此可以认为正态分布的随机变量的分散范围是 $\pm 3\sigma$，这就是所谓的 "$\pm 3\sigma$ 原则"。

正态分布总体的 μ 和 σ 通常是不知道的，但可以通过它的样本平均值 $\bar{x}$ 和样本标准差 s 来估计。这样，成批加工一批工件时，只需抽检其中部分，即可判断整批工件的加工精度。

3. 非正态分布

工件的实际分布有时并不近似于正态分布。例如，将两次调整下加工的工件或两台机床加工的工件混在一起，尽管每次调整时加工的工件都接近正态分布，但由于两个正态分布中心位置不同，叠加在一起就会得到双峰曲线，如图 4-53a 所示。

当加工中刀具或砂轮的尺寸磨损比较显著时，所得一批工件的尺寸分布如图 4-53b 所示。尽管在加工的每一瞬时，工件的尺寸呈正态分布，但是随着刀具和砂轮的磨损，不同瞬时尺寸分布的算术平均值是逐渐移动的（当均匀磨损时，瞬间平均值可看成是匀速移动），因此分布曲线呈现平顶形状。

当工艺系统存在显著的热变形时，热变形在开始阶段变化较快，以后逐渐减弱，直至达到热平衡状态，在这种情况下分布曲线呈现不对称状态，称为偏态分布，如图 4-53c 所示。用试切法加工时，操作者主观上可能存在宁可返修也不可报废的倾向性，所以分布图也会出现不对称情况：加工轴时宁大勿小，故凸峰偏向右；加工孔时宁小勿大，故凸峰偏向左。

对于端面圆跳动和径向跳动一类的误差，一般不考虑正负号，所以接近零的误差值较多，远离零的误差值较少，其分布（称为瑞利分布）也是不对称的（图 4-53d）。

对于非正态分布的分散范围，就不能认为是 6σ。工程应用中的处理方法是除以相对分布系数 k。记分布的分散范围为 T，则非正态分布的分散范围为 $T = 6\sigma/k$。

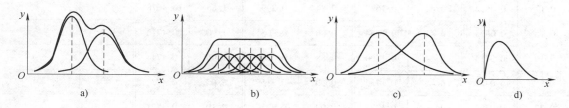

图 4-53 几种非正态分布

a）双峰分布　b）平顶分布　c）偏态分布　d）瑞利分布

4. 分布图分析法的应用

（1）判别加工误差性质　如前所述，假如加工过程中没有明显的变值系统性误差，其加工尺寸分布接近正态分布（几何误差除外），这是判断加工误差性质的基本方法之一。

生产中抽样后算出 $\bar{x}$ 和 s，绘出分布图，如果 $\bar{x}$ 偏离公差带中心，则在加工过程中，工艺系统有常值系统性误差，其值等于分布中心与公差带中心的偏移量。

正态分布的标准差 σ 的大小表明随机变量的分散程度。例如，样本的标准差 s 较大，说明工艺系统随机性误差显著。

（2）确定工序能力及其等级　所谓工序能力，是指工序处于稳定、正常状态时，此工序加工误差正常波动的幅值。当加工尺寸服从正态分布时，根据 $\pm 3\sigma$ 原则，其尺寸分散范围是 6σ，所以工序能力就是 6σ。当工序处于稳定状态时，工序能力系数 C_p 按下式计算为

$$C_p = \frac{T}{6\sigma} \tag{4-25}$$

式中，T 为工件尺寸公差。

工序能力等级是以工序能力系数来表示的，它代表了工序能满足加工精度要求的程度。根据工序能力系数 C_p 的大小，可将工序能力分为五级，见表 4-7。一般情况下，工序能力不应低于二级，即要求 $C_p > 1$。

表 4-7　工序能力等级

工序能力系数	工序等级	说明
$C_p > 1.67$	特级	工序能力过高，可以允许有异常波动，不经济
$1.67 \geq C_p > 1.33$	一级	工序能力足够，可以允许有一定的异常波动
$1.33 \geq C_p > 1.00$	二级	工序能力勉强，必须密切注意
$1.00 \geq C_p > 0.67$	三级	工序能力不足，会出现少量不合格品
$C_p \leq 0.67$	四级	工序能力很差，必须加以改进

（3）估算合格品率或不合格品率　正态分布曲线与 x 轴之间所包含的面积代表一批零件的总数 100%，如果尺寸分散范围大于零件的公差 T，将有不合格品产生。如图 4-54 所示，在曲线下面至 C、D 两点间的面积（阴影部分）代表合格品的数量，而其余部分则为不合格品的数量。当加工外圆表面时，图的左边空白部分为不可修复的不合格品，而图的右边空白部分为可修复的不合格品。加工孔时，恰好相反。

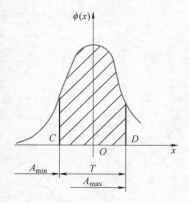

用分布图分析加工误差的缺点：①不能反映误差的变化趋势，加工中随机性误差和系统性误差同时存在，由于分析时没有考虑工件加工的先后顺序，因此很难把随机性误差与变值系统性误差区分开来；②由于必须等一批工件加工完毕后才能得出分布情况，因此，不能在加工过程中及时提供控制精度的资料。

图 4-54　利用正态分布曲线
估算不合格率

【例 4-10】　无心磨销轴外圆，要求直径 $\phi 12_{-0.043}^{-0.016}$ mm，抽样检查尺寸接近正态分布，$\bar{x} = 11.974$ mm，$s = 0.005$ mm，试分析其加工质量。

解：1）作分布图（图 4-55）。

2）计算工艺能力系数为

$$C_p = \frac{T}{6s} = \frac{-0.016-(-0.043)}{6 \times 0.005} = 0.9 < 1$$

工艺能力系数为三级，工序能力不足，会出现少量
不合格品。

3）计算不合格品率为

$$z = \frac{x - \bar{x}}{s} = \frac{11.984 - 11.974}{0.005} = 2$$

查表，有 $\varphi(z) = 0.4772$

得 $Q = 0.5 - 0.4772 = 2.28\%$

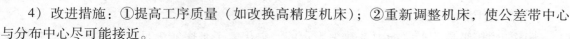

图 4-55 销轴直径尺寸分布图

4）改进措施：①提高工序质量（如改换高精度机床）；②重新调整机床，使公差带中心
与分布中心尽可能接近。

【例 4-11】 在车床上车一批轴，图纸要求为 $\phi 25_{-0.1}^{0}$。已知轴径尺寸误差呈正态分布，$\bar{x} = 24.96\text{mm}$，$\sigma = 0.02\text{mm}$，问这批加工件的合格品率是多少？不合格品率是多少？不合格品能否修复？

解：根据题意，工件尺寸分布图如图 4-56 所示，并将分布图进行标准化变换。

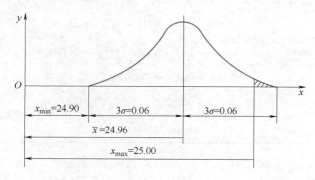

图 4-56 工件尺寸分布图

令

$$z = \frac{x - \bar{x}}{\sigma}$$

则

$$z_{右} = \frac{x_{max} - \bar{x}}{\sigma} = \frac{25.00 - 24.96}{0.02} = 2$$

$$z_{左} = \frac{\bar{x} - x_{min}}{\sigma} = \frac{24.96 - 24.90}{0.02} = 3$$

查表，知

$$\varphi(z_{右}) = \varphi(2) = 0.4772$$

$$\varphi(z_{左}) = \varphi(3) = 0.49865$$

合格品率为 $\varphi(z_{右}) + \varphi(z_{左}) = 0.4772 + 0.49865 = 0.97585 = 97.585\%$

不合格品率为 $1 - [\varphi(z_{右}) + \varphi(z_{左})] = 1 - 0.97585 = 0.02415 = 2.415\%$

偏大不合格品率为 $0.5-\varphi(z_{右})=0.5-0.4772=0.0228=2.28\%$

偏小不合格品率为 $0.5-\varphi(z_{左})=0.5-0.49865=0.00135=0.135\%$

偏大不合格品率可以修复。偏小不合格品率在 3σ 以外，可忽略不计。

4.3.3　工艺过程的点图分析

在机械加工中，工件实际尺寸的分布情况有时也并不近似于正态分布。例如，出现多峰值情况时，主要是在随机误差中混入了常值系统性误差和变值系统性误差。对于非正态分布的加工误差，在计算出均方根偏差 σ 值以后，不能以 $\pm3\sigma$ 作为其分散范围。有时产生加工误差的因素比较复杂，此时很难从分布图中看出和区分出几种不同性质的加工误差。分布图分析法的另一不足之处是必须待全部工件加工完毕后才能进行测量和处理数据，因此它不能暴露出在加工过程中误差变化的规律性，以供在线控制使用，而点图分析法在这方面就比较优越。

应用分布图分析工艺过程精度的前提是工艺过程必须是稳定的。如果工艺过程不稳定，则用分布图分析讨论工艺过程的精度就失去了意义。由于点图分析法能够反映质量指标随时间变化的情况，因此，它是进行统计质量控制的有效方法。这种方法既可以用于稳定的工艺过程，也可以用于不稳定的工艺过程。

对于一个不稳定的工艺过程来说，要解决的问题是如何在工艺过程的进行中，不断地进行质量指标的主动控制，工艺过程一旦出现被加工工件的质量指标超出所规定的不合格品率的趋向，就能够及时调整工艺系统或采取其他工艺措施，使工艺过程得以继续进行。

对于一个稳定的工艺过程，也应该进行质量指标的主动控制，使稳定的工艺过程一旦出现不稳定趋势，就能够及时发现并采取相应措施，使工艺过程继续稳定地进行下去。

点图分析法所采用的样本是顺序小样本，即每隔一定时间抽取样本容量 $n=2\sim10$ 的一个小样本，计算出各小样本的算术平均值 $\bar{x}$ 和极差 R。

$\bar{x}$ 点图用来控制工艺过程质量指标分布中心的变化，R 点图用来控制工艺过程质量指标分散范围的变化。对于一个稳定的工艺过程来说，这两个点图必须联合使用，才能控制整个工艺过程。

点图有多种形式，这里仅介绍 $\bar{x}$-R 点图。

1. $\bar{x}$-R 点图绘制

$\bar{x}$-R 点图是平均值 $\bar{x}$ 控制图和极差 R 控制图联合使用时的统称。在 $\bar{x}$-R 图上，横坐标是按时间先后采集的小样本（称为样组）的组序号，纵坐标分别为各小样本的平均值 $\bar{x}$ 和极差 R。在 $\bar{x}$-R 图上有三根线，即中心线和上、下控制界限（表 4-8）。

表 4-8　$\bar{x}$-R 图的界限

$\bar{x}$ 图的中心线	$\bar{\bar{x}}=\dfrac{\sum\limits_{i=1}^{n}\bar{x}_i}{n}$
R 图的中心线	$\bar{R}=\dfrac{\sum\limits_{i=1}^{n}R_i}{n}$

（续）

$\bar{x}$ 图的上控制界限	$\bar{x}_{U} = \bar{\bar{x}} + A\bar{R}$
$\bar{x}$ 图的下控制界限	$\bar{x}_{L} = \bar{\bar{x}} - A\bar{R}$
R 图的上控制界限	$R_{U} = D\bar{R}$

上几式中，$\bar{x}_i$ 是一批工件依照加工顺序每 n 个为一组，每组的平均值；R_i 是第 i 组数值的极差（$x_{max} - x_{min}$）。一般每组个数 n 取 4 或 5；A 和 D 的数值见表 4-9。

表 4-9　系数 A 和 D 的数值（n 为组内个数）

n	2	3	4	5	6
A	1.8806	1.0231	0.7285	0.5768	0.4833
D	3.2681	2.5742	2.2819	2.1145	2.0039

绘制 $\bar{x}$-R 图是以小样本顺序随机抽样为基础的。在工艺过程进行中，每隔一定时间连续抽取容量 $n = 2 \sim 10$ 的一个小样本，求出小样本的平均值 $\bar{x}$ 和极差 R。经过若干时间后，就可取得若干个（例如 k 个）小样本，将各组小样本的 $\bar{x}$ 和 R 值分别画在相应的 $\bar{x}$ 图和 R 图上，即制成 $\bar{x}$-R 图，如图 4-57 所示。

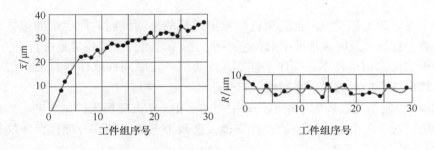

图 4-57　点图

2. 点图分析法的应用

通过点图不仅能够观察出变值系统性误差和随机性误差的大小及变化规律，还可用来判断工艺过程的稳定性。所谓工艺过程的稳定性，从数理统计的角度来说，一个工艺过程（工序）的质量参数的总体分布的平均值 $\bar{x}$ 和均方根偏差 σ 在整个过程（工序）中若能保持不变，则工艺过程是稳定的。如果加工中加工误差主要是随机性误差且系统性误差的影响很小，那么工艺过程是稳定的。假如加工中存在着影响较大的变值系统性误差或随机性误差的大小有明显的变化，这时就要应用 $\bar{x}$-R 图来判断工艺过程的稳定性。根据 $\bar{x}$-R 图中的点超出控制界限的情况及其分布规律，可判断相应工艺过程的稳定性。

【例 4-12】　某工件外圆加工要求为 $\phi52^{-0.011}_{-0.014}$ mm，使用通用量具测量，试画出其 $\bar{x}$-R 图。

解：取"抽样"件数 $n = 60$，共抽 12 组，当比较仪按 $\phi51.986$ mm 调整到零时，测得的偏差数据如表 4-10 所示。

表 4-10　工件尺寸实测数据

抽样组号		工件外径尺寸偏差/μm											
		1	2	3	4	5	6	7	8	9	10	11	12
工件序号	1	2	20	14	6	16	16	10	18	22	18	28	30
	2	8	8	8	10	20	10	18	28	16	26	26	34
	3	12	6	-2	10	16	12	16	12	12	24	32	30
	4	12	12	8	12	18	20	12	20	16	24	28	38
	5	18	8	12	10	20	16	26	18	12	24	28	36
$\sum x$		52	54	40	48	90	74	82	102	78	116	142	168
$\bar{x}_i$		10.4	10.8	8	9.6	18	14.8	16.4	20.4	15.6	23.2	28.4	33.6
R_i		16	14	16	6	4	10	16	10	10	8	6	8

$\bar{x}$ 图的中心线为

$$\bar{\bar{x}} = \frac{\sum\limits_{i=1}^{n} \bar{x}_i}{n} = (10.4+10.8+8+9.6+18+14.8+16.4+20.4+15.6+23.2+28.4+33.6)/12 = 17.43$$

R 图的中心线为

$$\bar{R} = \frac{\sum\limits_{i=1}^{n} R_i}{n} = (16+14+16+6+4+10+16+10+10+8+6+8)/12 = 10.33$$

$\bar{x}$ 图的上控制界限为

$$\bar{x}_{\text{U}} = \bar{\bar{x}} + A\bar{R} = 17.43+0.5768×10.33 = 23.4$$

$\bar{x}$ 图的下控制界限为

$$\bar{x}_{\text{L}} = \bar{\bar{x}} - A\bar{R} = 17.43-0.5768×10.33 = 11.5$$

R 图的上控制界限为

$$R_{\text{U}} = D\bar{R} = 2.1145×10.33 = 21.8$$

图 4-58 就是加工完 12 组 "抽样" 后画出的 $\bar{x}$ 和 R 控制图。可见，在整个加工过程中，极差 R 没有超出控制范围，说明工艺过程的瞬时分布范围自始至终比较稳定。由图 4-58a 可见，在第 11 组 "抽样" 中的 $\bar{x}$ 超出上控制界限，而第 12 组 "抽样" 的 $\bar{x}$ 甚至超出了公差带的上限，再不进行调整，将会出现大量废品。

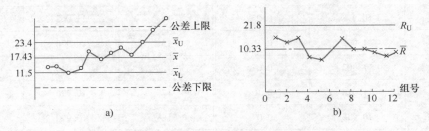

图 4-58　控制图

a) $\bar{x}$ 控制图　b) R 控制图

点图法可以明显地表示出系统性误差及随机性误差的大小和变化规律，还可以用来判断工艺过程的稳定性，并在加工过程中提供控制加工精度的数据，如机床调整数据等。

1. 加工误差按其性质分类可分为几种？它们各有何特点或规律？各采用何种方法分析与计算？

2. 在无心磨床上磨削一批小轴，直径要求为 $\phi 16^{0}_{-0.02}$ mm，加工后测量发现小轴直径尺寸符合正态分布，其平均值 $\bar{x} = 15.991$ mm，均方根偏差为 $\sigma = 0.005$ mm。

1）画出尺寸分布图。

2）标出可修复及不可修复的废品率。

3）分析产生废品的主要原因。

3. 在车床上车削一批小轴，经测量，实际尺寸大于要求的尺寸而必须返修的小轴数为 4%，小于要求的尺寸而不能返修的小轴数为 2%，若小轴的直径公差 $T = 0.16$ mm，整批工件的实际尺寸按正态分布，试确定该工序的均方根偏差 σ，并判断车刀的调整误差。

4. 在均方根偏差 $\sigma = 0.02$ mm 的某自动车床上加工一批 $\phi 10$ mm± 0.1 mm 小轴外圆，问：

1）这批工件的尺寸分散范围多大？

2）这台自动车床的工序能力系数是多少？

5. 在甲、乙两台机床上加工同一种零件，工序尺寸为 50 ± 0.1 mm。加工后对甲、乙机床加工的零件分别进行测量，结果均符合正态分布，甲机床加工零件的平均值 $\bar{x}_{甲} = 50$ mm，均方根偏差 $\sigma_{甲} = 0.04$ mm，乙机床加工零件的平均值 $\bar{x}_{乙} = 50.06$ mm，均方根偏差 $\sigma_{乙} = 0.03$ mm。

1）在同一张图上画出甲、乙机床所加工零件的尺寸分布曲线。

2）哪一台机床的不合格品率高？

3）哪一台机床精度高？

6. 在自动车床上加工一批外径为 $\phi 11 \pm 0.05$ mm 的小轴。现每隔一定时间抽取容量 $n = 5$ 的一个小样本，共抽取 20 个顺序小样本，逐一测量每个顺序小样本小轴的外径尺寸，并算出顺序小样本的平均值 $\bar{x}_i$ 和极差 R_i，其值列于表 4-11。试设计 $\bar{x}$-R 点图，并判断该工艺过程是否稳定？

表 4-11 顺序小样本数据表 　　　　　　　　（单位：mm）

样本号	均值 $\bar{x}_i$	极差 R_i	样本号	均值 $\bar{x}_i$	极差 R_i
1	10.986	0.09	11	11.020	0.09
2	10.994	0.08	12	10.976	0.08
3	10.994	0.11	13	11.006	0.05
4	10.998	0.05	14	11.008	0.05
5	11.002	0.10	15	10.970	0.03
6	11.002	0.07	16	11.020	0.11
7	11.018	0.10	17	10.996	0.04
8	10.998	0.09	18	10.990	0.02
9	10.980	0.05	19	10.996	0.06
10	10.994	0.05	20	11.028	0.10

4.4　机械加工表面质量的概念及其控制

4.4.1　机械加工表面质量的概念

机械加工后的零件表面实际上不是理想的光滑表面，它存在着不同程度的表面粗糙度、加工硬化、裂纹等表面缺陷。实际上，表面质量研究的是工件表面薄层的状态。机械零件的破坏往往是从表面层开始的。尽管零件表面层只有极薄的一层（几微米至几十微米），但对机械零件的精度、耐磨性、配合质量、耐蚀性和疲劳强度等影响很大，进而影响产品的使用性能和寿命，因此必须加以足够的重视。研究机械加工表面质量就是为了掌握机械加工中各种工艺因素对加工表面质量影响的规律，以便运用这些规律来控制加工过程，进而获得较高的表面质量，最终提高产品的使用性能。

1. 机械加工表面质量的内涵

机械加工表面质量主要包括两个部分，即表面层的几何形状特征和表面层的物理力学性能变化。

（1）表面层的几何形状特征　表面层的几何形状特征如图 4-59 所示，它主要由以下参数组成：

1）表面粗糙度是指加工表面的微观几何形状误差，其波长与波高（L_3/H_3）比值一般小于 50，是由加工中的残留面积、塑性变形、积屑瘤、鳞刺以及工艺系统的高频振动等造成的。

2）波度是介于加工精度（宏观）和表面粗糙度之间的周期性几何形状误差，其波长与波高的比值在 $50<L_2/H_2<1000$ 的范围内，波距 $=1\sim10\mathrm{mm}$。它主要是由加工过程工艺系统的低频振动引起的。

3）宏观几何形状误差 $L_3/H_3>1000$，如圆度误差、圆柱度误差等。

4）纹理方向是指表面刀纹的方向，取决于表面成形所采用的机械加工方法。一般运动副或密封件对纹理方向有加工要求。

5）伤痕是指在加工表面个别位置出现的缺陷，如沙眼、气孔、裂痕等。

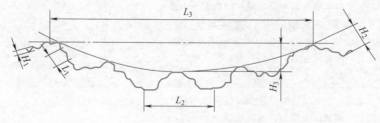

图 4-59　表面层的几何形状特征

（2）表面层的物理力学性能变化

表面层的物理力学性能变化主要有以下三个方面的内容：

1）表面层金属的冷作硬化是指零件在机械加工中表面层金属产生强烈的冷态塑性变形后，引起强度和硬度都有所提高的现象。

2）表面层金属金相组织的变化是指在机械加工过程中，由于切削热的作用引起表面层金属的金相组织发生变化的现象。

3）表面层金属的残余应力是指由于加工过程中切削力和切削热的综合作用，使表层金属产生残余应力的现象。

2. 机械加工表面质量对零件使用性能的影响

表面质量对耐磨性、疲劳强度、耐蚀性、配合质量、接触刚度和密封性的影响见表4-12。

表4-12　表面质量对耐磨性、疲劳强度、耐蚀性、配合质量、接触刚度和密封性的影响

表面质量	表面层的几何形状特征（表面粗糙度）	表面层的物理力学性能变化
对耐磨性的影响	表面粗糙度值越小，其耐磨损性越好。但表面粗糙度值太小，润滑油不易储存，接触面之间容易发生粘结，反而会使摩擦阻力增大，加速磨损。表面粗糙度太大，接触表面的实际压强增大，粗糙不平的凸峰相互咬合、挤裂、切断，故磨损加剧。因此，接触面的粗糙度有一个最佳值，其值与零件的工作情况有关，工作载荷加大时，初期磨损量增大，表面粗糙度的最佳值也加大	加工表面的冷作硬化，一般能提高零件的耐磨性。因为它使磨擦副接触表面层金属的显微硬度提高，塑性降低，减少了摩擦副接触部分的弹性变形和塑性变形。并非冷作硬化程度越高，耐磨性就越高。这是因为过分的冷作硬化，将引起金属组织过度"疏松"，在相对运动中可能会产生金属剥落，在接触面间形成小颗粒，使零件加速磨损。金相组织的变化引起基体材料硬度的变化，进而影响零件的耐磨性
对疲劳强度的影响	承受交变载荷作用的零件的失效多数是由于表面产生疲劳裂纹造成的，而疲劳裂纹主要是由于表面的微观波谷部位所造成的应力集中所引起的。零件表面越粗糙，波谷越深底部形状越尖锐，应力集中就越严重，抗疲劳破坏的能力就越差。纹理方向若与受力方向垂直，则会显著降低疲劳强度	适度的表面层冷作硬化能提高零件的疲劳强度。残余拉应力容易使已加工表面产生裂纹并使其扩展而降低疲劳强度；残余压应力则能够部分地抵消工作载荷施加的拉应力，延缓疲劳裂纹的扩展，从而提高疲劳强度
对耐蚀性的影响	粗糙表面的微观凹谷处易存积腐蚀性物质，和金属表面不同的金相组织之间形成原电池，造成表面锈蚀。表面粗糙度值越大，则凹谷中聚积的腐蚀性物质就越多，耐蚀性就越差	零件表面越粗糙，越容易积聚腐蚀性物质，凹谷越深，渗透与腐蚀作用越强烈。因此减小零件表面粗糙度，可以提高零件的耐蚀性。残余压应力使零件表面紧密，腐蚀性物质不易进入，可增强零件的耐蚀性；残余拉应力会降低零件耐蚀性
对配合质量的影响	间隙配合，粗糙度值增大会使磨损增大，造成间隙增大，破坏要求的配合性质；过盈配合，装配过程中一部分表面凸峰被挤平，产生塑性变形，实际过盈量减小，降低了配合件间的连接强度；过渡配合，因多用压力及锤敲装配，表面粗糙度也会使配合变松	表面残余应力会引起零件变形，使零件形状和尺寸发生变化，因此对配合性质有一定的影响
对零件之间的接触刚度和密封性的影响	零件之间的接触，起初只是表面较高的凸起部位的接触，随着压力增加，这些凸起变形，接触面积增加。当表面粗糙度较小时，两接触面面积在同样情况下较大，因此接触刚度较大，当然密封性能也较好。密封性还要考虑加工纹理的方向，不要使纹理形成气体、液体的泄露通道	

耐磨性是材料表面抵抗磨损的能力，材料的耐磨性用磨损率表示。试件的磨损率表示为一定尺寸的试件，在一定压力作用下，在磨料上磨一定次数后，试件每单位面积上的质量损失。

钢材在交变荷载（方向、大小循环变化的力）的反复作用下，在应力远小于其抗拉强度时就发生破坏，这种现象称为钢材的疲劳破坏。试验证明，钢材承受的交变应力 σ 越大，则钢材至断裂时经受的交变应力循环次数 N 越少，反之越多。当交变应力降低至一定值时，钢材可经受交变应力循环达无限次而不发生疲劳破坏。疲劳破坏的原因：在局部开始形成细小裂纹，随后由于微裂纹尖端的应力集中而使其逐渐扩大，直至突然发生瞬时疲劳断裂。由于疲劳裂纹是在应力集中处形成和发展的，故钢材的截面变化、表面质量及内应力大小等可能造成应力集中的因素都同其疲劳极限有关。

金属材料抵抗周围介质腐蚀破坏作用的能力称为耐蚀性，其是由材料的成分、化学性能、组织形态等决定的。钢中加入可以形成保护膜的铬、镍、铝、钛；改变电极电位的铜以及改善晶间腐蚀的钛、铌等，可以提高耐蚀性。

此外，表面粗糙度对产品外观、表面光学性能、导电导热性能以及表面结合的胶合强度等都有很大影响。因此，在设计零件的几何参数精度时，必须对其提出合理的表面粗糙度要求，以保证机械零件的使用性能。

4.4.2　表面粗糙度的形成与控制

1. 切削加工时表面粗糙度的形成

切削加工表面粗糙度主要取决于切削残留面积的高度，并与切削表面塑性变形及积屑瘤的产生有关。在切削加工表面上，垂直于切削速度方向的表面粗糙度称为横向粗糙度，在切削速度方向上测量的表面粗糙度称为纵向粗糙度。一般来说，横向粗糙度较大，它主要由几何因素和物理因素两方面形成，纵向粗糙度则主要由物理因素形成。此外，机床-刀具-工件系统的振动也常是主要的影响因素。

（1）刀具几何形状的复映　刀具相对于工件做进给运动时，在加工表面留下了切削层残留面积，其形状是刀具几何形状的复映。减小主偏角、副偏角以及增大刀尖圆弧半径在刀具上修磨出修光刃，均可减小残留面积的高度。

图 4-60 所示为车削加工残留面积的高度。图 4-60a 所示为使用直线切削刃切削的情况，其切削残留面积的高度为

$$H = f / (\cot\kappa_r + \cot\kappa_r') \tag{4-26}$$

图 4-60b 所示为使用圆弧切削刃切削的情况，其切削残留面积的高度为

$$H = f^2 / 8r_\varepsilon \tag{4-27}$$

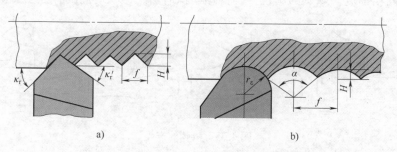

图 4-60　车削加工残留面积的高度

可知，影响切削残留面积高度的因素主要包括刀尖圆弧半径 r_ε、主偏角 κ_r、副偏角 κ_r' 及进给量 f 等。

（2）物理因素 切削加工后表面的实际表面粗糙度与理论表面粗糙度有着较大的差别，这是由于存在着与被加工材料的性能及切削机理有关的物理因素的缘故。

1）后刀面的挤压。在切削过程中刀具的刃口圆角，以及后刀面的挤压与摩擦使金属材料发生塑性变形而使理论残留面积挤歪或沟纹加深，因而增大了表面粗糙度。图 4-61 中的表面实际轮廓形状由几何因素与物理因素综合形成，因而与由纯几何因素所形成的理论轮廓有较大的差别。

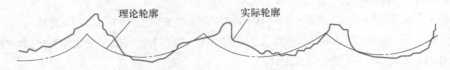

图 4-61 加工后表面的实际轮廓和理论轮廓

2）积屑瘤及鳞刺。切削过程中出现积屑瘤与鳞刺，会使表面粗糙度严重地恶化，特别是在加工塑性材料（如低碳钢、铬钢、不锈钢、铝合金等）时，常是影响表面粗糙度的主要因素。

积屑瘤是切削过程中切屑底层与前刀面发生冷焊的结果，积屑瘤形成后并不是稳定不变的，而是不断地形成、长大，然后黏附在切屑上被带走或留在工件上，图 4-62 说明了这种情况。由于积屑瘤有时会伸出切削刃之外，其轮廓也很不规则，因而使加工表面上出现深浅和宽窄都不断变化的刀痕，大大增加了表面粗糙度。

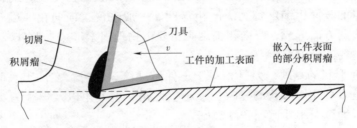

图 4-62 积屑瘤对工件表面质量的影响

鳞刺是已加工表面上出现的鳞片状毛刺般的缺陷。加工中出现鳞刺是由于切屑在前刀面上的摩擦和冷焊作用造成周期性地停留，代替刀具推挤切削层，最终造成切削层与工件之间出现撕裂现象，如图 4-63 所示。如此连续发生，就在加工表面上出现一系列的鳞刺，构成已加工表面的纵向粗糙度。鳞刺的出现并不依赖于积屑瘤，但积屑瘤的存在会影响鳞刺的生成。

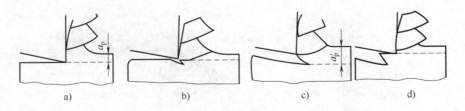

图 4-63 鳞刺的产生
a）抹试阶段 b）导裂阶段 c）层积阶段 d）刮成阶段

2. 切削加工时表面粗糙度的控制

由几何因素引起的表面粗糙度过大，可通过减小切削层残留面积来解决。减小进给量，刀具的主、副偏角，增大刀尖圆角半径，均能有效地降低表面粗糙度。

由物理因素引起的表面粗糙度过大，主要应采取的措施：减少加工时的塑性变形，避免产生积屑瘤和鳞刺，对此影响最大的是切削速度和被加工材料的性能。

（1）控制切削速度 v　从试验知道，v 越高，切削过程中切屑和加工表面的塑性变形程度就越轻，因而粗糙度也越小。积屑瘤和鳞刺都在较低的速度范围产生，此速度范围随不同的工件材料、刀具材料、刀具前角等变化。采用较高的切削速度常能防止积屑瘤、鳞刺的产生。

加工脆性金属时，切削速度对于表面粗糙度影响较小。

（2）改善被加工材料性能　一般来说，韧性较大的塑性材料，由于刀具对金属的挤压产生了塑性变形，加之刀具迫使切屑与工件分离的撕裂作用，使表面粗糙度值加大。工件材料韧性越好，金属的塑性变形越大，加工表面就越粗糙。对于同样的材料，晶粒组织越粗大，加工后的表面粗糙度也越大。因此为了降低加工后的表面粗糙度，常在切削加工前进行调质或正火处理，以得到均匀细密的晶粒组织和较高的硬度。而脆性材料的加工表面粗糙度比较接近理论表面粗糙度。

（3）控制刀具的几何形状、材料、刃磨质量

1）刀具的前角 γ_o 对切削过程的塑性变形有很大影响。γ_o 值增大时，塑性变形程度减小，表粗糙度也就减小。γ_o 为负值时，塑性变形增大，表面粗糙度也增大。后角 α_o 过小会增加摩擦。刃倾角 λ_s 的大小又会影响刀具的实际前角，因此都会影响加工表面的粗糙度。

2）刀具的材料与刃磨质量对产生积屑瘤、鳞刺等现象影响很大，如用金刚石车刀精车铝合金时，由于摩擦系数较小，刀面上就不会产生切屑的黏附、冷焊现象，因此能减小表面粗糙度。

（4）控制切削环境　合理地选择冷却润滑液，提高冷却润滑效果，常能抑制积屑瘤、鳞刺的生成，减少切削时的塑性变形，有利于减小表面粗糙度。

3. 磨削加工后的表面粗糙度的形成

磨削加工与切削加工有许多不同之处，从几何因素看，由于砂轮上的磨削刃形状和分布很不均匀、很不规则，且随着砂轮工作表面的修正、磨粒的磨损不断改变，要想定量地计算出加工表面粗糙度是较困难的，现有的各种理论公式或经验公式一般均有其局限性，且与实际情况有很大出入，所以这里只进行定性讨论。

磨削加工表面是由砂轮上大量的磨粒刻划出的无数极细的沟槽形成的。每单位面积上刻痕越多，即通过单位面积上的磨粒数越多，以及刻痕的等高性越好，则粗糙度也就越小。

在磨削过程中由于磨粒大多具有很大的负前角，所以产生了比切削加工大得多的塑性变形。磨粒磨削时金属材料沿着磨粒侧面流动，形成沟槽的隆起，因而增大了表面粗糙度（图 4-64）。磨削热使表面金属软化，易于塑性变形，也进一步增大了表面粗糙度。

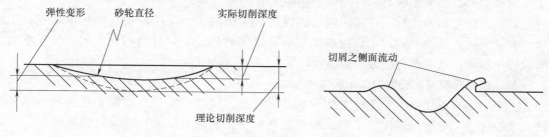

图 4-64　磨粒在工件上的刻痕

4. 磨削加工时影响表面粗糙度的控制

磨削加工时表面粗糙度的形成是由几何因素和表面金属的塑性变形来决定的。因此，磨削用量和砂轮性能对表面粗糙度的影响很大。

（1）控制磨削用量

1）砂轮的速度越高，单位时间内通过被磨表面的磨粒数就越多，因而工件表面的粗糙度值就越小。同时，砂轮速度较高，就有可能使表面金属塑性变形部分减少，磨削表面粗糙度值也将减小。

2）工件速度对表面粗糙度的影响刚好与砂轮速度的影响相反，增大工件速度时，单位时间内通过被磨表面的磨粒数减少，表面粗糙度值将增加。

3）砂轮的纵向进给量减小，工件表面的每个部位被砂轮重复磨削的次数增加，被磨表面的粗糙度值将减小。

4）磨削深度增大，表层塑性变形将随之增大，被磨表面的粗糙度值也会增大。

5）为提高磨削效率，通常在开始磨削时采用较大的径向进给量，而在磨削后期采用较小的径向进给量或无进给量磨削，以减小表面粗糙度值。

（2）改善砂轮性能

1）砂轮粒度。单纯从几何因素考虑，砂轮粒度越细，磨削的表面粗糙度值越小。但磨粒太细时，砂轮易被磨屑堵塞，若导热情况不好，反而会在加工表面发生烧伤等现象，使表面粗糙度值增大。因此，砂轮粒度常取为 46~60 号。

2）砂轮硬度。砂轮太硬，磨粒不易脱落，磨钝的磨粒不能及时被新磨粒替代，工件表面受到强烈的磨擦和挤压作用，塑性变形加剧，使表面粗糙度值增大；砂轮太软，磨粒易脱落，修整好的砂轮表面会因砂粒过快脱落而过早地被破坏，影响砂轮表面的平整度，也会使表面粗糙度值增大。因此，常选用中软砂轮。

3）砂轮组织。紧密组织中的磨粒比例大，气孔小，在成形磨削和精密磨削时，能获得较小的表面粗糙度值；疏松组织中的砂轮不易堵塞，适于磨削软金属、非金属软材料和热敏性材料（磁钢、不锈钢、耐热钢等），可获得较小的表面粗糙度值。一般情况下，应选用中等组织的砂轮。

4）砂轮磨料。砂轮磨料选择适当，可获得满意的表面粗糙度。氧化物（刚玉）砂轮适用于磨削钢类零件；碳化物（碳化硅、碳化硼）砂轮适于磨削铸铁、硬质合金等材料；用高硬磨料（人造金刚石、立方氮化硼）砂轮磨削可获得很小的表面粗糙度值，但加工成本较高，常用于磨削硬质合金等硬脆材料。

5）砂轮修整。砂轮修整除了使砂轮具有正确的几何形状外，更重要的是使砂轮工作表面形成排列整齐而又锐利的微刃。因此，砂轮修整的质量对磨削表面的粗糙度影响很大。精细修整过的砂轮可有效减小被磨工件的表面粗糙度值。

此外，工件材料的性质、冷却润滑液的选用等对磨削表面粗糙度也有明显的影响。工件材料太硬易使磨粒很快磨钝，工件材料太软容易堵塞砂轮，工件材料韧性太大，热导率差会使磨粒较早崩落，这些都会使表面粗糙度增大。

5. 降低表面粗糙度的光整加工工艺方法

光整加工是指不切除或从工件上切除极薄材料层，以减小工件表面粗糙度为目的的加工方法。光整加工可分为采用固结磨料或游离磨料的手工研磨和抛光，传统机械光整加工（磨削、研磨、抛光和超精加工），非传统现代光整加工（离子束抛光，激光束抛光，化学抛光，电化学抛光，磁粒光整加工，磁流体研磨，磨料流抛光，超声波研磨、抛光，电泳研磨），复合非传统光整加工（化学机械抛光、电化学超声波研磨、电火花超声波研磨、电化学机械光整加工、电火花电化学抛光、磁场电化学光整加工），其他复合光整加工等。

（1）研磨　研磨是在精加工基础上利用研具和磨料从工件表面磨去一层极薄金属的一种精密磨削加工方法，尺寸公差等级可达 IT3～IT5，Ra 值可达 0.008～0.1μm。按研磨后加工表面所达到的表面粗糙度等级，可把研磨分为粗研、半精研、精研三种。按研磨剂的使用条件，可把研磨分为以下两类：

干研磨。只需在研具表面涂以少量的润滑剂，将磨料（W3.5～W0.5）均匀地压嵌在研具表层上，磨料的磨削作用以滑动磨削为主。该工艺生产率不高，但可达到很高的加工精度和较小的表面粗糙度值（Ra 为 0.01～0.02μm），因此多用于精研。

湿研磨。将研磨剂涂在研具上，用分散的磨料进行研磨，研磨剂中除磨粒外还有煤油、机油、油酸、硬脂酸等物质。在研磨过程中，磨料（W14～W5）在工件与研具间不断地滑动与滚动，此时磨料的磨削作用以滚动磨削为主。该方法生产率高，表面粗糙度值 Ra 为 0.02～0.04μm，一般用作粗加工，加工表面一般无光泽。

1）研磨原理。研磨时零件与研磨工具不受外力的强制定位，通常以工件本身引导，其运动方向周期性地变换，以使研磨剂均匀地分布在零件表面上并加工出纵横交叉的切削纹路，从而达到均匀切削、改善表面粗糙度的目的。

常用的压力范围为 0.05～0.3MPa，粗研宜用 0.1～0.2MPa，精研宜用 0.01～0.1MPa。若研磨压力过大，则研磨剂磨粒被压碎，切削作用减小，表面划痕加深，研磨质量降低；若研磨压力过小，则研磨效率大大降低。

研磨速度取决于零件加工精度、材质、重量、硬度、研磨面积等。一般研磨速度为 10～150m/min。速度过高，产生的热量较多，会引起零件变形、表面加工痕迹明显等质量问题，所以精密零件研磨速度不应超过 30m/min。一般手工粗研往复次数为 30～60 次/min，精研为 20～40 次/min。

研磨开始阶段，因研磨剂磨粒锋利，微切削作用强，零件研磨表面的几何形状误差和粗糙度较快得以纠正。随着研磨时间延长，磨粒钝化，微切削作用下降，不仅加工精度不能提高，反而因热量增加使质量下降。一般精研时间为 1～3min，超过 3min 则研磨效果不大。所以，粗研时选用较粗的研磨剂、较高的压力和较低的速度进行研磨，以期较快地消除几何形状误差和切去较多的加工余量；精研时选用较细的研磨剂、较小的压力和较快的速度进行研磨，以获得精确的形状、尺寸和最高的粗糙度等级。

研磨剂通常由研磨膏和研磨液按一定比例配制而成。研磨膏是在磨料中加入油溶性（需用煤油或其他油类研磨液稀释）或水溶性（需用水、甘油等研磨液稀释）辅助材料制成的，辅助材料能使工件表面氧化物薄膜破坏，增加研磨效率。磨料（表 4-13）能够磨掉金属表层的薄层金属，使表面光滑平整。W14～W10 的刚玉研磨膏主要用于粗研；W7～W5 的氧化铬研磨膏常用于半精研；W5 以下的氧化铬研磨膏主要用于精研。研磨液能使磨粒在研具表面上均匀散布，并承受一部分研磨压力，以减少磨粒破碎，同时兼有冷却、润滑作用。常用的研磨液有煤油、汽油、机油、动物油、油酸、硬脂酸等。

研磨工具（研具）的作用是使研磨剂获得一定的研磨运动，并将自身的几何形状按一定的方式传递到工件上。因此，研具自身几何形状精度的保持时间要长，制造研具的材料对磨料要有适当的嵌入性，研具材料一般有灰铸铁、低碳钢、黄铜、铝、木材和皮革等，灰铸铁研具主要用来研磨淬硬和不淬硬的钢件及铸铁件，而黄铜研具多用于研磨各种软金属。

表 4-13　研磨常用磨料

种类	主要成分	显微硬度 HV	适用材料
刚玉	Al_2O_3	2000~2300	各种碳钢、合金钢、不锈钢
碳化硅	SiC	2800~3400	铸铁、其他非铁金属及其合金（青铜、铝合金）、玻璃、陶瓷、石材
碳化硼	B_4C	4400~5400	高硬钢、镀铬表面、硬质合金
碳硅硼		5700~6200	硬质合金、半导体材料、宝石、陶瓷
金刚石	C	10000	硬质合金、陶瓷、玻璃、水晶、半导体材料、宝石
氧化铬	Cr_2O_3		淬硬钢及一般金属的精细研磨和抛光

2）研磨的工艺特点及应用。研磨可获得很高的精度和很低的表面粗糙度值，但一般不能提高加工面与其他表面之间的位置精度；能获得其他机械加工较难达到的稳定的高精度表面；使工件耐磨性、耐蚀性良好；研磨设备及工具简单，对设备的精度要求不高；被加工材料适应范围广，无论钢、铸铁，还是有色金属，均可用研磨方法精加工，尤其可用于硬质合金、陶瓷、玻璃等脆性材料的精加工。

适用于多品种小批量的产品零件加工，因为只要改变研具形状就能方便地加工出各种形状的表面，并可用于大批大量生产中。但必须注意的是，研磨质量很大程度上取决于前道工序的加工质量。

（2）抛光　抛光就是利用柔性抛光工具和游离磨料颗粒或其他抛光介质对工件表面进行的修饰加工。一般不能提高工件的尺寸精度或几何形状精度，是以得到光滑表面或镜面光泽为目的的。抛光常作为镀层表面或零件表面装饰加工的最后一道工序，其目的是消除磨光工序后残留在表面上的细微磨痕，以获得光亮的外观。

抛光方法有机械、化学、电解等多种，但常用的方法是抛光轮抛光。

1）抛光轮抛光加工原理。抛光轮抛光是指在高速旋转的抛光轮上涂以抛光膏，对工件表面进行光整加工。抛光轮一般是用毛毡、橡胶、皮革、布或压制纸板做成的，抛光膏由磨料、油酸、软脂等配制而成。抛光时，将工件压于高速旋转的抛光轮上，在抛光膏介质的作用下，金属表面产生的一层极薄的软膜可以用比工件材料软的磨料切除，而不会在工件表面留下划痕，加之高速摩擦，工件表面出现高温，表层材料被挤压而发生塑性流动，这样可填平表面原来的微观不平，进而获得光亮的表面（呈镜面状）。

抛光粉颗粒细而均匀，外形呈多角形，刃口锋利。常用抛光粉的种类、性能、用途见表 4-14。粗抛光时用黏结剂将抛光粉粘在抛光轮上，此时可用金刚石、氧化铁抛光粉。

表 4-14　常用抛光粉的种类、性能、用途

材料	莫氏硬度/HM	特点	应用范围
Al_2O_3	9	白色，平均尺寸为 0.3μm	通用粗精抛光
MgO	5.5~6	白色，颗粒细小均匀	适用 Al、Mg 合金
Cr_2O_3	8	绿色，高硬度抛光能力差	淬火后合金钢、钛合金

（续）

材料	莫氏硬度/HM	特点	应用范围
Fe$_2$O$_3$	6	红色	抛光较软金属合金
金刚石粉	10	磨削极佳，寿命长	适用各种材料粗、精抛光

2）抛光的工艺特点及应用。抛光设备简单，而且加工方法和所用工具也比较简单，因此成本低；由于抛光轮是弹性的，能与曲面相吻合，容易实现曲面抛光，所以对曲面进行加工比较容易，便于对模具型腔进行光整加工；只能减小表面粗糙度值，而不能提高原加工精度，这是由于抛光轮与工件之间没有刚性的运动联系，抛光轮又有弹性，因此不能保证从工件表面均匀地切除材料，只是去掉前道工序所留下的痕迹，获得光亮的表面；由于抛光目前多为手工操作，工作繁重，飞溅的磨粒、介质、微屑等会对环境造成污染，因此劳动条件较差，为改善劳动条件，粗抛光时可采用砂带磨床进行抛光，以取代采用抛光轮的手工抛光。

抛光主要用于零件表面的装饰加工，或者用抛光消除前道工序的加工痕迹，以提高零件的疲劳强度，并不能提高精度。抛光零件表面的类型不限，可以加工外圆、孔、平面及各种成形面等。有时为了保证电镀产品的质量，可采用抛光进行预加工。一些不锈钢、塑料、玻璃等制品，为得到好的外观质量，也要进行抛光。

（3）珩磨   珩磨是用珩磨头上的油石进行孔加工的一种高效率的光整加工方法，需要在磨削或精镗的基础上进行。珩磨的加工精度高，珩磨后尺寸公差等级可达 IT4～IT6，Ra 值可达 0.2～0.025μm。

1）珩磨原理。珩磨（图4-65）是一种低速磨削法，常用于内孔表面的光整加工、精加工。珩磨头有机械加压式、气压自动调节式和液压自动调压式等数种，实际生产中多用液压自动调压式。珩磨油石装在珩磨头上，珩磨时工件安装在珩磨机床工做台上或夹具中，具有若干油石的珩磨头插入已加工的孔中，由珩磨机主轴带动珩磨头旋转并做轴向往复运动，通过其中的胀缩机构使油石伸出，以一定压力与孔壁接触，即可切去一层极薄的金属，实现珩磨加工。为使油石能与孔表面均匀地接触，并能切去小而均匀的加工余量，珩磨头相对工件有小量的浮动，所以珩磨头与主轴一般都采用浮动连接，或用刚性连接而配用浮动夹具，这样就可减少珩磨机主轴回转中心与被加工孔的同轴度误差对珩磨质量的影响。但这样会导致珩磨不能修正孔的位置精度和孔的直线度，所以孔的位置精度和孔的直线度应在珩磨前的工序给予保证。

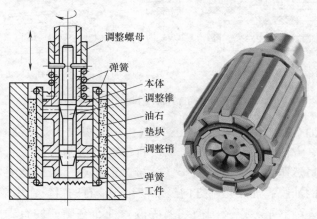

调整螺母
弹簧
本体
调整锥
油石
垫块
调整销
弹簧
工件

图 4-65   珩磨原理

珩磨时为冲去切屑和磨粒，改善表面粗糙度和降低切削区温度，常需加注大量切削液，这种切削液用煤油或在煤油中加少量锭子油构成，有时也用乳化液。在珩磨时，油石与孔壁的接触面积较大，参加切削的磨粒很多，因而加在每颗磨粒上的切削力很小（磨粒的垂直载荷仅为磨削的 1/100~1/50），珩磨的切削速度较低（一般在 100m/min 以下，仅为普通磨削的 1/100~1/30），在珩磨过程中又施加大量的切削液，所以在珩磨过程中发热少，孔的表面不易烧伤，而且加工变形层极薄，从而被加工孔可获得很高的尺寸精度、形状精度和表面质量。

2）珩磨的工艺特点及应用。①表面质量特性好，珩磨可以获得较低的表面粗糙度值，一般可达 0.025~0.8μm，同时珩磨表面上有均匀的交叉网纹，有利于储存油润滑；②加工精度高，珩磨不仅可以获得高的尺寸精度，而且能修正孔在珩磨前加工中出现的轻微形状误差，如圆度、圆柱度和表面波纹等；③效率高，可以使用多条油石或超硬磨料油石，能较快地去除珩磨余量与孔形误差，有效地提高珩磨效率；④珩磨工艺较经济，薄壁孔和刚性不足的工件、较硬的工件表面及外形不规则内孔均可用珩磨进行光整加工，不需复杂的设备与工艺装备，操作方便。

珩磨可大量应用于各种形状的孔的光整加工或精加工，国内珩磨机孔径加工范围为 $\phi 3 \sim \phi 250mm$，可加工深径比 $L/D>10$ 的深孔；适用于缸套孔、汽缸孔、油缸筒、连杆孔、液压阀体孔、摇臂、齿轮孔以及多种炮筒等的大批大量生产，亦可用于单件小批生产中；适用于金属材料与非金属材料的加工，如铸铁、淬火与未淬火钢、硬铝、青铜、黄铜、硬质合金、陶瓷与烧结材料等，但不宜加工韧性大的有色金属件，因为塑性金属易堵塞油石。

（4）超精加工（超级光磨）

1）超精加工原理。超精加工是用装有细磨粒、低硬度油石的磨头做高频率短行程往复运动，并以很小压力对做回转运动的工件表面进行光整加工的方法。其加工余量为 3~20μm，可获得很低的表面粗糙度，其 Ra 为 0.01~0.16μm，但只能改变表面的光滑程度，不能改变宏观几何形状。图 4-66 所示为超精加工外圆的示意图。加工时，工件旋转（一般工件圆周线速度为 6~30m/min），油石以恒力轻压于工件表面，在轴向进给的同时做轴向微小振动（一般振幅为 1~6mm，频率为 5~50Hz），从而对工件微观不平的表面进行光磨。

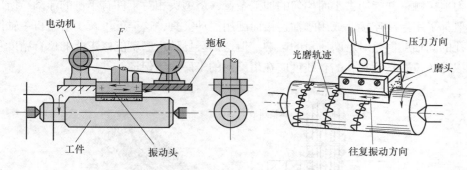

图 4-66　超精加工外圆的示意图

加工过程中，在油石和工件之间注入光磨液（一般为煤油加锭子油），一方面为了冷却润滑及清除切屑等；另一方面为了形成油膜，以便自动终止切削作用。当油石最初与比较粗糙的工件表面接触时，虽然压力不大，但由于实际接触面积小，因此压强较大，油石与工件表面之间不能形成完整的油膜，加之切削方向经常变化，油石的自锐作用较好，切削作用较强。

随着工件表面被逐渐磨平，以及细微切屑等嵌入油石空隙，油石表面逐渐平滑，油石与工件接触面积逐渐增大，压强逐渐减小，油石和工件表面之间逐渐形成完整的润滑油膜，切削作用逐渐减弱，经过光整抛光阶段，最后便自动停止切削作用。当平滑的油石表面再一次与待加工的工件表面接触时，较粗糙的工件表面将破坏油石表面平滑而完整的油膜，使光磨过程再进行一次。

2）超精加工工艺特点及应用。超精加工可以在专门的机床上进行，也可以在适当改装的通用机床（如卧式车床等）上利用不太复杂的超精加工磨头进行。一般情况下，超精加工设备的自动化程度较高，操作简便，对工人的技术水平要求不高；加工余量极小，工件尺寸精度高。由于油石与工件之间无刚性的运动联系，造成油石切除金属的能力较弱，而且超精加工油石的粒度极细，只能切削工件的轮廓峰，所以加工余量很小（0.005~0.025mm），工件尺寸分散度小，工件尺寸精度高，合格率极高；因为加工余量极小，且超精加工油石的高速往复振动加长了每一磨粒在单位时间内的切削长度，从而提高了生产率，所以加工过程所需时间很短，一般约为 30~60s；由于油石运动轨迹复杂，加工过程是由切削作用过渡到光整抛光，因此表面粗糙度很小（Ra 小于 $0.012\mu m$），并具有复杂的交叉网纹，有利于储存润滑油，加工后表面的耐磨性较好。但超精加工是一种低压力进给加工，余量又小，油石切除材料的能力较弱，因此修整工件形状和尺寸误差的能力较差，不能提高工件尺寸精度和形状、位置精度，零件所要求的精度必须由前道工序保证；加工表面质量好，这是由于超精加工的切削速度低（0.5~1.67m/s），油石压力小（0.05~0.5MPa），所以加工时发热少，没有烧伤现象，也不会使工件产生变形，磨粒微刃的正反切削所形成的磨屑易于清除，不会在已加工表面形成划痕，超精加工的变形层很薄（一般不大于 0.0025mm），能形成耐磨性比珩磨更高的表面。

超精加工的应用很广泛，如内燃机的曲轴、凸轮轴、活塞、活塞销、轴承等零件的小粗糙度表面常用超精加工进行光整加工。该方法不仅能加工轴类零件的外圆柱面，而且还能加工圆锥面、孔面、平面和球面等。

综上所述，研磨、珩磨、超精加工和抛光所起的作用是不同的。抛光仅能提高工件表面的光亮程度，而对工件表面粗糙度的改善程度有限；超精加工仅能减小工件的表面粗糙度，而不能提高其尺寸和形状精度；研磨和珩磨则不但可以减小工件表面的粗糙度，也可以在一定程度上提高其尺寸和形状精度。从应用范围来看，研磨、珩磨、超精加工和抛光都可以用来加工各种各样的表面。从所用工具和设备来看，抛光最简单，研磨和超精加工稍复杂，而珩磨则较为复杂。从生产效率来看，抛光和超精加工最高，珩磨次之，研磨最低。实际生产中常根据工件的形状、尺寸、表面要求以及批量大小和生产条件等，选用合适的精整或光整加工方法。

4.4.3　加工表面层物理力学性能的控制

在切削加工中，工件由于受到切削力和切削热的作用，表面层金属的物理力学性能产生变化，其中最主要的变化是表面层金属显微硬度的变化、金相组织的变化和残余应力的产生。由于磨削加工时所产生的塑性变形和切削热比切削刃切削时更严重，因而磨削加工后加工表面层的上述三项物理力学性能的变化会更大。

1. 表面层冷作硬化的控制

（1）冷作硬化及其评定参数　机械加工过程中因切削力作用产生的塑性变形，会使晶格扭曲、畸变，晶粒间产生剪切滑移，晶粒被拉长和纤维化，甚至破碎，这些都会使表面层金属的硬度和强度提高，这种现象称为冷作硬化（也称为加工硬化）。评定冷作硬化的指标有三项，即表层金属的显微硬度 HV、硬化层深度 Δh 和硬化程度 N。

显微硬度和硬化程度之间的关系为

$$N = \left(\frac{HV - HV_0}{HV_0}\right) \times 100\% \tag{4-28}$$

式中，HV_0 为工件内部金属的显微硬度。

（2）影响冷作硬化的主要因素　影响冷作硬化的主要因素有刀具几何参数及磨损程度、加工材料和切削用量等。

1）刀具几何参数及磨损程度的影响。刀具的影响主要是指 γ_o、α_o 和 r_n 等参数对冷作硬化的影响。前角 γ_o 越大，切削变形越小，冷作硬化程度 N 和硬化层深度 Δh_d 均越小（图4-67）；后角 α_o 越大，与后刀面的摩擦越小，冷作硬化越小；刃口钝圆半径 r_n 越小，挤压摩擦越小，弹性恢复层相应越小，硬化层深度 Δh_d 就越小。

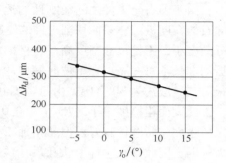

图 4-67　Δh_d-γ_o 关系曲线

（刀具：YG6A 端铣刀；工件材料：06Cr18Ni11Ti；$v_c = 51.7\text{m/min}$，$a_p = 0.5 \sim 3\text{mm}$，$f_z = 0.5\text{mm/齿}$）

2）加工材料的影响。工件材料的塑性越大，冷硬现象就越严重。就碳素结构钢而言，含碳量越少，塑性变形就越大，硬化相应就越严重。例如，切削软钢时，硬化程度 $N = 140\% \sim 200\%$。

3）切削用量的影响。通常增大进给量时，表层金属的显微硬度将随之增大。这是因为随着进给量的增大，切削力也增大，表层金属的塑性变形加剧，冷硬程度增大。切削速度对冷硬程度的影响是切削力和切削热综合作用的结果。当切削速度增大时，刀具与工件的作用时间减少，使塑性变形的扩展深度减小，因而有减小冷硬程度的趋势；当切削速度增大时，切削热在工件表面层上的作用时间缩短，有使冷硬程度增加的趋势。切削深度对表层金属冷作硬化的影响不大。

（3）控制加工硬化的措施

1）选择较大的刀具前角 γ_o 和后角 α_o 及较小的刃口钝圆半径 r_n。

2）合理确定刀具磨钝标准 VB 值。

3）提高刀具刃磨质量。刀具刃磨精确，刃口光洁，有利于减小加工硬化。

4）合理选择切削用量。尽量选择较高的切削速度和较小的进给量。

5）选用具有良好润滑性能的切削液，同时切削液的冷却作用不能太强。

6）改善工件的切削加工性。对于那些塑性大、硬度较低的钢材来说，加工过程中硬化倾向大，不利于切削加工，因此在加工之前应事先对钢材进行调质处理。

2. 表面层材料金相组织的控制

当切削热使被加工表面的温度超过相变温度后，表层金属的金相组织将会发生变化。

（1）磨削烧伤的原因　当被磨工件表面层温度达到相变温度以上时，表层金属将发生金相组织的变化，使表层金属的强度和硬度降低，并伴有残余应力产生，甚至出现微观裂纹，这种现象称为磨削烧伤。在磨削淬火钢时，可能产生以下三种烧伤。

1）回火烧伤。如果磨削区的温度未超过淬火钢的相变温度，但已超过马氏体的转变温度，则工件表层金属的回火马氏体组织将转变成硬度较低的回火组织（索氏体或托氏体），这种烧伤称为回火烧伤。

2）淬火烧伤。如果磨削区温度超过了相变温度，再加上切削液的急冷作用，则表层金属发生二次淬火，使表层金属出现二次淬火马氏体组织，其硬度比原来的回火马氏体的高，在它的下层，因冷却较慢，出现了硬度比原先的回火马氏体低的回火组织（索氏体或托氏体），这种烧伤称为淬火烧伤。

3）退火烧伤。如果磨削区温度超过了相变温度，而磨削区域又无切削液进入，表层金属将产生退火组织，表面硬度将急剧下降，这种烧伤称为退火烧伤。

（2）磨削烧伤的控制　磨削热是造成磨削烧伤的根源，故控制磨削烧伤有两个途径：一是尽可能地减少磨削热的产生；二是改善冷却条件，尽量使产生的热量少传入工件。

1）正确选择砂轮。砂轮的硬度太高，纯化了的磨粒，不易及时脱落，磨削力和磨削热增加，容易产生烧伤。选用具有一定弹性的黏结剂对缓解磨削烧伤有利，因为遇到磨削力突然增大时，磨粒可以产生一定的弹性退让，使磨削径向进给量减小，从而减轻烧伤程度。对于磨削塑性较大的材料，为了避免砂轮堵塞，应选用砂粒较粗的砂轮。

2）合理选择切削用量。磨削径向进给量对磨削烧伤影响很大。磨削径向进给量增加，磨削力和磨削热会急剧增加，容易产生烧伤。适当增加磨削轴向进给量可以减轻烧伤。

3）改善冷却条件。磨削时向磨削区浇注更多的切削液，就能有效防止烧伤现象的发生。提高冷却效果的方式有高压大流量冷却、喷雾冷却、内冷却等。

采用大流量高压冷却，既可增强冷却作用，又可冲洗砂轮表面，但要防止切削液飞溅。利用专用装置将切削液雾化，然后以高速喷入磨削区对磨削区进行喷雾冷却，可以从磨削区带走大量的热量。

3. 表面层残余应力的控制

（1）产生残余应力的原因

1）切削时在加工表面金属层有塑性变形（简称塑变）发生，里层金属只有弹性变形，没有塑变，切削结束后弹性变形恢复，表层的塑变层就会受到应力。喷丸强化工件时，由于表层金属塑性变形垂直于表面法线方向扩张，不可避免地要受到与它相连的里层金属的阻止，因此就在表面金属层产生残余压应力，而在里层金属中产生残余拉应力。若里层金属切削时受力被压缩，则切削后弹性变形恢复，表层就会有残余拉应力，这种状态更为常见。

2）不同金相组织具有不同的密度，亦具有不同的比体积。如果表面层金属产生了金相组织的变化，则表层金属比体积的变化必然要受到与之相连的基体金属的阻碍，因而就有残余应力产生。比如，淬火钢原来的组织是马氏体，磨削时有可能产生回火烧伤而转化为接近珠光体的索氏体或托氏体，表层金属密度增大，比体积减小，但这种体积的减小必然受到基体金属的阻碍，不能自由收缩，因此在表面层产生残余拉应力，而里层金属产生与之平衡的残余压应力。

（2）表层金属残余应力的控制　影响表层金属残余应力的主要因素有刀具几何参数、工件材料、刀具磨损以及切削用量、最终工序加工方法等。

1）控制刀具几何参数。刀具几何参数中对残余应力影响最大的是刀具前角。图 4-68 给出了硬质合金刀具切削 45 钢时，刀具前角 γ_o 对残余应力的影响规律。当 γ_o 由正变为负时，表层残余拉应力逐渐减小。这是因为 γ_o 减小，r_n 增大，刀具对加工表面的挤压与摩擦作用加大，从而使残余拉应力减小；当 γ_o 为较大负值且切削用量合适时，甚至可得到残余压应力。

2）改善被加工材料性能。切削加工奥氏体不锈钢等塑性材料时，加工表面易产生残余拉应力。切削灰铸铁等脆性材料时，加工表面易产生残余压应力，原因在于刀具的后刀面挤压与摩擦使得表面产生拉伸变形，待与刀具后刀面脱离接触后在里层的弹性恢复作用下，使得表层呈残余压应力。

3）控制刀具磨损。刀具后刀面磨损 *VB* 值增大，使后刀面与加工表面摩擦增大，工件上第三变形区的塑性变形加剧，也使切削温度升高，从而由热应力引起的残余应力增强，使加工表面呈残余拉应力，同时使残余拉应力层深度加大，如图 4-69 所示。

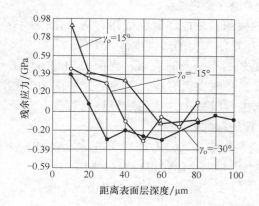

图 4-68　刀具前角 γ_o 对残余应力的影响规律

（刀具：硬质合金刀具；工件：45 钢；切削条件：
$v_c = 150 \text{m/min}$, $a_p = 0.5 \text{mm}$, $f = 0.05 \text{mm/r}$)

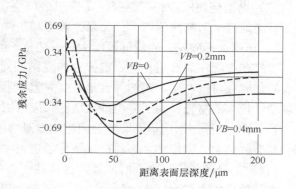

图 4-69　*VB*-残余应力曲线

（刀具：单齿硬质合金端铣刀；工件：合金钢；轴向前角：0°；
径向前角：-15°；$\alpha_o = 8$, $\kappa_r = 45°$, $\kappa'_r = 5°$)

4）合理确定切削用量。切削用量三要素中的切削速度 v_c 和进给量 f 对残余应力的影响较大。因为 v_c 增加，切削温度升高，此时由切削温度引起的热应力逐渐起主导作用，故随着 v_c 增加，残余应力将增大，但残余应力层深度减小。进给量 f 增加，残余拉应力增大，但压应力将向里层移动。切削深度 a_p 对残余应力的影响不显著。

5）合理选择零件工作表面最终工序加工方法。零件工作表面最终工序在该工作表面留下的残余应力将直接影响零件的使用性能。不同的加工方法在加工表面上残留的残余应力不同，因此零件工作表面最终工序加工方法的选择至关重要，选择零件工作表面最终工序加工方法时，须考虑该零件工作表面的具体工作条件和可能的破坏形式，尽可能使其产生残余压应力，提高零件疲劳强度。

4. 工件表面强化工艺方法

传统的表面强化方法在工艺上属于热处理的范畴，而近代发展起来的激光、电子束、离子束等表面强化方法，不仅将一些高新技术应用于材料的表面强化，而且在工艺上已经超出了传统的热处理范畴，形成了新的技术领域。因此现在的表面强化技术可以从不同的角度形成多种分类方法。按表层强化技术的物理化学过程进行分类，大致可分为五大类：表面变形强化、表面热处理强化、化学热处理强化、表面冶金强化、表面薄膜强化等。

（1）表面变形强化　通过机械的方法使金属表面层发生塑性变形，从而形成高硬度和高强度的硬化层，这种表面强化方法称为表面变形强化，也称为加工硬化，包括喷丸、喷砂、冷挤压、滚压、冷碾和冲击、爆炸冲击强化等。这些方法的特点是强化层位错密度增高，亚晶结构细化，从而使其硬度和强度提高，表面粗糙度值减小，能显著提高零件的表面疲劳强度，降低疲劳缺口的敏感性，工艺简单、效果显著，硬化层和基体之间不存在明显的界限，结构连贯，不易在使用中脱落。这些方法中多数已在轴承工业中得到应用，如滚动体的表面撞击强化就是这类方法的应用，精密碾压已成为新的套圈加工和强化方法。

（2）表面热处理强化　利用固态相变，通过快速加热的方法对零件的表面层进行淬火处理称为表面热处理，俗称表面淬火，包括火焰加热淬火、高（中）频感应加热淬火、激光加热或电子束加热淬火等。这些方法的特点是表面局部加热淬火，工件变形小；加热速度快，生产效率高；加热时间短，表面氧化脱碳很轻微。

（3）化学热处理强化　利用某种元素的固态扩散渗入来改变金属表面层的化学成分，以实现表面强化的方法称为化学热处理强化，也称为扩散热处理，包括渗硼、渗碳及碳氮共渗、渗氮及氮碳共渗、渗硫及硫氮碳共渗、渗铬、渗铝及铬铝硅共渗、石墨化渗层等，其种类繁多，特点各异，渗入元素或溶入基体金属可以形成固溶体，或与其他金属元素结合形成化合物。总之，渗入元素既能改变表面层的化学成分，又可以得到不同的相结构。渗碳轴承钢零件的处理工艺和滚针轴承套的表面渗氮强化处理均属这一类强化方法。

（4）表面冶金强化　利用工件表面层金属的重新熔化和凝固，以得到预期的成分或组织的表面强化处理技术称为表面冶金强化，包括表面熔覆或复合粉末涂层、表面熔化结晶或非晶态处理、表面合金化等方法。这些方法的特点是采用高能量密度的快速加热，将金属表面层或涂覆于金属表面的合金材料熔化，随后靠其自行冷却并凝固来得到特殊结构或特定性能的强化层，这种特殊的结构或许是细化的晶体组织，或许是过饱和相、亚稳相，甚至是非晶体组织，这取决于表面冶金的工艺参数和方法。滚动轴承行业在微型轴承工作表面做过激光加热强化研究，效果良好。

（5）表面薄膜强化　应用物理或化学的方法，在金属表面涂覆与基体材料性能不同的强化膜层，称为表面薄膜强化，包括电镀、化学镀（镀铬、镀镍、镀铜、镀银等）以及复合镀、刷镀或转化处理等，也包括近年来发展较快的高新技术，如 CVD、PVD、P-CVD 等气相沉积薄膜强化方法和离子注入表面强化技术（也称原子冶金技术）等。它们的共同特点是均能在工作表面形成特定性能的薄膜，以强化表面的耐磨性、抗疲劳性、耐蚀性和自润滑性等性能。例如，离子注入技术强化轴承工作表面，能使轴承工作表面的耐磨性、耐蚀性和抗接触疲劳性都得到显著提高，从而使轴承的使用寿命成倍增长。

习题与思考题

1. 机械加工表面质量包含哪些主要内容？加工表面质量对零件的使用性能有什么影响？

2. 为什么机器零件一般都是从表面层开始破坏？

3. 车削一铸铁零件的外圆表面，若进给量 $f = 0.5$ mm/r，车刀刀尖的圆弧半径 $r = 4$ mm，则能达到的表面粗糙度为多少？

4. 高速精镗一钢件内孔时，车刀主偏角 $\kappa_r = 45°$，副偏角 $\kappa_r' = 20°$，当加工表面粗糙度要求为 $Ra = 3.2 \sim 6.3 \mu m$ 时：

1）若不考虑工件材料塑性变形对表面粗糙度的影响，计算应采用的进给量 f 为多少？

2）分析实际加工的表面粗糙度与计算求得的是否相同？为什么？

3）是否进给量越小，加工表面的粗糙度就越低？

5. 影响磨削表面粗糙度的因素有哪些？试分析和说明下列加工结果产生的原因？

1）砂轮的线速度由 30m/s 提高到 60m/s 时，表面粗糙度值 Ra 由 1μm 降低到 0.2μm。

2）当工件线速度由 0.5m/s 提高到 1m/s 时，表面粗糙度值 Ra 由 0.5μm 上升到 1μm。

3）当轴向进给量 f_a/B（B 为砂轮宽度）由 0.3 增至 0.6 时，表面粗糙度值 Ra 由 0.3μm 增至 0.6μm。

4）磨削时的切削深度 a_p 由 0.01mm 增至 0.03mm 时，表面粗糙度值 Ra 由 0.27μm 增至 0.55μm。

5）用粒度号为 36 的砂轮磨削后 Ra 为 1.6μm，改用粒度号为 60 砂轮磨削，可使 Ra 降低为 0.2μm。

6. 机械加工中，为什么工件表面层金属会产生残余应力？磨削加工表面层产生残余应力的原因和切削加工产生残余应力的原因是否相同？为什么？

7. 为什么切削速度增大，硬化程度减小，而进给量增大，硬化程度却增大？

8. 为什么磨削加工容易产生烧伤？为什么磨削高合金钢较普通碳钢更易产生"烧伤"？如果工件材料和磨削用量无法改变，减轻烧伤现象的最佳途径是什么？

9. 磨削淬火钢时，因冷却速度不均匀，其表层金属出现二次淬火组织（马氏体），在表层稍下的深处出现回火组织（近似珠光体的托氏体或索氏体）。试分析二次淬火层及回火层各产生何种残余应力？

10. 工件材料为 15 钢，经磨削加工后要求表面粗糙度达 0.04mm 是否合理？若要满足此加工要求，应采用什么措施？

第 5 章　机械加工及装配工艺规程设计

本章要点			培养目标
机械加工工艺过程的概念	工序、工步、走刀 机械加工工序卡片填写规则 机械加工工艺规程		在机械制造过程中，常采用各种机械加工方法将毛坯加工成零件。加工过程中为了确保零件的设计性能质量、经济性要求，应首先制定零件的机械加工工艺规程，然后再根据工艺规程对零件进行加工。任何机械产品都是由零件装配而成的。如何从零件装配成机械，零件的精度和产品精度之间的关系，以及达到装配精度的方法，这些都是装配工艺所要解决的基本问题
机械加工工艺规程设计	零件的工艺性分析与毛坯设计 粗基准的选择原则 表面加工方法的确定 切削加工、热处理和辅助工序的安排		
机械加工工艺规程的工序设计	加工余量的确定 工序尺寸及其公差的确定		本章在讲授设计、制订机械加工工艺规程、机械装配和装配精度等基本知识的基础上，对机械加工工艺过程相关的基本概念，加工方法、定位基准、加工路线、工序组织等确定的原则和规律，加工余量和工序尺寸的分析计算方法，单件工时工艺方案的技术经济性分析方法，装配尺寸链的建立、各种保证装配精度的方法、装配尺寸链分析计算的基本思路、机械装配工艺规程制订工作中的基本规律和原则等内容进行阐述，揭示其设计原则和相互之间的内在联系
工艺尺寸链	工艺尺寸链的计算方法及计算公式 典型工艺尺寸链的计算		
工艺过程的生产率与技术经济分析	时间定额的计算 工艺成本的组成及计算 工艺方案的经济性评定		
装配工艺规程的制订与装配方法	装配工作的主要内容 装配方法和装配组织形式的确定		通过对本章的学习，学生能够理解机械加工工艺、机械装配工艺设计的基本理论和基本规律，学生能够具备合理通过工艺规程来实现产品的加工制造，在保证产品要求的同时提高生产效率的能力，以解决复杂零件装配问题为导引，培养学生遵守规则、秩序，遵守社会公德，团结合作等职业素养
保证装配精度的方法及装配尺寸链的计算	互换装配法的计算 分组装配法的计算 固定调整法的计算		

5.1　机械加工工艺过程的概念

5.1.1　生产过程和工艺过程

1. 生产过程

生产过程是指将原材料转变为成品的全过程。这种成品可以是一台机器、一个部件，或者是某一种零件。对于机器的制造而言，其生产过程包括：原材料和成品的购置、运输、检验、保管；生产技术准备工作；毛坯的制造；零件的机械加工、热处理和其他表面处理；产品的装配、调试、检验、性能试验、涂装和包装；以及产品的包装、发运，产品的销售和售后服务等。

在现代工业生产组织中，一台机器的生产往往是由许多工厂以专业化生产的方式合作完成的。这时，某厂所用的原材料是另一工厂的产品。例如，机床的制造就是利用轴承厂、电动机厂、液压元件厂等许多专业厂的产品，由机床厂完成关键零、部件的生产，并装配而成的。采用专业化生产有利于零、部件的标准化、通用化和产品的系列化，从而有效地保证质量，并提高生产率和降低成本。

2. 工艺过程

在生产过程中，凡是改变生产对象的形状、尺寸、相对位置和性质等，使其成为成品或半成品的过程都称为工艺过程，如毛坯的制造、零件的机械加工与热处理等。工艺过程是生产过程的主要部分，可具体分为铸造、锻造、冲压、焊接、机械加工、装配等工艺过程。这里只研究机械加工工艺过程和装配工艺过程。

5.1.2 机械加工工艺过程的组成

在机械加工过程中，针对零件的结构特点和技术要求，要采用不同的加工方法和装备，按照一定的顺序依次进行加工才能完成由毛坯到零件的过程。因此，工艺过程是由系列顺序安排的加工方法（即工序）组成的。工序又由安装、工位、工步、走刀组成。

1. 工序

一个或一组工人在一台机床或一个工作地点，对同一个或同时对几个工件所连续完成的那一部分工艺过程称为工序。工作地、工人、工件与连续作业构成了工序的4个要素，若其中任一要素发生变更，则构成了另一道工序。例如：一个工人在一台车床上完成车外圆、端面、空刀槽、螺纹、切断；一组工人刮研一台机床的导轨；一组工人对一批零件去毛刺，生产和检验原材料，零、部件，整机的具体阶段。图5-1所示的阶梯轴，其工艺过程及工序的划分见表5-1。当工件加工数量较少时，由于加工不连续和机床变换，因而分为6个工序；当工件加工数量较多时，为提高生产效率，共有8个工序。

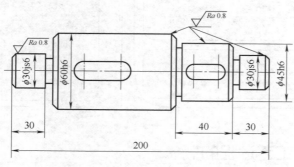

图 5-1　阶梯轴

表 5-1　阶梯轴的工艺过程及工序的划分

单件生产			大批大量生产		
工序号	工序内容	设备	工序号	工序内容	设备
1	车端面，钻中心孔	车床	1	两边同时铣端面、钻顶尖孔	铣端面钻顶尖孔机床
2	车外圆、车槽、倒角	车床	2	车一端外圆，车槽、倒角	车床
3	铣键槽、去毛刺	铣床	3	车另一端外圆，车槽、倒角	车床
4	粗磨外圆	磨床	4	铣键槽	立式铣床

（续）

单件生产			大批大量生产		
工序号	工序内容	设备	工序号	工序内容	设备
5	热处理	高频淬火机	5	去毛刺	钳工台
6	精磨外圆	磨床	6	粗磨外圆	磨床
			7	热处理	高频淬火机
			8	精磨外圆	磨床

工序是组成工艺过程的基本单元，也是生产计划和经济核算的基本单元。通常把仅列出主要工序名称的简略工艺过程称为工艺路线。

2. 安装和工位

为完成一道或多道加工工序，在加工之前对工件进行的定位、夹紧和调整作业，称为安装。在一个工序内，工件可能装夹一次，也可能装夹几次，即一个工序可以有一次或几次安装。如表 5-1 中单件生产的工序 1 和工序 2 均有两次安装，而大批大量生产的工序只有一次安装。

工件在加工时，应尽量减少安装次数，因为多一次安装，就会增加安装工件的时间，同时也会增大误差。

为了减少由于多次安装而带来的误差以及时间损失，常采用回转工作台、回转夹具或移动夹具，使工件在一次安装中先后处于几个不同的位置进行加工。工件在机床上所占据的每一个位置称为工位。图 5-2 是利用回转工作台，在一次安装中依次完成装卸工件、钻孔、扩孔、铰孔这 4 个工位加工的例子。采用多工位加工，不但减少了安装次数，而且各工位的加工与工件的装卸是同时进行的，从而提高了加工精度和生产率。

3. 工步和走刀

在加工表面不变、加工工具不变、切削用量（主要是切削速度和进给量）不变的情况下所连续完成的那一部分工序，称为工步。以上三种因素中任一因素改变，即为新的工步。一个工序含有一个或几个工步。

带回转刀架的机床（如转塔车床）或带自动换刀装置的机床（如加工中心），当更换不同刀具时，即使加工表面不变，也属不同工步。

多刀同时加工一个零件的几个表面（图 5-3a）时，称为复合工步；连续进行的若干相同的工步，称为连续工步。复合工步和连续工步一般视为一个工步。在一次安装中，用一把钻头连续钻削 4 个 $\phi15$mm 的孔（图 5-3b），可算作一个钻孔工步。

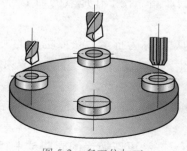

图 5-2　多工位加工

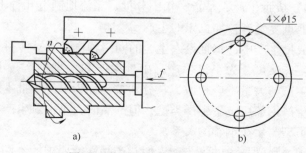

图 5-3　复合工步与连续工步示例

133

在一个工步内，若被加工表面需切除的余量较大，一次切削无法完成，则可分为几次切削，每一次切削就称为一次走刀（图5-4），或称为一个工作行程。走刀是构成加工过程的最小单元。

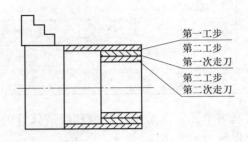

第一工步
第二工步
第一次走刀
第二工步
第二次走刀

图 5-4　多工步和多次走刀

5.1.3　生产纲领、生产类型与工艺特点

不同的机械产品，其结构、技术要求不同，但它们的制造工艺却存在着很多共同的特征。这些共同的特征取决于企业的生产类型，而企业的生产类型又由企业的生产纲领来决定。

1. 生产纲领

生产纲领是指企业在计划期内应生产的产品产量。某零件的年生产纲领就是包括备品和废品在内的年产量，可按下式计算：

$$N = Qn(1+a\%)(1+b\%)$$

式中，N 为零件的年生产纲领（件/年）；Q 为产品的年产量（台/年）；n 为每台产品中该零件的数量（件/台）；$a\%$ 为备品率；$b\%$ 为废品率。

2. 生产类型

生产类型是指企业（或车间、工段、班组等）生产专业化程度的分类。根据生产纲领和产品的大小，生产类型可分为单件生产、大量生产和成批生产三大类。

1）单件生产，是指单个地生产不同结构和尺寸的产品，并且很少重复。例如，重型机械、专用设备制造和新产品的试制等均属于单件生产。

2）大量生产，是指产品的数量很大，在大多数工作地点重复地进行某一零件的某一道工序的加工，如汽车、拖拉机、轴承、自行车等的生产。

3）成批生产，是指一年中分批、轮流地制造几种不同的产品，在工作地点的加工对象周期性地重复生产，如机床的生产。

成批生产中，每批投入生产的同一种产品（或零件）的数量称为批量。按照批量的大小，成批生产又可分为小批生产、中批生产和大批生产。小批生产的工艺特点与单件生产相似，大批生产与大量生产相似，常分别被合称为单件小批生产和大批大量生产。

生产纲领决定了生产类型，但产品的大小也对生产类型有影响。表5-2是不同类型产品的生产类型与生产纲领的关系。

随着科学技术的进步和人们对产品性能要求的不断提高，产品更新换代的周期越来越短，品种规格不断增多，多品种小批量的生产类型将会越来越多。

表 5-2　生产类型和生产纲领的关系

生产类型		生产纲领/（台/年或件/年）		
		小型机械或轻型零件	中型机械或中型零件	重型机械或重型零件
单件生产		≤100	≤10	≤5
成批生产	小批生产	>100~500	>10~150	>5~100
	中批生产	>500~5000	>150~500	>100~300
	大批生产	>5000~50000	>500~5000	>300~1000
大量生产		>50000	>5000	>1000

3. 工艺特点

不同的生产类型具有不同的工艺特点，即在毛坯制造、机床及工艺装备的选用、经济性等方面均有明显区别。表 5-3 列出了不同生产类型的工艺特点。

表 5-3　不同生产类型的工艺特点

特点	单件生产	成批生产	大量生产
工件的互换性	一般是配对制造，缺乏互换性，广泛用钳工修配	大部分有互换性，少数用钳工修配	全部有互换性，某些精度较高的配合件用分组选择装配法
毛坯的制造方法	铸件用木模手工造型，锻件用自由锻。毛坯精度低，加工余量大	部分铸件用金属模，部分锻件用模锻。毛坯精度及加工余量中等	铸件广泛采用金属模机器造型，锻件广泛采用模锻以及其他高生产率的毛坯制造方法
机床设备	通用机床，按机床种类及大小采用"机群式"排列	部分通用机床和部分高生产率机床，按加工零件类别分工段排列	广泛采用高生产率的专用机床及自动机床，按流水线形式排列
夹具	多用标准附件，极少采用夹具，靠画线及试切法达到精度要求	广泛采用夹具，部分靠画线法达到精度要求	广泛采用高生产率夹具及调整法达到精度要求
刀具与量具	采用通用刀具和万能量具	较多采用专用刀具及专用量具	广泛采用高生产率刀具和量具
对工人的要求	需要技术熟练的工人	需要一定熟练程度的工人	对操作工人的技术要求较低，对调整工人的技术要求较高
工艺规程	有简单的工艺路线卡	有工艺规程，对关键零件有详细的工艺规程	有详细的工艺规程
生产率	低	中	高
成本	高	中	低
发展趋势	箱体类复杂零件采用加工中心加工	采用成组技术、数控机床或柔性制造系统等进行加工	在计算机控制的自动化制造系统中加工，并能实现在线故障诊断、自动报警和加工误差自动补偿

由上述可知，生产类型对零件工艺规程的制订影响很大。因此，在制订工艺规程时，首先应根据零件的生产纲领确定其相应的生产类型，生产类型确定以后，零件制造工艺过程的总体轮廓也就勾画出来了。

应该指出，生产同一种产品，大量生产一般比成批生产、单件生产的生产率高，成本低，性能稳定，质量可靠。因此，应大力推行产品结构的标准化、系列化。这样就能在各类产品的生产数量不大的情况下，组织专业化的大批大量生产，因而可取得很高的经济效益。此外，推行成组技术，按照零件的相似程度组织成组加工，也可使大批大量生产中广泛采用的高效率加工方法和设备应用到中小批生产中。这些都是机械制造工艺的主要发展方向。

另一方面，由于市场的激烈竞争，导致产品更新换代频繁，而目前适用于大批大量生产的传统"单机"和"线"，都具有很大的"刚性"（指专用性），即很难改变原有的生产对象，以适应新产品生产的需要。这就要求机械制造业能够寻找到既能高效生产又能快速转产的柔性自动化制造方法。因而数控机床、柔性制造系统（FMS）以及计算机集成制造系统（CIMS）等现代化的生产手段与方式获得了迅速发展，为机械产品多品种、小批量的自动化生产开拓了广阔前景。

5.1.4　机械加工工艺规程的作用及种类

用表格的形式将机械加工工艺过程的内容书写出来，成为指导性技术文件，就是机械加工工艺规程（简称工艺规程）。它是在具体生产条件下，以较合理的工艺过程和操作方法，并按规定的形式书写成工艺文件，经审批后用来指导生产的。其主要内容包括：零件加工工序内容、切削用量、工时定额以及各工序所采用的设备和工艺装备等。

1. 机械加工工艺规程的作用

工艺规程是机械制造厂最主要的技术文件之一，是工厂规章条例的重要组成部分。其具体作用如下：

1）指导生产的主要技术文件。工艺规程是最合理的工艺过程的表格化，是在工艺理论和实践经验的基础上制订的。工人只有按工艺规程进行生产，才能保证产品质量以及较高的生产率和较好的经济性。

2）组织和管理生产的基本依据。在产品投产前要根据工艺规程进行有关的技术准备和生产准备工作，如安排原材料的供应、通用工艺装备的准备、专用工艺装备的设计与制造、生产计划的安排、经济核算等工作。

3）新建和扩建工厂的基本资料。新建、扩建工厂或车间时，要根据工艺规程来确定所需要的机床设备的品种和数量、机床的布置、占地面积、辅助部门的安排等。

此外，先进的工艺规程还起着交流和推广先进制造技术的作用。

2. 机械加工工艺规程的种类

将工艺规程的内容填入一定格式的卡片，即成为工艺文件。目前，工艺文件还没有统一的格式，各厂都是按照一些基本的内容，根据具体情况自行确定的。常用的工艺规程有以下几类。

1）机械加工工艺过程卡片（图5-5）。以工序为单位，简要地列出了整个零件加工所经过的工艺路线（包括毛坯制造、机械加工和热处理等），以及工艺装备和工时等内容，是制订其他工艺文件的基础，也是生产技术准备、编排作业计划和组织生产的依据。由于各工序的说明不够具体，故一般不能直接指导工人操作，而在生产管理方面使用，但是，在单件小批生产中，通常不编制其他较详细的工艺文件，而是以这种卡片指导生产。

2）机械加工工艺过程综合卡片（图5-6）。按产品或零、部件的某一加工工艺阶段而编制的一种工艺文件。它以工序为单位详细说明产品（零、部件）某一工艺阶段的工序号、工序名称、工序内容、工序参数、操作要求以及采用的设备和工艺装备等，主要用于成批生产。

3）机械加工工序卡片（图5-7）。用来具体指导工人操作的一种最详细的工艺文件，是根据工艺卡片为每一道工序制订的。在大批大量生产时都要采取这种卡片。

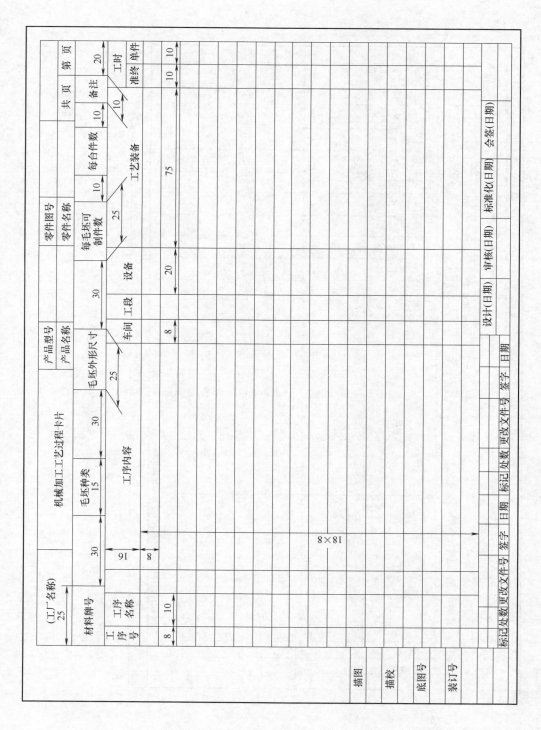

图 5-5　机械加工工艺过程卡片

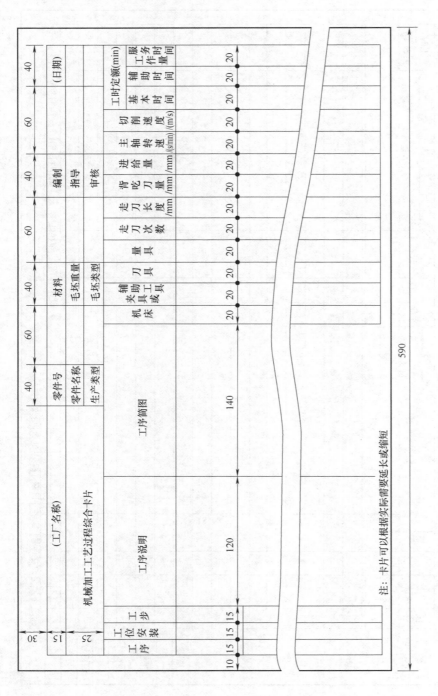

图 5-6 机械加工工艺过程综合卡片

注：卡片可以根据实际需要延长或缩短

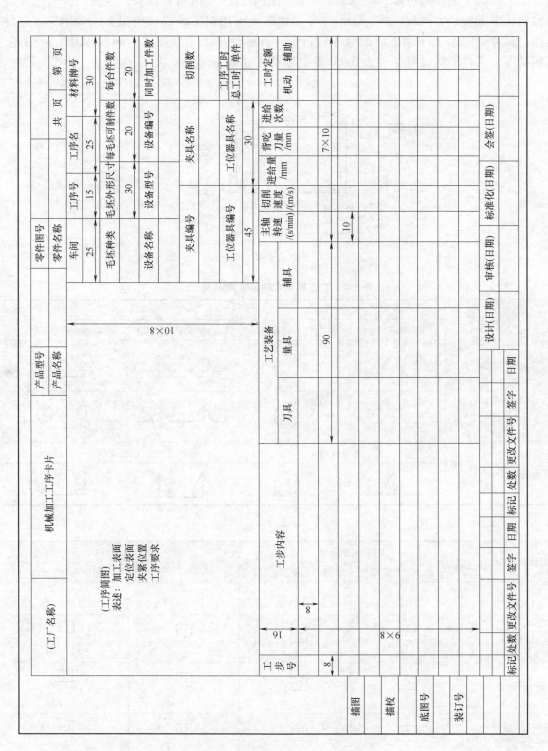

图 5-7　机械加工工序卡片

在这种卡片上，要画出工序简图（图5-8）。①按一定比例用较小的投影视图表达，绘出主要轮廓面、加工面、定位面、夹紧面，可略去图中的次要结构和线条，主视图方向尽量与零件在机床上的安装方向相一致；②本工序的加工表面用粗实线或红色粗实线表示；③零件的结构、尺寸要与本工序加工后的情况相符合，并标注出本工序加工后的尺寸及上下偏差、表面粗糙度、工件的定位符号（表5-4）及夹紧符号（表5-5）。

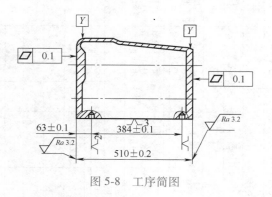

图5-8　工序简图

表5-4　定位支承和辅助支承符号

定位支承	类型	独立定位		联合定位	
		标注在视图轮廓线上	标注在视图正面	标注在视图轮廓线上	标注在视图正面
定位支承	固定式				
	活动式				
辅助支承		独立支承		联合支承	

表5-5　夹紧符号

夹紧动力源类型	独立夹紧符号		联合夹紧符号	
	标注在视图轮廓线上	标注在视图正面	标注在视图轮廓线上	标注在视图正面
手动夹紧				
液压夹紧	Y	Y	Y	Y
气动夹紧	Q	Q	Q	Q
电磁夹紧	D	D	D	D

1. 某厂年产 4105 型柴油机 1000 台，已知连杆的备品率为 5%，机械加工废品率为 1%，试计算连杆的生产纲领。

2. 不同生产类型的工艺过程各有何特点？

3. 什么是生产过程、工艺过程和工艺规程？工艺规程在生产中起何作用？

4. 什么是工序、工位、工步、走刀？

5. 工序简图的内容有哪些？

6. 如图 5-9 所示的零件，单件小批生产时其机械加工工艺过程如下所述，试分析其工艺过程的组成（包括工序、工步、走刀、安装）。在刨床上分别刨削 6 个表面，达到图样要求；粗刨导轨面 A，分两次切削；刨两个越程槽；精刨导轨面 A；钻孔；扩孔；铰孔；去毛刺。

7. 如图 5-10 所示的零件，毛坯为 $\phi35$mm 棒料，批量生产时其机械加工工艺过程如下所述，试分析其工艺过程的组成。在锯床上切断下料，车一端面并钻中心孔，调头，车另一端面并钻中心孔，在另一台车床上将整批工件靠螺纹一边都车至 $\phi30$mm，调头再调刀车削整批工件的 $\phi18$mm 外圆，之后换台车床车 $\phi20$mm 外圆，在铣床上铣两平面，转 90° 后，铣另外两平面，最后车螺纹，倒角。

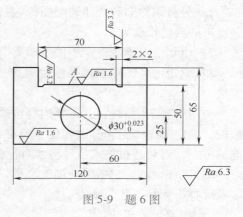

图 5-9 题 6 图

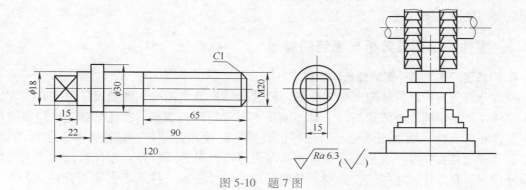

图 5-10 题 7 图

5.2 机械加工工艺规程设计

5.2.1 机械加工工艺规程设计的步骤

1. 制订工艺规程的原则

所制订的工艺规程能在一定的生产条件下，以最快的速度、最少的劳动量和最低的费用，可靠地加工出符合要求的零件，同时，还应在充分利用本企业现有生产条件的基础上，尽可能采用国内外先进的工艺技术和经验，并保证有良好的劳动条件。工艺规程是直接指导生产和操作的重要文件，在编制时还应做到正确、完整、统一和清晰，所用术语、符号、计量单位和编号都要符合相应标准。

2. 制订工艺规程的原始资料

①产品的全套装配图和零件的工作图。②产品验收的质量标准。③产品的年生产纲领。④产品零件毛坯生产条件及毛坯材料等资料。⑤工厂现有生产条件，包括机床设备和工艺装备的规格、性能和现在的技术状态、工人的技术水平、工厂自制工艺装备的能力，以及工厂供电、供气的能力等有关资料。⑥制订工艺过程、设计工艺装备所用设计手册和有关标准。⑦国内外先进制造技术资料等。

3. 制订工艺规程的步骤

1）分析零件图和产品装配图，包括分析零件的各项技术要求和审查零件的结构工艺性，并提出必要的修改意见。

2）由年生产纲领确定零件生产类型。

3）确定毛坯，即根据零件生产类型和毛坯制造的生产条件综合考虑毛坯的类型和制造方法。

4）拟定工艺路线，其主要内容包括：选择定位基准，确定各表面的加工方法，划分加工阶段，确定工序集中和分散程度，安排工序顺序等。在拟订工艺路线时，需同时提出几种可能的方案，然后通过技术、经济的对比分析，最后确定一种最佳工艺方案。

5）工序设计，包括确定加工余量，计算工序尺寸及其公差，确定切削用量，计算工时定额及选择机床和工艺装备等。

6）编制工艺文件。

在具体制订工艺规程的过程中，要解决许多相关的技术问题，下面讨论在制订工艺过程中所需要解决的主要问题。

5.2.2 零件的工艺性分析与毛坯的制造

1. 产品装配图与零件图的分析和审查

通过分析研究产品的装配图和零件图，可熟悉该产品的用途、性能及工作条件，明确被加工零件在产品中的位置与作用，了解各项技术要求制订的依据。在此基础上，应审查图纸的完整性和正确性，例如图纸是否有足够的视图，尺寸和公差是否标注齐全，零件的材料、热处理要求及其他技术要求是否完整合理。在熟悉零件图的同时要对零件结构的工艺性进行初步分析。只有这样，才能综合判别零件的结构、尺寸公差、技术要求是否合理。若有错误和遗漏，应提出修改意见。

零件的技术要求主要包括：被加工表面的尺寸精度和几何形状精度；各个被加工表面之间的相互位置精度；被加工表面的粗糙度、表面质量、热处理要求等。在分析零件的技术要求时，要了解这些技术要求的作用，并从中找出主要的技术要求，在工艺上难以达到的技术要求，特别是对制订工艺方案起决定作用的技术要求。在分析零件技术要求时，还应考虑影响达到技术要求的主要因素，并着重研究零件在加工过程中可能产生的变形及其对技术要求的影响，以便通过这一步工作，掌握制订工艺规程时应解决的主要问题，为合理地制订工艺规程做好必要的准备。

2. 零件结构工艺性分析

零件结构工艺性对其工艺过程的影响非常大，不同结构的两个零件尽管都能满足使用性能要求，但它们的加工方法和制造成本却可能有很大的差别。良好的结构工艺性是指在满足使用性能的前提下，能以较高的生产率和最低的成本方便地加工出零件来。对整个机械产品而言，衡量其结构工艺性主要应从以下几个方面来考虑：

1）零件的总数。虽然零件的复杂程度可能差别很大，但是一般来说，组成产品的零件总数越少，特别是不同名称的零件数目越少，则工艺性越好。另外，在一定的零件总数中可利用的、生产上已掌握的零件和组合件的数目越多（即设计的结构有继承性），或是标准的、通用的零件的数目越多，则工艺性就越好。

2）机械零件的平均精度。产品中所有零件要加工的尺寸、形状、位置的平均精度越低，则工艺性越好。

3）材料的需要量。制造整个产品所需各种材料的数量，特别是贵重、稀有或难加工材料的数量也是影响结构工艺性的一个重要因素，因为它影响产品的成本。

4）机械零件各种制造方法的比例。一些非切削工艺方法如冷冲压、冷挤压、精密铸造、精密锻造等，相对于切削加工来说，可以提高生产率，降低成本。显然，机械产品中所采用这类零件的比例越大，则结构工艺性就越好。对切削加工来说，采用加工费用低的方法制造的零件数越多，则结构工艺性也越好。

5）产品装配的复杂程度。产品装配时，无须进行任何附加加工和调整的零件数越多，则装配效率越高，装配工时越少，装配成本越低，故其结构工艺性就越好。

为了改善零件机械加工的工艺性，在结构设计时通常应注意：①应尽量采用标准化参数，对于孔径、锥度、螺距、模数等，采用标准化参数有利于采用标准刀具和量具，以减少专用刀具和量具的设计与制造。零件的结构要素应尽可能统一，以减少刀具和量具的种类，减少换刀次数。②要保证加工的可能性和方便性，加工表面应有利于刀具的进入和退出。③加工表面形状应尽量简单，便于加工，并尽可能布置在同一表面或同一轴线上，以减少工件装夹、刀具调整及走刀次数，有利于提高加工效率。④零件的结构应便于工件装夹，并有利于增强工件或刀具的刚度。⑤有相互位置精度要求的有关表面，应尽可能在一次装夹中加工完成。因此，要求有合适的定位基面。⑥应尽可能减轻零件质量，减少加工表面面积，并尽量减少内表面加工。⑦零件的结构应尽可能有利于提高生产效率。⑧合理地采用零件的组合，以便于零件的加工。⑨在满足零件使用性能的条件下，零件的尺寸、形状、相互位置精度与表面粗糙度的要求应经济、合理。⑩零件尺寸的标注应考虑最短尺寸链原则、设计基准的正确选择以及符合基准重合原则，使得加工、测量、装配方便。

零件结构工艺性分析是一项复杂而细致的工作，需凭借丰富的实践经验和理论知识来进行。分析时发现问题应向设计部门提出修改意见并加以改进。表5-6列举了零件机械加工结构工艺性对比的一些典型示例，可供分析零件切削、磨削结构工艺性时参考。

表 5-6　零件机械加工结构工艺性示例

序号	结构工艺性差	结构工艺性好	说明
1			应尽量减少加工面，以减少加工劳动量和切削工具的消耗量

（续）

序号	结构工艺性差	结构工艺性好	说明
2			被加工表面的方向一致，可以在一次装夹中进行加工
3			要有退刀槽，以保证加工的可能性，减少刀具（砂轮）的磨损
4			凹槽尺寸相同，可减少刀具种类，减少换刀时间
5		$h>0.3\sim0.5$	为了减少加工劳动量，改善刀具工作条件，沟槽的底面不要与其他表面重合
6			在套筒内插削键槽时，应在键槽前端设置一个孔，以利让刀
7			台阶孔最好不要用平面过渡，以便采用通用刀具加工

（续）

序号	结构工艺性差	结构工艺性好	说明
8	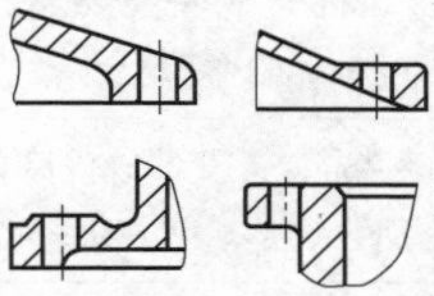	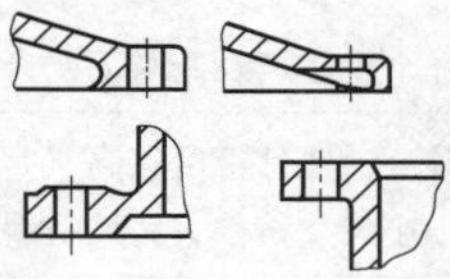	钻孔的出入端应避免斜面，可提高钻孔的精度和生产率
9	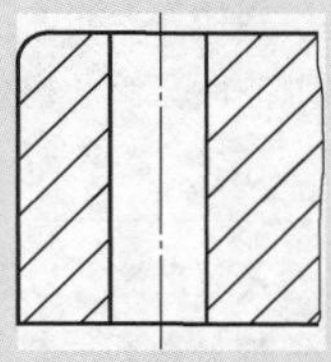	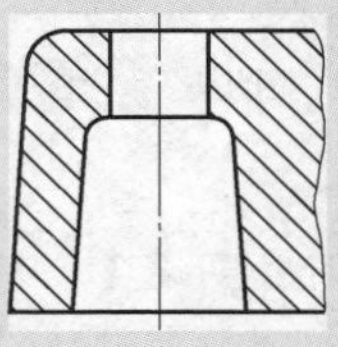	减少孔的加工长度、避免深孔加工
10		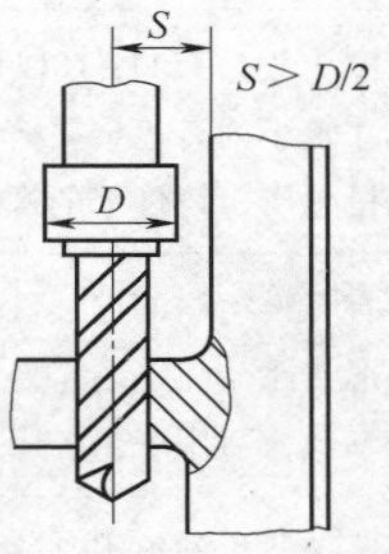	钻孔位置不能距离侧壁太近，以便采用标准附具，提高加工精度

3. 工艺条件对零件结构工艺性的影响

结构工艺性是一个相对概念，不同生产规模或具有不同生产条件的工厂，对产品结构工艺性的要求不同。例如，某些单件生产的产品结构，如要扩大产量改为按流水生产线来加工可能就很困难，若按自动线加工则困难更大。又如，同样是单件小批生产的工厂，若分别以拥有数控机床和万能机床为主，则由于两者在制造能力上差异很大，因而对零件结构工艺性的要求就有很大的不同。同样，电火花等特种加工对零件的结构工艺性要求和其他普通切削加工相比是有明显区别的。

4. 毛坯的选择

选择毛坯的基本任务是选定毛坯的制造方法及其制造精度。毛坯的选择不仅影响毛坯的制造工艺和费用，而且影响零件机械加工工艺及其生产率与经济性。例如，选择高精度的毛坯，可以减少机械加工劳动量和材料消耗，提高机械加工生产率，降低加工的成本但却提高了毛坯的费用。因此，选择毛坯要从机械加工和毛坯制造两方面综合考虑，以求得到最佳效果。常见毛坯制造方法见表 5-7。

在选择毛坯时应考虑下列因素：

1）零件的材料及力学性能要求。由于材料的工艺特性决定了其毛坯的制造方法，因此当零件的材料选定后，毛坯的类型就大致确定了。例如，材料为灰铸铁的零件必须用铸造毛坯；对于重要的钢质零件，为获得良好的力学性能，应选用锻件；在形状较简单及力学性能要求不太高时可用型材毛坯；有色金属零件常用型材或铸造毛坯。

表 5-7　常见毛坯制造方法

毛坯	细类	特点及用途
铸件	手工砂型铸造	毛坯精度低（铸造大型零件，其毛坯公差可达 8mm），生产效率低，有很好的适应性，用于单件小批生产及笨重而复杂的大型零件的毛坯制造
	金属模机器造型铸造	生产效率较高，铸件精度较高（尺寸公差为 1~2mm），设备造价昂贵，主要用于大批大量生产中小尺寸铸件，铸件材料多为有色金属，如铝活塞、水轮机叶片等
	离心铸造	离心铸造的铸件在远离中心的部位，其表面质量和精度都较高（可达 IT8~IT9 级），但越靠近回转中心，组织越疏松。该法生产效率高，适用于大批量生产。主要用于空心回转体零件毛坯的生产，毛坯尺寸不能太大，如各种套筒、蜗轮、齿轮、滑动轴承等
	熔模铸造	铸件尺寸精度高，可达 IT10~IT13 级，表面光洁，表面粗糙度为 $Ra3.2~6.3\mu m$，机械加工量小甚至可不加工，适合于各种生产类型、各种材料和形状复杂的中小铸件生产，如刀具、风动工具、自行车零件、叶轮和叶片等
	压力铸造	铸件尺寸精度一般为 IT11~IT13 级，表面粗糙度一般可达 $Ra0.8~3.2\mu m$，主要用于形状复杂、尺寸较小的有色金属铸件（如喇叭、汽车化油器）以及电器、仪表和纺织机的零件的大量生产，铸件上的螺纹、文字、花纹图案等均可铸出
锻件	自由锻造	毛坯由于具有纤维组织的连续性和均匀分布性，因而提高了零件的强度，适用于强度要求较高，形状比较简单的零件的毛坯。自由锻造锻件精度低（加工余量往往高达 10mm），生产率低，适用于单件小批生产和大型锻件的制造
	模锻	精度、表面质量及内部组织结构好，锻件的形状复杂，生产率较高，适用于产量较大的中小型锻件的制造，精密模锻可使锻件质量进一步提高，通常尺寸精度可达 ±0.1mm，表面粗糙度为 $Ra1.6~3.2\mu m$
	型材	品种和规格很多，按断面形状可分为简单断面型钢和复杂断面型钢。简单断面型钢常用的有圆钢、方钢、线材、扁钢及三角钢等，复杂断面型钢常用的有工字钢、槽钢等。有热轧和冷拉两种，热轧型材尺寸精度低，脱碳层深，弯曲变形大，常用于一般零件的加工。冷拉型材尺寸精度高（可达 IT9~IT13 级），力学性能好，多用于毛坯精度要求高、批量较大的中小件生产
	焊接件	将型钢或钢板焊接（熔化焊、电阻焊、钎焊）成所需要的结构件，优点是结构质量轻，制造周期短；但焊接结构抗振性差，焊接的零件热变形大，且需经时效处理后才能进行机械加工
	冲压件	精度较高（尺寸误差为 0.05~0.5mm，表面粗糙度为 $Ra1.25~5\mu m$）。生产效率较高，适用于加工形状复杂、批量较大的中小尺寸板料零件
	冷挤压零件	精度可达 IT6~IT7 级，表面粗糙度为 $Ra0.16~2.5\mu m$。可挤压的金属材料为碳钢、低合金钢、高速钢、轴承钢、不锈钢以及有色金属（铜、铝及其合金），适用于批量大、形状简单、尺寸小的零件或半成品的加工
	粉末冶金件	以金属粉末为原料，用压制成型和高温烧结来制造金属制品与金属材料，其尺寸精度可达 IT6 级，表面粗糙度为 $Ra0.08~0.63\mu m$，成型后无须切削，材料损失少，工艺设备较简单，适用于大批量生产。但金属粉末生产成本高，结构复杂的零件以及零件的薄壁、锐角等成型困难

2）零件的结构形状与大小。大型且结构较简单的零件毛坯多用手工砂型铸造或自由锻造；结构复杂的毛坯多用铸造。例如，小型零件可用模锻件或压力铸造毛坯；板状钢质零件多用锻件毛坯；轴类零件的毛坯，如直径和台阶相差不大，可用棒料，如各台阶尺寸相差较大，则宜选择锻件。

3）生产纲领的大小。当零件的生产批量较大时，应选用精度和生产率较高的毛坯制造方法，如模锻、金属模机器造型铸造和精密铸造等。当单件小批生产时，则应选用手工砂型铸造或自由锻造。

4）现有生产条件。必须结合具体的生产条件，如现场毛坯制造的实际水平和能力、外协的可能性等确定毛坯。

5）充分利用新工艺、新材料。为节约材料和能源，提高机械加工生产率，应充分考虑精铸、精锻、冷轧、冷挤压、粉末冶金和工程塑料等在机械中的应用，这样可大大减少机械加工量，甚至不需要进行加工，尽可能地提高经济效益。

在分析了零件图和产品装配图，并由年生产纲领确定了零件的生产类型和毛坯形式后，拟订工艺路线就是制订工艺规程的关键步骤了，其主要内容包括：选择定位基准，确定各表面的加工方法，安排工序的先后顺序，确定工序集中与分散程度等。设计时一般应提出几种方案，通过分析对比，从中选择最佳方案。但是，目前还没有一套通用而完整的工艺路线拟订方法，只总结出一些综合性原则，在具体运用这些原则时，要根据具体条件综合分析。

5.2.3　基准确定

1. 基准的概念及分类

零件是由若干表面组成的，它们之间有一定的相互位置和距离尺寸的要求，在加工过程中必须相应地以某几个表面为依据来加工有关表面，以确保零件图上所规定的要求。

在零件图上或实际的零件上，用来确定其他点、线、面位置时所依据的那些点、线、面，称为基准。

基准按其功用可分为以下两类：

（1）设计基准　零件工作图上用来确定其他点、线、面位置的基准。

（2）工艺基准　加工、测量和装配过程中使用的基准，又称制造基准。工艺基准包括：

1）定位基准：加工过程中，使工件相对机床或刀具占据正确位置所使用的基准。

2）度量基准（测量基准）：用来测量加工表面位置和尺寸而使用的基准。

3）装配基准：装配过程中用以确定零、部件在产品中位置的基准。

图 5-11 给出了几种基准示例。

2. 定位基准的选择

在制订工艺规程时，定位基准选择的正确与否，对能否保证零件的尺寸精度和相互位置精度要求，以及对能否合理安排零件各表面间的加工顺序都有很大影响。

定位基准有粗基准和精基准之分。用毛坯上未经加工的表面作定位基准，这种定位基准称为粗基准。用加工过的表面作定位基准，这种定位基准称为精基准。有时工件上没有能作为定位基准用的恰当表面，这时就必须在工件上专门设置或加工出定位基面，这种基面称为辅助基面。辅助基面在零件的工作中并无用处，它完全是为了加工需要而设置的。轴加工时用的中心孔就是典型的例子。

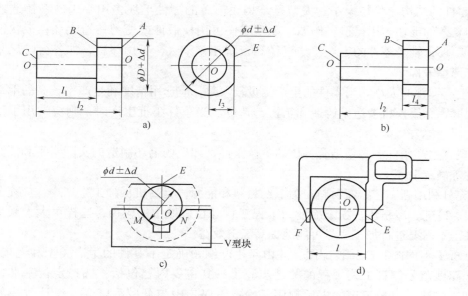

图 5-11　各种基准示例
a）零件图上的设计基准　b）工序图上的工艺基准
c）加工时的定位基准　d）测量 E 面时的测量基准

在制订零件加工工艺规程时，总是先考虑选择怎样的精基准把各个主要表面加工出来，然后再考虑选择怎样的粗基准把作为精基准的表面加工出来。因此，选择定位基准时应先选择精基准，再选择粗基准。

（1）精基准的选择原则　选择精基准时，主要应考虑如何减少误差，提高定位精度。其选择原则如下：

1）基准重合原则。基准重合原则即选用设计基准作为定位基准，以避免定位基准与设计基准不重合而引起的基准不重合误差。特别在最后精加工时，为保证加工精度，更应该注意这个原则。

2）统一基准原则。应采用同一组基准定位加工零件上尽可能多的表面，这就是统一基准原则。这样做可以简化工艺规程的制订工作，减少夹具设计、制造工作量和成本，缩短生产准备周期；由于减少了基准转换，因此便于保证各加工表面的相互位置精度。例如，加工轴类零件时，采用两中心孔定位加工各外圆表面，就符合统一基准原则。又如，箱体零件采用一面两孔定位，齿轮的齿坯和齿形加工多采用齿轮的内孔及一个端面为定位基准，均属于统一基准原则。

3）互为基准原则。当对工件上两个相互位置精度要求很高的表面进行加工时，需要用两个表面互相作为基准，反复进行加工，以保证位置精度要求。例如，要保证精密齿轮的齿圈跳动精度，应在齿面淬硬后，先以齿面定位磨内孔，再以内孔定位磨齿面，从而保证位置精度。又如，车床主轴前后支承轴颈与前锥孔有严格的同轴度要求，为了达到这一要求，工艺上一般都遵循互为基准的原则，即以支承轴颈定位加工锥孔，又以锥孔定位加工支承轴颈，从粗加工到精加工，经过几次反复，最后以前后支承轴颈定位精磨前锥孔，达到图纸上规定的同轴度要求（图 5-12）。

4）自为基准原则。对于某些要求加工余量小而均匀的精加工工序，应选择加工表面本身

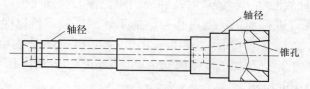

图 5-12　主轴零件精基准选择中互为基准原则

作为定位基准，这就是自为基准原则。例如，图 5-13 所示的导轨面磨削，在导轨磨床上，用百分表找正导轨面相对机床运动方向的正确位置，然后加工导轨面，以保证导轨面余量均匀，满足对导轨面的质量要求。此外，浮动镗刀镗孔、珩磨孔、无心磨外圆等也都是自为基准的实例。

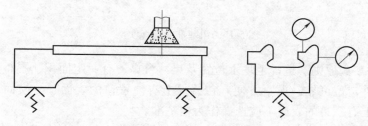

图 5-13　床身导轨面自为基准

（2）粗基准的选择原则　选择粗基准时，主要考虑如何保证各加工表面有足够的余量，使不加工表面与加工表面间的尺寸、位置符合零件图要求，并注意尽快获得精基准。在具体选择时应考虑下列原则：

1）余量均匀分配原则。如果主要要求保证工件上某重要表面的加工余量均匀，则应选该表面为粗基准。例如，车床床身粗加工时，为保证导轨面有均匀的金相组织和较高的耐磨性，应使其加工余量小而且均匀，因此应选择导轨面作为粗基准，先加工床脚表面，再以床脚表面为精基准加工导轨面，如图 5-14 所示，这样就可以保证导轨面的加工余量均匀。

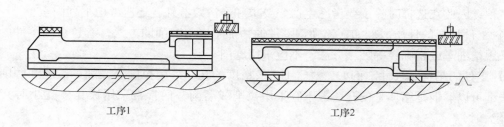

工序1　　　　　　　　　　　　　　　工序2

图 5-14　床身加工粗基准的选择

2）保证相互位置要求原则。若主要要求保证加工面与不加工面间的位置要求，则应选不加工面为粗基准。若工件上有好几个不加工面，则应选其中与加工面位置要求较高的不加工面为粗基准，以便于保证精度要求，使外形对称。若零件上每个表面都要加工，则应选加工余量最小的表面为粗基准，以避免该表面在加工时因余量不足而留下部分毛坯面，产生工件废品。

图 5-15 所示为零件的毛坯，在铸造时孔和外圆难免偏心。加工时，如果采用不加工的外圆面作为粗基准装夹工件进行加工，则内孔与不加工外圆同轴，可以保证壁厚均匀，但是内孔的加工余量不均匀，如图 5-15a 所示。如果采用该零件的毛坯孔作为粗基准装夹工件（直接找正装夹，按毛坯孔找正）进行加工，则内孔余量是均匀的，但是内孔与不加工外圆不同轴，即壁厚不均匀，如图 5-15b 所示。

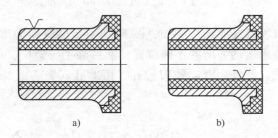

图 5-15　粗基准的选择实例

3）便于工件装夹原则。选择毛坯上位置及尺寸可靠、有一定面积、平整光滑的表面作为粗基准，以使工件定位可靠，夹紧方便。在铸件上有浇冒口的表面、分模面、有毛刺或夹砂的表面，在锻件上有飞边的表面不应选择作为粗基准。

4）不重复使用原则。因为粗基准未经加工，表面较为粗糙，在第二次安装时，其在机床上或夹具中的实际位置与第一次安装时不可能完全一致。因此，在一个尺寸方向上粗基准一般只允许使用一次。

实际上，无论精基准还是粗基准的选择，上述原则都不可能同时满足，有时还是互相矛盾的。因此，在选择时应根据具体情况进行分析，权衡利弊，保证其主要的要求。

5.2.4　表面加工方法的确定

表面加工方法的选择就是为零件上每一个有质量要求的表面选择一套合理的加工方法。在选择时，一般先根据图纸上标注的表面精度和粗糙度要求选定最终加工方法，然后再确定精加工前准备工序的加工方法，即确定加工方案。由于获得同一精度和粗糙度的加工方法往往有多种，因此在选择时除了要考虑生产率要求和经济效益外，还应考虑下列因素：

1）工件材料的性质。例如，淬硬钢零件的精加工要用磨削的方法；有色金属零件的精加工应采用精细车或精细镗等加工方法，不应采用磨削。

2）工件的结构和尺寸。例如，对于 IT7 级精度的孔，采用拉削、铰削、镗削和磨削等加工方法都可以。但是箱体上的孔一般不宜采用拉削或磨削，而常常采用铰孔（孔小时）和镗孔（孔大时）。

3）生产类型。选择加工方法要与生产类型相适应，大批大量生产应选用生产率高和质量稳定的加工方法，如用拉削加工平面和孔，用超精加工和珩磨加工较精密零件。单件小批生产则采用刨削、铣削平面和钻孔、扩孔、铰孔。

4）具体生产条件。应充分利用现有设备和工艺手段，并重视新工艺和新技术，提高工艺水平。有时，因设备负荷的原因，需改用其他加工方法。

5）特殊要求，如表面纹路方向的要求等。

表 5-8、表 5-9、表 5-10 分别列出了外圆表面、内孔和平面的加工方案，可供选择时参考。

表 5-8　外圆表面加工方案

序号	加工方案	经济精度 公差等级	表面粗糙度 $Ra/\mu m$	适用范围
1	粗车	IT11 以下	12.5~50	适用于淬火钢以外的各种金属
2	粗车→半精车	IT8~IT10	3.2~6.3	
3	粗车→半精车→精车	IT7~IT8	0.8~1.6	
4	粗车→半精车→精车→滚压（或抛光）	IT7~IT8	0.025~0.2	
5	粗车→半精车→磨削	IT7~IT8	0.4~0.8	主要用于淬火钢，也可以用于未淬火钢，不可以加工有色金属
6	粗车→半精车→粗磨→精磨	IT6~IT7	0.1~0.4	
7	粗车→半精车→粗磨→精磨→超精加工（或超精磨）	IT5	0.025~0.1	
8	粗车→半精车→精车→金刚石车	IT6~IT7	0.025~0.4	主要用于要求较高的有色金属加工
9	粗车→半精车→粗磨→精磨→超精磨或镜面磨	IT5 以上	0.025~0.05	极高精度的外圆加工
10	粗车→半精车→粗磨→精磨→研磨	IT5 以上	0.05~0.1	

表 5-9　内孔加工方案

序号	加工方案	经济精度 公差等级	表面粗糙度 $Ra/\mu m$	适用范围
1	钻	IT11~IT12	12.5	加工未淬火钢及铸铁的实心毛坯，也可用于加工有色金属（但表面粗糙度稍大，孔径小于 15~20mm）
2	钻→铰	IT8~IT9	1.6~3.2	
3	钻→铰→精铰	IT7~IT8	0.8~1.6	
4	钻→扩	IT10~IT11	6.3~12.5	
5	钻→扩→铰	IT8~IT9	1.6~3.2	
6	钻→扩→粗铰→精铰	IT7~IT8	0.8~1.6	
7	钻→扩→粗铰→手铰	IT6~IT7	0.1~0.4	
8	钻→扩→拉	IT7~IT9	0.1~1.6	大批大量生产（精度由拉刀的精度而定）
9	粗镗（或扩孔）	IT11~IT12	6.3~12.5	除淬火钢外的各种材料，毛坯有铸出或锻出孔
10	粗镗（粗扩）→半精镗（精扩）	IT8~IT9	1.6~3.2	
11	粗镗（扩）→半精镗（精扩）→精镗（铰）	IT7~IT8	0.8~1.6	
12	粗镗（扩）→半精镗（精扩）→精镗→浮动镗刀精镗	IT6~IT7	0.4~0.8	
13	粗镗（扩）→半精镗→磨孔	IT7~IT8	0.2~0.8	主要用于淬火钢，也可用于未淬火钢，但不宜用于有色金属
14	粗镗（扩）→半精镗→粗磨→精磨	IT6~IT7	0.1~0.2	

（续）

序号	加工方案	经济精度公差等级	表面粗糙度 $Ra/\mu m$	适用范围
15	粗镗→半精镗→精镗→金刚镗	IT6~IT7	0.05~0.4	主要用于精度要求高的有色金属
16	钻→(扩)→粗铰→精铰→珩磨 钻→(扩)→拉→珩磨 粗镗→半精镗→精镗→珩磨	IT6~IT7	0.025~0.2	精度要求很高的孔
17	以研磨代替上述方案中的珩磨	IT6 以上	0.01~0.1	

表 5-10　平面加工方案

序号	加工方案	经济精度公差等级	表面粗糙度 $Ra/\mu m$	适用范围
1	粗车→半精车	IT9	3.2~6.3	端面
2	粗车→半精车→精车	IT7~IT8	0.8~1.6	
3	粗车→半精车→磨削	IT8~IT9	0.2~0.8	
4	粗刨（或粗铣）→精刨（或精铣）	IT8~IT9	1.6~6.3	一般不淬硬平面（端铣表面粗糙度较小）
5	粗刨（或粗铣）→精刨（或精铣）→刮研	IT6~IT7	0.1~0.8	精度要求较高的不淬硬平面，批量较大时宜采用宽刃精刨方案
6	以宽刃精刨代替上述方案中的刮研	IT7	0.2~0.8	
7	粗刨（或粗铣）→精刨（或精铣）→磨削	IT7	0.2~0.8	精度要求高的淬硬平面或不淬硬平面
8	粗刨（或粗铣）→精刨（或精铣）→粗磨→精磨	IT6~IT7	0.02~0.4	
9	粗铣→拉	IT7~IT9	0.2~0.8	大量生产，较小的平面（精度视拉刀精度而定）
10	粗铣→精铣→磨削→研磨	IT6 以上	0.05~0.1	高精度平面

　　在选择加工方法时，首先根据零件主要表面的技术要求和工厂具体条件，选定其最终工序加工方法，然后再逐一选定与该表面有关的前道工序的加工方法。例如，加工一个精度等级为 IT6、表面粗糙度为 $Ra0.2\mu m$ 的钢质外圆表面，其最终工序选用精磨，则其前道工序可分别选为粗车、半精车和精车。在主要表面的加工方案和加工方法选定以后，再选定各次要表面的加工方案和加工方法。需要注意的是，任何一种加工方法可以获得的精度和表面粗糙度值均有一个较大的范围。例如，精细地操作，选择低的切削用量，则获得的精度较高，但是会降低生产率，提高成本；反之，增加切削用量可提高生产率，虽然成本降低了，但精度也会降低。所以，只有在一定的精度范围内才是经济的，此处一定的精度范围就是指在正常加工条件（即不采用特别的工艺方法，不延长加工时间）下所能达到的精度，这种精度称为经济精度。相应的粗糙度称为经济粗糙度。

5.2.5　加工阶段的划分

当零件的加工质量要求较高时，一般把整个加工过程划分为以下几个阶段：

1）粗加工阶段。主要是指切除各表面上的大部分余量。

2）半精加工阶段。完成次要表面的加工，并为主要表面的精加工做准备。

3）精加工阶段。保证各主要表面达到图样要求。

4）光整加工阶段。对于精度要求很高（IT5 级以上）、表面粗糙度要求很小（0.2μm 以下）的表面，还需要进行光整加工阶段。这一阶段一般不需要纠正形状精度和位置精度。

应当指出的是，加工阶段的划分是针对零件加工的整个过程而言的，不能以某一表面的加工或某一工序的性质来判断。同时，在具体应用时，也不可以绝对化。对有些重型零件或余量小、精度不高的零件，则可以在一次安装中完成表面的粗加工和精加工。

零件加工时要划分加工阶段的原因如下：

1）保证零件加工质量。工件在粗加工时，由于加工余量大，所受的切削力、夹紧力也大，将引起较大的变形，如不分阶段连续进行粗精加工，则上述变形来不及恢复，将影响加工精度，所以，需要划分加工阶段，逐步恢复和修正变形，逐步提高加工质量。

2）合理利用机床设备。粗加工要求采用刚性好、效率高而精度较低的机床，精加工则要求机床精度高。划分加工阶段后，可以充分发挥机床的性能，延长使用寿命。

3）安排热处理工序。粗加工阶段之后，一般要安排去应力的热处理，以消除内应力。精加工前要安排淬火等最终热处理，其变形可以通过精加工予以消除。

4）发现毛坯缺陷，保护精加工过的表面少受磕碰损坏。毛坯经粗加工阶段后，缺陷即已暴露，可以及时发现和处理。同时，精加工工序安排在最后，可以避免加工好的表面在搬运和夹紧中受损伤。

5.2.6　工序的集中与分散

制订工艺路线时，选定了各表面的加工方法，并划分好加工阶段后，就可以将同一阶段中的各个加工表面组合成若干工序。组合时需要考虑采用工序集中还是工序分散的方法。

工序集中就是指每道工序的加工内容很多，工艺路线短。其主要特点如下：

1）可以采用高效机床和工艺装备，生产率高。

2）减少设备数量、操作工人数量和占地面积，节省人力、物力。

3）减少工件安装次数，利于保证表面间的位置精度。

4）采用的工艺装备结构复杂，调整和维护较困难，生产准备工作量大。

工序分散就是指每道工序的加工内容很少，甚至一道工序只含一个工步，工艺路线很长。其主要特点如下：

1）设备和工艺装备比较简单，便于调整，容易适应产品的变换。

2）对工人的技术要求较低。

3）可以采用最合理的切削用量，减少机动时间。

4）所需设备和工艺装备的数目多，操作工人多，占地面积大。

工序集中或分散的程度主要取决于生产规模、零件的结构特点和技术要求，有时还要考虑各工序生产节拍的一致性。一般情况下，单件小批生产时，只能将工序集中，在一台普通机床上加工出尽量多的表面；大批大量生产时，既可以采用多刀、多轴等高效、自动机床，将工序集中，也可以将工序分散后组织流水生产。批量生产应尽可能采用效率较高的半自动机床，使工序适当集中。

对于重型零件，为了减少工件装卸和运输的劳动量，工序应适当集中；对于刚性差且精度高的精密工件，则工序应适当分散。

从发展趋势来看，由于工序集中的优点较多以及数控机床、柔性制造单元和柔性制造系统等的发展，因而现代生产倾向于采用工序集中的方法来组织生产。

5.2.7 加工顺序的安排

复杂零件的机械加工要经过切削加工、热处理和辅助工序，因此，在拟订工艺路线时，工艺人员要系统全面地考虑切削加工、热处理和辅助工序。

1. 切削加工工序的安排

切削加工工序安排总的原则是前面工序为后面工序创造条件，做好基准准备。具体原则如下：

1）先基面后其他。用作精基准的表面首先要加工出来，第一道工序一般是进行定位面的粗加工和半精加工（有时包括精加工），然后再以精基面定位加工其他表面。

2）先主后次。零件的加工应先安排加工主要表面，后加工次要表面。因为主要表面往往要求精度较高，加工面积较大，容易出废品，所以应放在前阶段进行加工，以减少工时浪费，而次要表面加工面积小，精度一般也较低，又与主要表面有位置要求，故应在主要表面加工之后进行加工。

3）先粗后精。先安排粗加工，再安排半精加工，最后安排精加工和光整加工。

4）先面后孔。零件上的平面必须先进行加工，然后再加工孔。因为平面的轮廓平整，安放和定位比较稳定可靠，若先加工好平面，就能以平面定位加工孔，保证孔和平面的位置精度。此外，先面后孔也给平面上的孔加工带来了方便，能改善孔加工刀具的初始工作条件。

2. 热处理工序的安排

热处理的目的在于改变工件材料的性能和消除内应力。热处理的目的不同，其工序的内容及其在工艺过程中所安排的位置不一样。

（1）预备热处理　预备热处理安排在机械加工之前进行，其目的是改善工件材料的切削性能，消除毛坯制造时的内应力。常用的热处理方法如下：

1）退火与正火。退火与正火通常安排在粗加工之前。例如，碳的质量分数大于0.7%的碳钢和合金钢，为了降低硬度，常采用退火；碳的质量分数小于0.3%的低碳钢和合金钢，则采用正火，以提高硬度，防止切削时的粘刀现象发生，使加工出来的表面比较光滑。

2）调质。由于调质能得到组织细致、均匀的回火索氏体，所以有时也用作预备热处理，但一般安排在粗加工以后进行。

（2）最终热处理　最终热处理通常安排在半精加工之后和磨削加工之前，目的是提高材料的强度、表面硬度和耐磨性。常见的热处理方法如下：

1）调质。由于调质的零件不仅有一定的强度和硬度，还有良好的冲击韧性，综合力学性能较好，因此，调质处理常作为最终热处理，一般安排在精加工之前进行。机床、汽车、拖拉机等产品中一些重要的传动件，如机床主轴、齿轮以及汽车半轴、曲轴、连杆等都要采用调质处理。

2）淬火。淬火可分为整体淬火和表面淬火两种，常安排在精加工之前进行。这是由于工件淬硬后，表面会产生氧化层并产生一定的变形，需要由精加工工序来修整。在淬硬工序以前，应将铣槽、钻孔、攻螺纹和去毛刺等次要表面的加工进行完毕，因为工件淬硬以后，它们就很难再加工了。表面淬火因优点多而应用广泛，为了提高零件内部性能和获得细马氏体的表层淬火组织，表面淬火前要进行调质和正火处理，其加工路线一般为：下料→锻造→正火或退火→粗加工→调质→半精加工→表面淬火→精加工。

3）渗碳淬火。对于低碳钢或低碳合金钢零件，当要求表面硬度高而内部韧性好时，可采用表面渗碳淬火，渗碳层深度一般为 0.3 ~ 1.6mm。由于渗碳温度高，容易产生变形，因此，渗碳淬火一般安排在精加工前进行。材料为低碳钢或低碳合金钢的齿轮、轴、凸轮轴的工作表面都可以进行渗碳淬火。当工件需要采用渗碳淬火处理时，常将渗碳工序放在次要表面加工之前进行，待次要表面加工完之后再进行淬硬，这样可以减少次要表面与淬硬表面之间的位置误差。

4）渗氮处理。采用渗氮工艺可以获得比渗碳淬火更高的表面硬度、耐磨性、疲劳强度及耐蚀性。由于渗氮层较薄，所以渗氮处理后磨削余量不能太大，故一般应安排在粗磨之后、精磨之前进行。为了消除内应力，减少渗氮变形，改善加工性能，渗氮前应对零件进行调质处理和去内应力处理

（3）时效处理 时效处理有人工时效和自然时效两种，目的都是为了消除毛坯制造和机械加工中产生的内应力。对于精度要求一般的铸件，只需进行一次时效处理，安排在粗加工后较好，可同时消除铸造和粗加工所产生的应力。有时为减少运输工作量，也可放在粗加工之前进行。对于精度要求较高的铸件，则应在半精加工之后安排第二次时效处理，使精度稳定。对于精度要求很高的精密丝杆、主轴等零件，则应安排多次时效处理。对于精密丝杠、精密轴承、精密量具等，为了消除残留奥氏体，稳定尺寸，还要采用冰冷处理（冷却到-80 ~ -70℃，保温 1~2h），一般在回火后进行。

（4）表面处理 为了进一步提高某些零件的表面抗蚀能力，增加耐磨性以及使表面美观光泽，常采用表面处理工序，使零件表面覆盖一层金属镀层、非金属涂层或氧化膜等。金属镀层有镀铬、镀锌、镀镍、镀铜、镀金、镀银等；非金属涂层有涂油漆等；氧化膜层有钢的发蓝、发黑、钝化、磷化以及铝合金的阳极氧化处理等。零件的表面处理工序一般都安排在工艺过程的最后进行。表面处理对工件表面本身尺寸的改变一般可以不考虑，但精度要求很高的表面应考虑尺寸的增大量。当零件的某些配合表面不要求进行表面处理时，则应进行局部保护或采用机械加工的方法予以切除。

3. 辅助工序的安排

检验工序是主要的辅助工序，是保证产品质量的有效措施之一，是工艺过程不可缺少的内容，除每道工序由操作者自行检验外，下列场合还应考虑单独安排检验工序：

1）零件从一个车间送往另一个车间的前后。

2）零件粗加工阶段结束之后。

3）重要工序加工前后。

4）零件全部加工结束之后。

除了常规性的检验工序以外，对某些零件还要安排探伤、密封、称重、平衡等特种性能检验工序。X 射线检查、超声波探伤检查等多用于工件（毛坯）内部的质量检查，一般安排在工艺过程的开始阶段进行。磁力探伤、荧光检验主要用于工件表面质量的检验，通常安排在精加工的前后进行。密封性检验、零件的平衡、零件的重量检验一般安排在工艺过程的最

后阶段进行。

除检验工序外，其他辅助工序包括表面强化和去毛刺、倒棱、清洗、防锈等，均不要遗漏，要同等重视。

1. 零件结构工艺性主要涉及哪些方面？
2. 何谓结构工艺性？结构工艺性分析主要包括哪些工作？
3. 选择毛坯制作方法的主要考虑因素是什么？
4. 试简述粗、精基准的选择原则。为什么在同一尺寸方向上粗基准通常只允许用一次？
5. 加工如图5-16所示零件，其粗基准、精基准应如何选择？（图5-16a、b、c零件要求内孔与外圆同轴，端面与内孔的中心线垂直，非加工面与加工面间尽可能保持壁厚均匀；图5-16d零件的毛坯孔已铸出，要求孔加工余量尽可能均匀。）

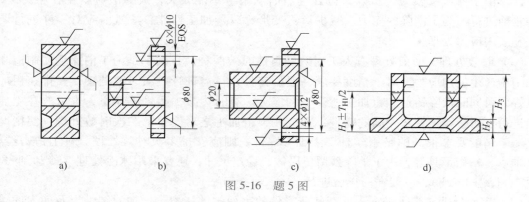

图 5-16　题 5 图

6. 选择加工方法时应考虑哪些因素？
7. 机械加工工艺过程为什么通常划分加工阶段？各加工阶段的主要作用是什么？
8. 试简述按工序集中原则、工序分散原则组织工艺过程的工艺特征，各适用于什么场合？
9. 试说明安排切削加工工序顺序的原则。
10. 机械加工的辅助工序主要有哪些？

5.3　机械加工工艺规程的工序设计

零件的工艺路线确定以后，就应进行工序设计。工序设计的内容是为每道工序选择机床和工艺装备，确定加工余量、工序尺寸和公差，确定切削用量、工时定额及工人技术等级等。

5.3.1　机床和工艺装备的选择

1. 机床的选择

选择机床应遵循如下原则：

1）机床的加工范围应与零件的外廓尺寸相适应。

2）机床的精度应与工序加工要求的精度相适应。

3）机床的生产率应与零件的生产类型相适应。

当工件尺寸太大，精度要求过高，没有相应设备可供选择时，应根据具体要求提出机床设计任务书来改装旧机床或设计专用机床。机床设计任务书中应附有与该工序加工有关的一切必要的数据、资料，如机床的生产率要求、工序尺寸公差及技术条件、工件的定位夹紧方式以及机床的总体布置形式等。

2. 工艺装备的选择

工艺装备包括夹具、刀具和量具。其选择原则如下：

1）夹具的选择。在单件小批生产中，应尽量选用通用夹具和组合夹具。在大批大量生产中，则应根据工序加工要求设计和制造专用夹具。

2）刀具的选择。刀具的选择主要取决于工序所采用的加工方法、加工表面的尺寸工件材料、所要求的精度和表面粗糙度、生产率及经济性等。在选择时一般应尽可能采用标准刀具，必要时可采用高生产率的复合刀具和其他专用刀具。

3）量具的选择。量具的选择主要根据的是生产类型和要求检验的精度。在单件小批生产中，应尽量采用通用量具、量仪，而在大批大量生产中则应采用各种量规及高生产率的检验仪器、检验夹具等。

5.3.2　加工余量的确定

1. 加工余量的概念

加工余量是指加工过程中所切除的金属层厚度。加工余量可分为加工总余量和工序余量。加工总余量（毛坯余量）是毛坯尺寸与零件图的设计尺寸之差。工序余量是相邻两工序的工序尺寸之差（图 5-17）。

对于外圆和孔等旋转表面，加工余量是从直径上考虑的，故称为双边余量，即实际切除的金属层厚度是加工余量的一半，平面的加工余量是单边余量，它等于实际切除的金属层厚度。

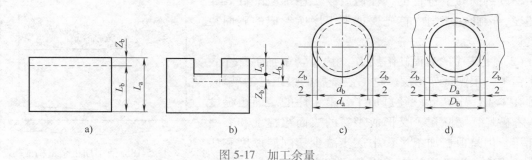

图 5-17　加工余量

1）加工总余量等于各工序余量之和：

$$Z_{\Sigma} = \sum_{i=1}^{N} Z_i \tag{5-1}$$

式中，Z_{Σ} 为加工总余量；Z_i 为第 i 道工序的工序余量；N 为该表面的加工工序数。

由于工序尺寸有公差，因此实际切除的余量是变化的。加工余量又有基本余量、最大余量与最小余量之分。

2）工序余量的基本尺寸（简称基本余量，又称公称余量）：

被包容面：

$$Z = 上工序的基本尺寸 - 本工序的基本尺寸 = L_a - L_b \tag{5-2}$$

包容面：
$$Z = 本工序的基本尺寸 - 上工序的基本尺寸 = L_b - L_a \tag{5-3}$$

3）最大余量和最小余量同工序尺寸公差有关。

在加工外表面时：

$$Z_{min} = L_{amin} - L_{bmax} \tag{5-4}$$

$$Z_{max} = L_{amax} - L_{bmin} \tag{5-5}$$

式中，Z_{min}、Z_{max} 分别为最小、最大工序余量；L_{amin}、L_{amax} 分别为上工序的最小、最大工序尺寸；L_{bmin}、L_{bmax} 分别为本工序的最小、最大工序尺寸。

在加工内表面时：

$$Z_{min} = L_{bmin} - L_{amax} \tag{5-6}$$

$$Z_{max} = L_{bmax} - L_{amin} \tag{5-7}$$

4）余量公差是加工余量的变动范围，其值为

$$T_z = Z_{max} - Z_{min} = T_a + T_b \tag{5-8}$$

式中，T_z 为余量公差（工序余量的变化范围）；T_a、T_b 分别为上工序与本工序的工序尺寸的公差。

工序尺寸的公差一般规定按"入体原则"标注，即对于被包容尺寸（轴径），上偏差为零，其最大尺寸就是基本尺寸；对于包容尺寸（孔径、槽宽），下偏差为零，其最小尺寸就是基本尺寸。但是，孔中心距尺寸和毛坯尺寸公差按双向对称偏差形式标注。

2. 工序基本余量的影响因素

要合理确定加工余量，必须了解影响加工余量的各项因素。如图 5-18 所示，影响工序余量的因素有以下几个方面：

（1）上工序的表面粗糙度 R_{ya} 由于尺寸测量是在表面粗糙度的高峰上进行的，任何后续工序都应降低表面粗糙度，因此在切削中首先要把上工序所形成的表面粗糙度切去。

（2）上工序的表面缺陷层 D_a 由于切削加工都在表面上留下一层塑性变形层，这一层金属的组织已遭破坏，必须在本工序中切除。经过加工，上工序的表面粗糙度及表面破坏层切除了，又形成了新的表面粗糙度和表面破坏层。但是根据加工过程中逐步减少切削层厚度和切削力的规律，本工序的表面粗糙度和表面破坏层的厚度必然比上工序小。在光整加工中，上工序的表面粗糙度和表面破坏层是组成加工余量的主要因素。

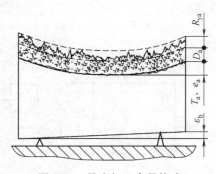

图 5-18 最小加工余量构成

（3）上工序的尺寸公差 T_a 在工序间余量包括上工序的尺寸公差，其形状和位置误差一般都包括在尺寸公差范围内（例如，圆度和素线平行度一般包括在直径公差内，平行度一般包括在距离公差内），不再单独考虑。

（4）上工序的形状公差、位置公差 e_a 工件上的形状误差和位置误差（如轴线的直线度、位置度、同轴度、平行度，轴线与端面的垂直度，阶梯轴或孔的同轴度，外圆对孔的同轴度等）是没有包括在加工表面工序尺寸公差范围之内的，在确定加工余量时，必须考虑它们的影响。

（5）本工序的安装误差 ε_b。　如果本工序存在装夹误差（包括定位误差、夹紧误差），则在确定本工序的加工余量时还应加以考虑。例如，用自定心卡盘夹持工件外圆磨削内孔时（图 5-19），若自定心卡盘本身定心不准确，致使工件轴心线与机床旋转中心线偏移了一个 e 值，这时为了保证加工表面所有缺陷及误差都能切除，就需要将磨削余量加大为 $2e$。

由于上工序的位置误差和本工序的安装误差都是有方向的，所以要用矢量相加的方法取矢量和的模进行余量计算。

对于单边余量：

$$Z_{\min} = T_a + R_{ya} + D_a + |\rho_a + \varepsilon_b| \qquad (5-9)$$

对于双边余量：

$$Z_{\min} = T_a/2 + R_{ya} + D_a + |\rho_a + \varepsilon_b| \qquad (5-10)$$

当具体应用这种计算式时，还应考虑该工序的具体情况。如车削安装在两顶尖上的工件外圆时，其安装误差可取为零，此时直径上的单边最小余量为

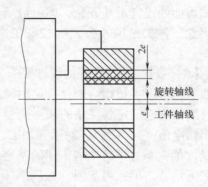

图 5-19　装夹误差对加工余量的影响

$$Z_{bmin} = T_a/2 + R_{ya} + D_a + \rho_a$$

对于浮动镗孔，由于加工中是以孔本身作为基准，不能纠正孔轴线的偏斜和弯曲，因此，单边最小余量为

$$Z_{bmin} = T_a/2 + R_{ya} + D_a$$

对于研磨、珩磨、超精磨和抛光等光整加工工序，此时的加工要求主要是进一步降低上工序留下的表面粗糙度，因此其直径双边最小余量（仅降低表面粗糙度）为

$$Z_{bmin} = R_{ya}$$

3. 加工余量的确定

1）分析计算法。根据工序基本余量的计算公式和一定的试验资料，对影响工序基本余量的各项因素进行分析，通过计算确定其值。在应用公式时，可根据具体加工情况进行简化。分析计算法确定工序基本余量比较经济、合理，但必须有比较全面和可靠的有关资料，只在材料十分贵重以及军工生产或少数大量生产的工厂中才采用。

2）经验估计法。根据实际经验确定工序基本余量。一般情况下，为防止因余量过小而产生废品，用经验估计法确定的余量常常偏大，这种方法常用于单件小批生产。

3）查表修正法。主要以工厂生产实践和试验研究积累的经验制成的表格为基础，参照有关机械加工工艺手册，并结合本厂实际加工情况加以修正来确定工序基本余量。这种方法广泛应用于工厂。

在确定加工余量时，要分别确定加工总余量（毛坯余量）和工序余量。加工总余量的大小与所选择的毛坯制造精度有关。用查表修正法确定工序余量时，粗加工工序余量不能用查表修正法得到，而是由总余量减去其他各工序余量之和得到的。

5.3.3　工序尺寸及其公差的确定

工件上的设计尺寸一般要经过几道工序的加工才能得到，每道工序的工序尺寸都不相同，它们是逐渐向设计尺寸接近的，直到最后工序才能保证设计尺寸。编制工艺规程的一个重要工作就是确定每道工序的工序尺寸及其公差。下面分工艺基准与设计基准重合和不重合两种情况，分别进行工序尺寸及其公差的计算。

（1）基准重合时工序尺寸及其公差的计算　在设计基准、定位基准、测量基准都重合的情况下，表面多次加工时，工序尺寸及其公差的计算是比较容易的。例如轴、孔和某些平面的加工，计算时只需考虑各道工序的加工余量和所能达到的精度。

其计算顺序由最后一道工序开始向前推算，计算步骤为：先确定各工序的基本余量，再由该表面的设计尺寸开始，即由最后一道工序开始逐一向前推算工序基本尺寸，直到毛坯基本尺寸。各工序尺寸公差则按各工序的加工经济精度确定，并按"入体原则"确定上、下偏差。

【例 5-1】　某零件孔的设计要求为 $\phi100^{+0.035}_{0}$，Ra 为 $0.8\mu m$，毛坯为铸铁件，其加工工艺路线为粗镗→半精镗→精镗→浮动镗。试确定各工序尺寸及其公差。

解：查表确定各工序的基本余量（表 5-11 中第 2 列），确定内孔加工经济精度等级，并查出精度值（第 3 列）。对于孔加工，按"本工序的基本尺寸＝上工序的基本尺寸－工序基本余量"的关系逐一算出各工序的基本尺寸，填入第 4 列，再按"入体原则"确定各工序尺寸的上下偏差，填入第 5 列。

表 5-11　工序尺寸及公差的计算　　　　　　　　　　（单位：mm）

工序名称	工序余量	工序的加工经济精度	工序基本尺寸	工序尺寸
浮动镗	0.1	IT7（0.035）	100	$\phi100^{+0.035}_{0}$
精镗	0.5	IT8（0.054）	100－0.1＝99.9	$\phi99.9^{+0.054}_{0}$
半精镗	2.4	IT9（0.087）	99.9－0.5＝99.4	$\phi99.4^{+0.087}_{0}$
粗镗	5	IT12（0.35）	99.4－2.4＝97	$\phi97^{+0.35}_{0}$
毛坯	8	±1.2	97－5＝92	$\phi92\pm1.2$

（2）基准不重合时工序尺寸及其公差的计算　当零件加工时，若因多次转换工艺基准，引起测量误差、定位误差或工序基准与设计基准不重合，则工序尺寸及其公差的计算就比较复杂，需要利用工艺尺寸链来分析计算。

5.3.4　切削用量的确定

正确地选择切削用量对保证零件的加工精度、提高生产率、降低刀具的损耗以及降低工艺成本都有很大的意义。

根据工件的材料、所选机床和刀具情况、加工精度要求、刀具耐用度和机床功率的限制等因素选择并确定切削用量。切削用量的选择原则仍然是效益原则，即在保证加工精度和不超过限制的条件下，尽量增大切削用量，以达到提高生产率的目的。

粗加工主要是为了去除多余的余量，为精加工做准备。为此，一般选择切削深度 a_p 较大，且为了提高效率，在不超过刀具耐用度限度及机床功率限制的情况下，进给量 f 也以稍大一些为好，而切削速度 v 可较小一些。精加工阶段的加工是为了达到图纸规定的要求，一般应尽量提高切削速度，以利于保证表面质量，同时减小 f、a_p 也是必要的。

在单件小批生产中，为了简化工艺文件，常不具体限定切削用量，而是由操作工人根据具体情况自己确定。

在大批大量生产中，对组合机床、自动机床、多刀加工，以及加工精度和表面质量要求很高的工序，应科学、严格地选择切削用量，以便充分发挥这些高生产率设备的潜力和高精度机床的作用。

习题与思考题

1. 什么是加工余量、工序余量和总余量？

2. 加工余量同工序尺寸与公差之间有何关系？

3. 试分析影响工序余量的因素。

4. 为什么在计算本工序加工余量时必须考虑本工序装夹误差的影响？

5. 如图 5-20 所示小轴是大量生产，毛坯为热轧棒料，经过粗车、精车、淬火、粗磨、精磨后达到图样要求。现给出各工序的加工余量及工序尺寸公差见表 5-12。毛坯的尺寸公差为 ±1.5mm。试计算工序尺寸，标注工序尺寸公差，计算精磨工序的最大余量和最小余量。

表 5-12　加工余量及工序尺寸公差　　　　　　　　　　　　　　（单位：mm）

工序名称	加工余量	工序尺寸公差
粗车	3.00	0.210
精车	1.10	0.052
粗磨	0.40	0.033
精磨	0.10	0.013

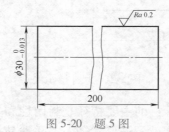

图 5-20　题 5 图

6. 欲在某工件上加工 $\phi72.5^{+0.03}_{0}$ mm 孔，其材料为 45 钢，加工工序：模锻孔、扩孔、粗镗孔、半精镗、精镗孔、精磨孔。已知各工序尺寸公差见表 5-13。试计算各工序加工余量及余量公差。

表 5-13　题 6 表

工序名称	工序尺寸公差	加工余量	余量公差
精磨孔	$\phi72.5^{+0.03}_{0}$ mm		
精镗孔	$\phi71.8^{+0.046}_{0}$ mm		
半精镗	$\phi70.5^{+0.19}_{0}$ mm		
粗镗孔	$\phi68^{+0.3}_{0}$ mm		
扩孔	$\phi64^{+0.46}_{0}$ mm		
模锻孔	$\phi59^{+1}_{-2}$ mm		

5.4 工艺尺寸链

无论是结构设计，还是加工工艺分析或装配工艺分析，经常会遇到相关尺寸、公差和技术要求的确定，在很多情况下，这些问题可以运用尺寸链原理来解决。

5.4.1 工艺尺寸链的定义和特征、组成、建立及作用

1. 工艺尺寸链的定义和特征

在零件的加工过程中，由一系列相互联系的尺寸所形成的封闭图形称为工艺尺寸链。如图 5-21a 所示的台阶零件大批量加工，上工序 A、C 两面均已加工完成，其位置尺寸为 A_1，本工序要求加工 B 面，尺寸为 A_0。若定位基准为 A 面，采用调整法加工，直接保证工序尺寸 A_2，则 A_0 被间接保证。在加工过程中，尺寸 A_1、A_2 和 A_0 具有相互联系并成首尾相接的尺寸封闭图形，即工艺尺寸链，如图 5-21b 所示。

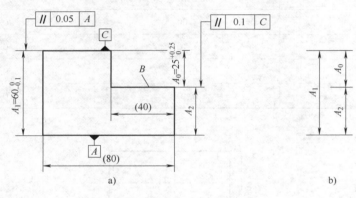

图 5-21 尺寸链示例

通过以上分析可知，工艺尺寸链的主要特征是封闭性和关联性。封闭性是指尺寸链中各个尺寸的排列呈封闭形式，不封闭就不是尺寸链。关联性是指任何一个直接保证的尺寸及其精度的变化必将影响间接保证的尺寸及其精度。例如，上图中的尺寸链，A_1、A_2 的变化都将引起 A_0 的变化。

2. 工艺尺寸链的组成

组成工艺尺寸链中的每一尺寸称为环。在图 5-21 中，A_1、A_2 和 A_0 都是尺寸链的环。环又可以分为封闭环和组成环。

（1）封闭环 在加工过程中，间接获得的尺寸称为封闭环。A_0 是间接获得的，为封闭环。封闭环一般以下角标"0"表示，每一个尺寸链只能有一个封闭环。

（2）组成环 除封闭环以外的其他环称为组成环。A_1 和 A_2 均为组成环。组成环的尺寸是直接保证的，它又影响封闭环的尺寸。按其对封闭环的影响，组成环可分为增环和减环。

1）增环。其余组成环不变，该环增大（或减小）使封闭环随之增大（或减小）的组成环称为增环。A_1 即为增环，为明显起见，可标记成 $\overrightarrow{A_1}$。

2）减环。其余组成环不变，该环增大（或减小）使封闭环随之减小（或增大）的组成环称为减环。A_2 即为减环，同样可标记成 $\overleftarrow{A_2}$。

3. 工艺尺寸链的建立

利用工艺尺寸链进行工序尺寸及其公差的计算，关键在于正确找出尺寸链，正确区分增环、减环和封闭环。其方法和步骤如下：

1）根据工艺过程，找出间接保证的尺寸，作为封闭环。

2）从封闭环开始，按照零件表面间的联系，依次画出直接获得的尺寸作为组成环，直到尺寸的终端回到封闭环的起点，形成一个封闭图形。

3）按照各尺寸首尾相接的原则，可顺着一个方向在各尺寸线终端画箭头，凡是箭头方向与封闭环箭头方向相同的尺寸就是减环，箭头方向与封闭环箭头方向相反的尺寸就是增环。

需要注意的是，所建立的尺寸链必须使组成环数最少。

4. 工艺尺寸链的作用

1）合理分配公差。按封闭环的公差与极限偏差，合理地分配各组成环的公差与极限偏差。

2）检校图样。在生产实践中，常用尺寸链来检查、校核零件图上的尺寸、公差与极限偏差是否合理。

3）合理标注尺寸。零件图上的尺寸标注反映零件的加工要求，应按设计尺寸链分析。

4）基面换算。当按零件图上的尺寸和公差标注不便加工和测量时，应按设计尺寸链进行基面换算。或者在机械加工中，当定位基准与设计基准不重合时，为达到零件原设计的精度，需要进行尺寸的换算。

5）工序尺寸计算。若零件的某一表面需要经过几道工序加工才能完成，则在工艺规程设计中，每道工序都需要规定相应的工序尺寸和公差。这些工序尺寸和公差的计算称为工序尺寸的计算。

尺寸链的分析计算在机械精度设计中有重要的作用，GB/T 5847—2004《尺寸链　计算方法》，作为分析计算尺寸链的参考准则。

5.4.2　工艺尺寸链的计算方法及计算公式

1. 工艺尺寸链的计算方法

计算尺寸链有下述两种方法：

1）极值法。此法是按误差综合最不利的情况，即各增环均为最大（或最小）极限尺寸而减环均为最小（或最大）极限尺寸来计算封闭环极限尺寸的。此法的优点是简便、可靠，其缺点是当封闭环公差较小、组成环数目较多时，会使组成环的公差过于严格。

2）概率法。此法是用概率论原理来计算尺寸链的。此法能克服极值法的缺点，主要用于环数较多，以及大批大量自动化生产中。

工艺尺寸链的计算有以下三种情况：

1）公差校核计算。已知组成环，求封闭环，即根据各组成环的基本尺寸及公差（或偏差）来计算封闭环的基本尺寸及公差（或偏差），称为尺寸链的正计算。正计算主要用于审核图纸，验证设计的正确性，以及验证工序图上所标注的工艺尺寸及公差能否满足设计图上相应的设计尺寸及公差的要求。正计算的结果是唯一的。

2）公差设计计算。已知封闭环，求组成环，即根据设计要求的封闭环基本尺寸、公差（或偏差）以及各组成环的基本尺寸，反过来计算各组成环的公差（或偏差），称为尺寸链的反计算。它常用于产品设计、加工和装配工艺计算等方面。反计算的解不是唯一的。反计算有一个优化问题，即如何把封闭环的公差合理地分配给各个组成环。

3）中间计算。已知封闭环及部分组成环，求其余组成环，即根据封闭环及部分组成环的基本尺寸及公差（或偏差），计算尺寸链中余下的一个或几个组成环的基本尺寸及公差（或偏差），称为尺寸链的中间计算。它在工艺设计中应用较多，如基准的换算、工序尺寸的确定等。其解可能是唯一的，也可能是不唯一的。

2. 极值法解尺寸链的基本计算公式

机械制造中的尺寸及公差要求，通常是用基本尺寸（A）及上、下极限偏差（ES_A、EI_A）来表示的。在尺寸链计算中，各环的尺寸及公差要求还可以用最大极限尺寸（A_{max}）和最小极限尺寸（A_{min}）或用平均尺寸（A_M）和公差（T_0）来表示。这些尺寸、极限偏差和公差之间的关系如图 5-22 所示。

由基本尺寸求平均尺寸可按下式进行：

$$A_M = \frac{A_{max}+A_{min}}{2} = A+\Delta_M A \qquad (5\text{-}11)$$

$$\Delta_M A = \frac{ES_A+EI_A}{2} \qquad (5\text{-}12)$$

式中，$\Delta_M A$ 为中间偏差。

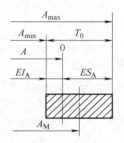

图 5-22　尺寸、极限偏差和公差之间的关系

1）封闭环的基本尺寸。封闭环的基本尺寸等于所有增环的基本尺寸之和减去所有减环的基本尺寸之和，即

$$A_0 = \sum_{i=1}^{m} \overrightarrow{A_i} - \sum_{j=m+1}^{n-1} \overleftarrow{A_j} \qquad (5\text{-}13)$$

式中，A_0 为封闭环的基本尺寸；$\overrightarrow{A_i}$ 为增环的基本尺寸；$\overleftarrow{A_j}$ 为减环的基本尺寸；m 为增环的环数；n 为包括封闭环在内的总环数。

2）封闭环的极限尺寸。封闭环的最大极限尺寸等于所有增环的最大极限尺寸之和减去所有减环的最小极限尺寸之和，即

$$A_{0max} = \sum_{i=1}^{m} \overrightarrow{A_{i\,max}} - \sum_{j=m+1}^{n-1} \overleftarrow{A_{j\,min}} \qquad (5\text{-}14)$$

封闭环的最小极限尺寸等于所有增环的最小极限尺寸之和减去所有减环的最大极限尺寸之和，即

$$A_{0min} = \sum_{i=1}^{m} \overrightarrow{A_{i\,min}} - \sum_{j=m+1}^{n-1} \overleftarrow{A_{j\,max}} \qquad (5\text{-}15)$$

3）封闭环的上、下极限偏差。封闭环的上极限偏差等于所有增环的上极限偏差之和减去所有减环的下极限偏差之和，即

$$ES(A_0) = \sum_{i=1}^{m} ES(\overrightarrow{A_i}) - \sum_{j=m+1}^{n-1} EI(\overleftarrow{A_j}) \qquad (5\text{-}16)$$

封闭环的下极限偏差等于所有增环的下极限偏差之和减去所有减环的上极限偏差之和，即

$$EI(A_0) = \sum_{i=1}^{m} EI(\overrightarrow{A_i}) - \sum_{j=m+1}^{n-1} ES(\overleftarrow{A_j}) \qquad (5\text{-}17)$$

式中，$ES(\overrightarrow{A_i})$、$ES(\overleftarrow{A_j})$ 分别为增环和减环的上极限偏差；$EI(\overrightarrow{A_i})$、$EI(\overleftarrow{A_j})$ 分别为增环和减环的下极限偏差。

4）封闭环的公差。封闭环的公差等于所有组成环公差之和，即

$$T(A_0) = \sum_{i=1}^{m} T(\overrightarrow{A_i}) + \sum_{j=m+1}^{n-1} T(\overleftarrow{A_j}) \tag{5-18}$$

式中，$T(\overrightarrow{A_i})$、$T(\overleftarrow{A_j})$ 分别为增环和减环的公差。

式（5-18）表明，封闭环公差比任何组成环的公差都大。因此，在零件设计时，应尽量选择最不重要的尺寸作为封闭环。由于封闭环是加工中最后自然得到的，或者是装配的最终要求，不能任意选择，因此，为了减小封闭环的公差，应当尽量减少尺寸链中组成环的环数。

5）封闭环的平均尺寸。封闭环的平均尺寸等于所有增环的平均尺寸之和减去所有减环的平均尺寸之和，即

$$A_{0M} = \sum_{i=1}^{m} \overrightarrow{A_{iM}} - \sum_{j=m+1}^{n-1} \overleftarrow{A_{jM}} \tag{5-19}$$

在计算复杂尺寸链时，当计算出有关环的平均尺寸后，先将其公差对平均尺寸进行双向对称分布，写成 $A_{0M} \pm T_0/2$ 或 $A_{KM} \pm T_K/2$（注：A_{KM} 为组成环的平均尺寸，T_K 为组成环的公差）的形式，全部计算完成后，再根据加工、测量及调整方面的需要，改写成具有整数基本尺寸和上、下极限偏差的形式，这样往往可使计算过程简化。

3. 极值法解尺寸链的竖式计算法

使用尺寸链的竖式计算法进行计算更加简单、方便。见表 5-14，在第一行分别有环、基本尺寸、上极限偏差（ES）、下极限偏差（EI）等项目，将各个尺寸链按各自的性质填入表中。在填入具体数值时应特别注意遵循下列规律：增环的基本尺寸，上、下极限偏差照抄；减环的基本尺寸要加负号，上、下极限偏差要对调，同时变号（原来的上极限偏差抄写在下极限偏差栏，同时如果是正偏差就将正偏差变成负偏差，如果是负偏差就将负偏差变成正偏差，下极限偏差也如此填写）；最后计算出封闭环。

表 5-14　计算封闭环的竖式

环	基本尺寸	ES	EI
增环	A_i	$ES(A_i)$	$EI(A_i)$
减环	$-A_j$	$-EI(A_j)$	$-ES(A_j)$
封闭环	A_0	$ES(A_0)$	$EI(A_0)$

如果在已知其他组成环和封闭环要求一个减环时，计算结果应将符号变回来。竖式可以用来进行验算封闭环。

5.4.3　典型工艺尺寸链的计算

1. 基准不重合时的尺寸换算

拟定零件加工工艺规程时，一般尽可能使工序基准（定位基准或测量基准）与设计基准重合，以避免产生基准不重合误差。如因故不能实现基准重合，则需要进行工序尺寸换算。

【例 5-2】　加工如图 5-23a 所示的零件，设面 1 已加工好，现以面 1 定位加工面 3 和面 2，其工序简图如图 5-23b 所示，试求工序尺寸 A_1 与 A_2。

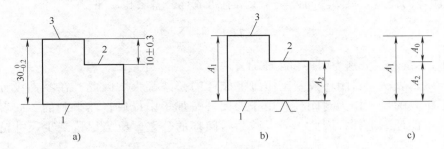

图 5-23　工序尺寸及公差计算实例

解： 由于面 3 定位时定位基准与设计基准重合，因此工序尺寸 A_1 就等于设计尺寸，即 $A_1 = 30_{-0.2}^{0}$ mm。工序尺寸 A_2 由图 5-23c 所示尺寸链计算，其中 A_0 是封闭环，A_1、A_2 为组成环，A_1 为增环，A_2 为减环。由式（5-13）可知：

$$A_0 = A_1 - A_2$$
$$A_2 = A_1 - A_0 = 30 - 10 \text{mm} = 20 \text{mm}$$

由式（5-16）可知：

$$ES(A_0) = ES(A_1) - EI(A_2)$$
$$EI(A_2) = ES(A_1) - ES(A_0) = 0 - 0.3 \text{mm} = -0.3 \text{mm}$$

由式（5-17）可知：

$$EI(A_0) = EI(A_1) - ES(A_2)$$
$$EI(A_2) = EI(A_1) - EI(A_0) = -0.2 - (-0.3) \text{mm} = 0.1 \text{mm}$$

所以：

$$A_2 = 20_{-0.3}^{+0.1} \text{mm} = 20.1_{-0.4}^{0} \text{mm}$$

本例中验算减环 A_2 的竖式计算见表 5-15。

表 5-15　验算减环 A_2 的竖式

环	基本尺寸	ES	EI
增环 A_1	30	0	−0.2
减环 A_2	−20	0.3	−0.1
封闭环 A_0	10	0.3	−0.3

【例 5-3】 如图 5-24a 所示零件，设计时对大孔的深度没有明显的尺寸要求，而尺寸 A_0 不好测量，常用深度游标卡尺测量大孔的深度（A_2），试确定 A_2 的基本尺寸及其公差是多少时，才能认定 A_0 是合格的。

解： 因测量基准与设计基准不重合，依据工艺要求画出尺寸链如图 5-24b 所示，其中 A_0 是封闭环，A_1、A_2 为组成环，A_1 为增环，A_2 为减环。按极值法计算，基本尺寸为

$$A_0 = A_1 - A_2$$
$$A_2 = A_1 - A_0 = 50 - 10 \text{mm} = 40 \text{mm}$$

上极限偏差：

$$ES(A_0) = ES(A_1) - EI(A_2)$$

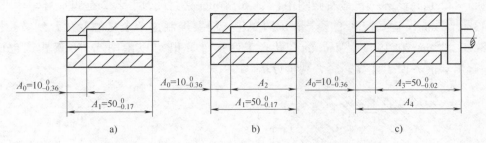

图 5-24　工序尺寸及公差计算实例

$$EI(A_2) = ES(A_1) - ES(A_0) = 0 - 0\text{mm} = 0\text{mm}$$

下极限偏差：

$$EI(A_0) = EI(A_1) - ES(A_2)$$

$$EI(A_2) = EI(A_1) - EI(A_0) = -0.17 - (-0.36)\text{mm} = 0.19\text{mm}$$

所以：

$$A_2 = 40^{+0.19}_{0}\text{mm}$$

尺寸换算的目的是保证原设计尺寸。此例中原设计尺寸 $10^{0}_{-0.36}$ 的公差足够大，所以换算后的尺寸也容易保证。但是，有时会遇到在工艺尺寸链中封闭环的公差比较小，而个别组成环的公差比较大，这就不能保证获得规定的封闭环的精度。在这种情况下，就不得不压缩组成环的公差提高其加工精度。

按换算后的工序尺寸进行加工以保证原设计的尺寸要求时，可能出现 "假废品"，即工序检验时发现工件尺寸超出换算后允许的尺寸范围，但仍不能肯定它是废品。

当尺寸 A_1 为最小极限尺寸 49.83mm，A_2 测量尺寸为 39.83mm（超差）时，则 A_0 的实际尺寸为 $A_0 = 49.83 - 39.83\text{mm} = 10\text{mm}$，该产品为合格产品。

当尺寸 A_1 为最大极限尺寸 50mm，A_2 测量尺寸为 40.36mm（超差）时，则 A_0 的实际尺寸为 $A_0 = 50 - 40.36\text{mm} = 9.64\text{mm}$，该产品为合格产品。

所以，A_2 测量尺寸在 39.83 ~ 40.36mm 时，都有可能获得合格产品。

在实际加工中如果换算后的测量尺寸超差，只要它的超过量小于或等于工艺尺寸链中另一组成环的公差，就可能是 "假废品"，应按设计尺寸链再进行复量或核算，以免将实际合格的零件报废而造成浪费，即合格与否仍应以设计尺寸链为准。

为减小由于 A_1 误差导致 A_2 测量尺寸的误差规定过严，常用高精度心轴插入孔内测量 A_4 值，如图 5-24c 所示，由新建立的尺寸链可解出：$A_4 = 60^{-0.02}_{-0.36}\text{mm}$，这样测量时，公差 $T_4 = 0.34\text{mm}$。

2. 标注工序尺寸的基准是尚待加工的设计基准时的尺寸计算

【例 5-4】　一带有键槽的内孔需要淬火及磨削，其设计尺寸如图 5-25a 所示，内孔及键槽的加工顺序：①镗内孔至 $\phi 39.6^{+0.1}_{0}\text{mm}$；②插键槽至尺寸 A；③热处理，即淬火；④磨内孔，同时保证内孔直径 $\phi 40^{+0.05}_{0}\text{mm}$ 和键槽深度 $43.6^{+0.34}_{0}\text{mm}$ 两个设计尺寸要求；⑤确定工艺过程中的工序尺寸 A 及其偏差（假定热处理后内孔没有胀缩）。

解：为解出这个工序尺寸链，可以作出两种不同的尺寸链图。图 5-25b 是一个四环尺寸链，它表示了 A 和三个尺寸的关系，其中 $43.6^{+0.34}_{0}\text{mm}$ 是封闭环。

图 5-25c 是把图 5-25b 的尺寸链分解成两个三环尺寸链，并引进了半径余量 $Z/2$。在图 5-25c

的左图中，$Z/2$ 是封闭环；在最右侧图中，$43.6_0^{+0.34}$mm 是封闭环，$Z/2$ 是组成环。由此可见，为保证 $43.6_0^{+0.34}$mm，就要控制工序余量 Z 的变化，而要控制这个余量的变化，就又要控制它的组成环 $20_0^{+0.025}$mm 和 $19.8_0^{+0.05}$mm 的变化。工序尺寸 A 既可以由图 5-25b 解出，也可以由图 5-25c 解出。前者便于计算，后者利于分析。

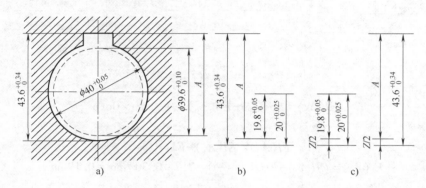

图 5-25 内孔及键槽的工序尺寸链

在图 5-25b 所示的尺寸链中，$43.6_0^{+0.34}$mm 是封闭环，A、$20_0^{+0.025}$mm 是增环，$19.8_0^{+0.05}$mm 是减环，由极值法计算公式，可得

基本尺寸：$\qquad A = 43.6 - 20 + 19.8\text{mm} = 43.4\text{mm}$

上极限偏差：$\qquad ES(A) = 0.34 - 0.025 + 0\text{mm} = 0.315\text{mm}$

下极限偏差：$\qquad EI(A) = 0 - 0 + 0.05\text{mm} = 0.05\text{mm}$

所以：
$$A = 43.6_{+0.050}^{+0.315}\text{mm}$$

按"入体原则"标注尺寸并对第三位小数进行四舍五入，可得工序尺寸：
$$A = 43.45_0^{+0.27}\text{mm}$$

3. 表面处理工艺尺寸计算

【例 5-5】 图 5-26 所示偏心零件，表面 A 要求渗碳处理，渗碳层深度规定为 $0.5\sim0.8$mm。与此有关的加工过程：①精车 A 面，保证直径 $D_1 = 60_{-0.36}^{-0.02}$mm；②渗碳处理，控制渗碳层深度 H_1；③精磨 A 面保证直径尺寸。试确定 H_1 的数值。

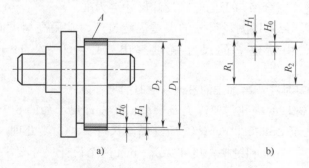

图 5-26 工序尺寸及公差计算实例

解：依据工艺要求画出尺寸链如图 5-26b 所示，渗碳层深度 $H_0 = 0.5_0^{+0.3}$mm 是封闭环，按 $R_2 = 19_{-0.008}^{0}$mm、H_1 是增环，$R_1 = 19.2_{-0.05}^{0}$mm 是减环，由极值法计算公式，可得

基本尺寸：$\qquad H_1 = 0.5 - 19 + 19.2\,\text{mm} = 0.7\,\text{mm}$

上极限偏差：$\qquad ES(H_1) = 0.3 - 0 + (-0.05)\,\text{mm} = 0.25\,\text{mm}$

下极限偏差：$\qquad EI(H_1) = 0 - (-0.008) + 0\,\text{mm} = 0.008\,\text{mm}$

所以渗碳层深度为

$$H_1 = 0.7^{+0.250}_{+0.008}\,\text{mm}$$

习题与思考题

1. 如图 5-27a 所示为一轴套零件图，图 5-27b 所示为车削工序简图，图 5-27c 所示为钻孔工序三种不同定位方案的工序简图，均需保证图 5-27a 所规定的位置尺寸 10±0.1mm 的要求，试分别计算三种方案中工序尺寸 A_1、A_2 与 A_3 的尺寸及公差。

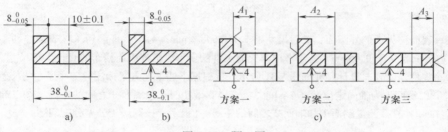

图 5-27　题 1 图

2. 如图 5-28 所示为齿轮轴截面图，要求保证轴径尺寸 $\phi28^{+0.024}_{+0.008}\,\text{mm}$ 和键槽深 $t = 4^{+0.16}_{0}\,\text{mm}$。其工艺过程为：①车外圆至尺寸 $\phi28.5^{0}_{-0.1}\,\text{mm}$；②铣键槽槽深至尺寸 H；③热处理；④磨外圆至尺寸 $\phi28^{+0.024}_{+0.008}\,\text{mm}$。试求工序尺寸 H 及其极限偏差。

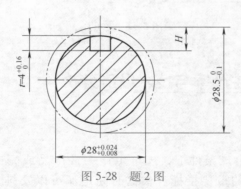

图 5-28　题 2 图

3. 如图 5-29a 所示为零件的轴向尺寸，图 5-29b 所示工序加工尺寸为 40.3$^{0}_{-0.1}$mm 和 10.4$^{0}_{-0.1}$mm，图 5-29c 所示工序加工尺寸为 10$^{0}_{-0.1}$mm。问图 5-29a 中要求的零件尺寸是否能保证？

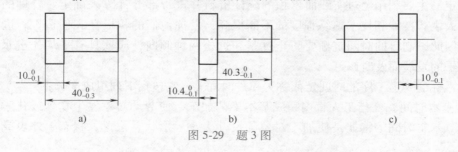

图 5-29　题 3 图

4. 如图 5-30a 所示零件的轴向尺寸 $50_{-0.1}^{0}$mm，$25_{-0.3}^{0}$mm 及 $5_{0}^{+0.4}$mm，其有关工序如图 5-31b、c 所示，试求工序尺寸 A_1、A_2、A_3 及其极限偏差。

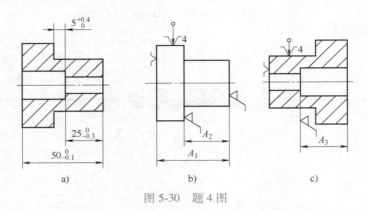

图 5-30 题 4 图

5. 磨削一表面淬火后的外圆面，磨后尺寸要求为 $\phi60_{-0.03}^{0}$mm。为了保证磨后工件表面淬硬层的厚度，要求磨削的单边余量为 0.3±0.05mm，若不考虑淬火时工件的变形，求淬火前精车的直径工序尺寸。

6. 某齿轮零件，其轴向设计尺寸如图 5-31 所示，试根据下述工艺方案标注各工序尺寸的公差。①车端面 1 和端面 4。②以端面 1 为轴向定位基准车端面 3；直接测量端面 4 和端面 3 之间的距离。③以端面 4 为轴向定位基准车端面 2，直接测量端面 1 和端面 2 之间的距离。（提示：该题属于公差分配问题）

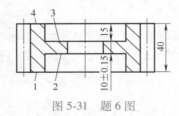

图 5-31 题 6 图

5.5 工艺过程的生产率与技术经济分析

5.5.1 时间定额的计算

时间定额是在一定的生产条件下，规定生产一件产品或完成一道工序所需消耗的时间。它是说明生产率高低的重要指标。根据时间定额可以安排生产作业计划、进行成本核算、确定设备数量和人员编制、规划生产面积。因此，时间定额是工艺规程中的重要组成部分。

时间定额主要利用经过实践而累积的统计资料并进行部分计算来确定。合理的时间定额能促进工人生产技能和技术熟练程度的不断提高，发挥他们的积极性和创造性，进而推动生产发展。因此，制订的时间定额要防止过紧和过松两种倾向，应该具有平均先进水平，并随着生产水平的发展而及时修订。

完成零件的一道工序的时间定额称为单件时间 t_p，它包括下列组成部分：

（1）基本时间 t_m 指工人直接完成基本工艺加工，使劳动对象发生物理或化学变化所消耗的时间。基本时间的特征是使加工对象的尺寸大小、形状、位置、状态、外表或内在性质发生变化所消耗的时间，它随每一被加工对象的变更而重复出现。它包括刀具的趋近、切入、切削加工和切出等时间。

1）机动基本时间。该时间是指在工人的看管下，由机器设备自动完成工艺加工任务所消耗的时间（如机床加工的自动走刀时间）。一般可用计算的方法予以确定。例如，对于车削，如图 5-32 所示。

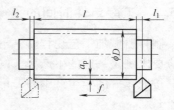

图 5-32　车削机动时间的计算

$$t_m = \frac{(l+l_1+l_2) \times i}{n \times f} \tag{5-20}$$

式中，l 为被加工表面长度（mm）；l_1 为刀具切入长度（mm），其数值与刀具的主偏角和采用的切削深度有关；l_2 为刀具切出长度，一般可取 1~3mm；i 为走刀次数；n 为工件每分钟转数（r/min）；f 为刀具进给量（mm/r）；t_m 为基本时间（min）。

在机动时间内工人可实行交叉作业或多机台看管。机器设备自动化程度越高，机动时间越长，实行交叉作业或多机台看管的可能性越大。

2）机手并动基本时间。该时间是指工人直接操纵机器设备完成工艺加工任务所消耗的时间，如机械加工中手动进刀切削，及工人操纵钻床手动进刀钻孔的时间等。

3）手动基本时间。该时间是指工人依靠手工或借助简单工具完成工艺加工任务所耗时间，如钳工用刮刀刮研工件表面的时间。

4）装置基本时间。该时间是指在工人看管下，加工对象在某种装置容器中，由设备将某种"能"（如电能、热能）作用在加工对象上，使其发生某种变化所消耗的时间，如热处理、表面处理的时间。

（2）辅助时间 t_a　为实现工艺过程所必须进行的各种辅助动作所消耗的时间称为辅助时间，如装卸工件、起动和停开机床、改变切削用量、测量工件等所消耗的时间。除了自动、半自动机床、数控机床以及自动化的生产系统外，辅助时间通常都是通过人的活动来实现的。辅助时间的基本特征是随每一工件重复出现。

基本时间 t_m 和辅助时间 t_a 的总和称为操作时间 t_0。它是直接用于制造产品或零、部件所消耗的时间。辅助时间可根据统计资料来确定，也可以用基本时间的百分比来估算。

（3）布置工作地时间 t_s　为使加工正常进行，工人在工作地（如更换刀具、润滑机床、清理切屑、收拾工具等）所消耗的时间称为布置工作地时间，一般按作业时间的 2%~7% 估算。

（4）休息和自然需要时间 t_r　工人在工作时间内为恢复体力和完成自然需要（如喝水、上厕所）所消耗的时间，一般按作业时间的 2% 估算。

上述时间的总和称为单件时间，即

$$t_p = t_m + t_a + t_s + t_r \tag{5-21}$$

（5）准备与终结时间 t_{be}　工人为了生产一批产品或零、部件而进行准备和结束工作所消耗的时间。这些工作包括：加工开始时熟悉图纸和工艺文件，领取毛坯或原材料，领取、装夹刀具和夹具，调整机床和其他工艺装备，加工终结时卸下和归还工艺装备，发送成品等。所以，在成批生产中，如果一批零件的数量为 n，则每个零件所需的准备与终结时间为 t_{be}/n。将这部分时间加上单件时间 t_p，就得到单件核算时间 t_{pc}，即

$$t_{pc} = t_p + t_{be}/n \tag{5-22}$$

在大量生产中，每个工作地点始终只完成一个固定的加工工序，即零件数量 $n=\infty$，所以大量生产时单件核算时间中可以不计入准备与终结时间。

5.5.2 工序单件时间的平衡

制订机械加工艺规程时，不仅要保证达到零件设计图样上所提出的各项质量要求，而且还应要求满足一定的生产率，以保证达到零件年生产纲领所提出的产量要求。

按照零件的年生产纲领，可以确定完成一个工序所要求的单件时间：

$$t_p = 60t\eta/N_年$$

式中，t 为年基本工时（h/年），如按两班制考虑，$t=4600$（h/年）；η 为设备负荷率，一般取 $0.75\sim0.85$；$N_年$ 为零件的年生产纲领；t_p 为单件时间（min）。

按照所制订的工艺方案，可以确定实际所需的单件核算时间 t_h。制订工艺规程时，对于按流水线方式组织生产的零件，应对每道工序的 t_h 进行检查，只有各工序的 t_h 大致相等，才能最大限度地发挥各台机床的生产效能，而且只有使各个工序的平均 t_h 小于 t_p 才能完成生产任务。这一工作称为工序单件时间的平衡与调整。

将各个工序的 t_h 与 t_p 进行比较，可以找出 t_h 大于 t_p 的工序，这些工序限制了工艺过程达到所需生产效率的能力，或者限制了工艺过程中其他工序利用机床的充分程度，故称为限制性工序。对于限制性工序，可通过下列方法缩短 t_h，以达到平衡工序单件时间的目的。

（1）若 $t_p < t_h \leqslant 2t_p$　可采用改进刀具，适当地提高切削用量，或采用高效率加工方法，缩短工作行程等，以缩短 t_h。

（2）若 $t_h > 2t_p$　当采用了高效率加工方法仍不能达到所需的生产率时，则可采用以下的方法来成倍地提高生产率：

1）增加顺序加工工序。对于粗加工和精度要求不高的工序，当其为限制性工序而 t_h 过长时，可将该工序的工作内容分散在几个工序上顺序进行，如将长的工作行程 l 分成若干段，分在几个工序上完成。例如，粗镗汽缸体的缸孔工序，就是将走刀行程 l 分散到相邻的两个工序上进行的，在一个工序中加工缸孔的上半截，在另一个工序中加工缸孔的下半截。

2）增加平行加工工序。对于限制性工序，如其精度要求比较高，这时就得采用增加平行加工工序的方法，即安排几个相同的机床或工位，同时、平行地进行这个限制性工序，这样，就自然地提高了该工序的生产率而使其 t_h 大大缩短。

（3）若 $t_h < t_p$　因其生产率高或单件工时很短，所以可以采用一般的通用机床及工艺装备。

5.5.3 提高劳动生产率的工艺途径

一般地，劳动生产率是以工人在单位时间内制造合格产品的数量来评定的。采取各种措施来缩短单件核算时间中的每个组成部分，特别是在单件核算时间中占比重较大的部分，是提高劳动生产率的有力措施。

1. 缩短基本时间 t_m

1）提高切削用量（切削速度、进给量、切削深度等），减少加工余量，缩短刀具的工作行程。

2）采用多刀、多刃进行加工（如以铣削代替刨削，采用组合刀具等）。

3）采用复合工步，使多个表面加工基本时间重合（如多刀加工，多件加工等）。

2. 缩短辅助时间 t_a

1）使辅助动作实现机械化和自动化。为了使辅助动作实现机械化与自动化，常采用先进的夹具来缩短工件的装卸时间。如在大批大量生产中采用高效的气动、液压夹具，在中小批量生产中采用元件能够通用的组合夹具。在机床方面，则可以提高机床的自动化程度，采用集中控制手柄、定位挡块机构、快速行程机构和速度预选机构等来缩短辅助时间。现代数字控制机床和程序控制机床在减少辅助时间上都有显著效果，它们能自动变换主运动速度和进给运动速度，有较高的自动化程度。

2）使辅助时间与基本时间重叠。如采用多位夹具或多位工作台，使工件装卸时间与加工时间重叠。当一个工位上的工件在加工时，可同时在另一工位上装卸工件，当一个工位上的工件加工完毕后，即可对另一工位上的工件进行加工。工件装在回转工作台上，装卸工件时机床可以不停止工作。采用主动测量或数字显示自动测量装置，可使加工过程中的工件测量时间与基本时间重合。例如，内、外圆上的主动测量装置可以在不停止加工的情况下测量工件的实际尺寸，并可根据测量的结果控制机床的自动循环；用光栅、磁栅、感应同步器作为检测元件的数显装置，目前已配备在各类机床上，可将正在加工的工件尺寸连续地显示出来，不仅便于工人快速准确地控制机床，提高了生产率，而且还提高了加工精度。

3. 缩短布置工作地时间 t_s

主要措施是减少换刀次数、换刀时间和调刀时间。

1）为了缩短换刀时间和刀具微调时间，可以采用各种快换刀夹具、刀具微调装置、专用对刀样板和样件以及自动换刀装置。

2）使用不重磨刀具。目前，生产中已广泛采用不重磨硬质合金可转位刀片，这种刀片可按需要预制成形，以便得到所需要的刀片角度和刀面形状，刀片通过机械夹持方法固定在刀夹中。一个刀片有几个切削刃，当刀片上的一个切削刃用钝后，可以松开紧固螺钉，迅速地转换另一个切削刃，待整个刀片用钝后再更换一个新的刀片，所以大大减少了换刀、磨刀的时间。

3）采用新型刀具材料以提高刀具寿命。

4. 缩短准备与终结时间 t_{be}

1）增大制造零件的批量。在产品设计时就应注意产品系列化、部件通用化和零件标准化。

2）直接缩短准备与终结时间。在中小批量生产中采用成组工艺和成组夹具，使用准备与终结时间较少的先进设备及工艺装备，如液压仿形刀架、插销板式程序控制机床和数控机床，又如在数控加工中，采用离线编程及加工过程仿真技术。

5.5.4　工艺成本的组成及计算

1. 工艺成本的组成

生产成本是指制造一个零件或一台产品时所必需的一切费用的总和。所谓经济分析，就是通过比较各种不同工艺方案的生产成本，选出其中最为经济的加工方案。

生产成本包括两部分费用：①与工艺过程直接有关的费用，称为工艺成本，工艺成本约占零件生产成本的 70% ~ 75%；②与工艺过程不直接有关的费用。零件生产成本的组成如图 5-33 所示。

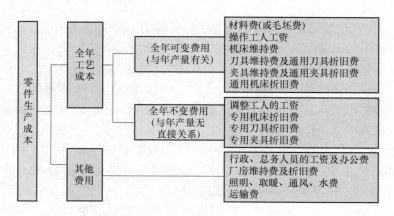

图 5-33 零件生产成本的组成

全年工艺成本由全年可变费用与全年不变费用两部分组成。

1）全年可变费用。与零件年产量有关的费用。它包括材料费（或毛坯费），操作工人工资，机床维持费，刀具和夹具维持费、折旧费、通用机床折旧费等。

2）全年不变费用。与零件年产量无直接关系的费用，当年产量在一定范围内变化时，全年的费用基本上保持不变。它包括调整工人的工资，专用机床折旧费、修理费，专用刀具、专用夹具折旧费等。因为专用机床、专用工艺装备是专为加工某一工件所用的，它不能用来加工其他工件，而专用设备的折旧年限是一定的，所以专用机床、专用工艺装备的费用与零件的年产量无关。

2. 工艺成本的计算

制订某一零件的机械加工工艺规程时，在能满足被加工零件各项技术要求且能满足产品交货期的条件下，经技术分析一般都可以拟订出几种不同的工艺方案。有些工艺方案的生产准备周期短，生产效率高，产品上市快，但设备投资较大；有些工艺方案的设备投资较少，但生产效率偏低。不同的工艺方案有不同的经济效果。为了选取在给定生产条件下最为经济、合理的工艺方案，必须对各种不同的工艺方案进行经济分析。

工艺方案的技术经济分析可分为两种情况：一是对不同工艺方案进行工艺成本的分析和比较；二是按某些相对技术经济指标进行方案分析。

对工艺方案进行经济分析时，只要分析与工艺过程直接有关的工艺成本即可，因为在同一生产条件下不同方案的与工艺过程不直接有关的费用基本上是相等的。此外，还必须全面考虑节能减排、改善劳动条件、提高劳动生产率、促进生产技术发展等问题。

零件加工全年工艺成本 S 与单件工艺成本 S_t 分别为

$$S = NV + C \tag{5-23}$$

$$S_t = V + C/N \tag{5-24}$$

式中，N 为零件的年产量，V 为可变成本，C 为不变成本。

图 5-34 为全年工艺成本 S 与年产量 N 的关系图，S 与 N 呈线性变化关系，全年工艺成本的变化量 ΔS 与年产量的变化量 ΔN 呈正比关系。

图 5-35 为单件工艺成本 S_t 与年产量 N 的关系图，S_t 与 N 呈双曲线变化关系，A 区相当于设备负荷很低的情况，此时若 N 略有变化，S_t 就变动很大；在 B 区，情况则不同，即使 N 变化很大，S_t 的变化却不大，不变费用 C 对 S_t 的影响很小，这相当于大批大量生产的情况。在数控加工和计算机辅助制造条件下，全年工艺成本 S 随零件年产量 N 的变化率与单件工艺成本 S_t 随零件年产量 N 的变化率都将减缓，尤其是在年产量 N 取值较小时，此种减缓趋势更为明显。

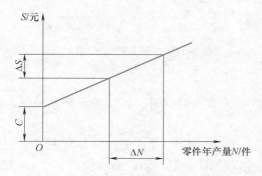

图 5-34　全年工艺成本 S 与年产量 N 的关系

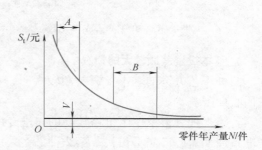

图 5-35　单件工艺成本 S_t 与年产量 N 的关系

5.5.5　工艺方案的经济性评定

对几种不同工艺方案进行经济性评定时，一般可分为以下两种情况：

1. 基本投资或使用设备相近的情况

当需评比的工艺方案均采用现有设备或其基本投资相近时，可用工艺成本评比各方案经济性的优劣。

1）两加工方案中，少数工序不同，多数工序相同时，可计算少数不同工序的单件工序成本 S_{t1} 与 S_{t2}，并进行比较

$$S_{t1} = V_1 + C_1 / N$$
$$S_{t2} = V_2 + C_2 / N$$

当产量 N 为一定数时，可根据上式直接计算出 S_{t1} 与 S_{t2}，若 $S_{t1} > S_{t2}$，则第 2 种方案为可选方案。若产量 N 为一变量，则可根据上式作出曲线进行比较，如图 5-36 所示。产量 N 小于临界产量 N_k 时，第 2 种方案为可选方案；产量 N 大于 N_k 时，第 1 种方案为可选方案。

2）两加工方案中，多数工序不同，而少数工序相同时，可计算该零件加工全年工艺成本 S_1、S_2，并进行比较：

$$S_1 = VN_1 + C_1$$
$$S_2 = VN_2 + C_2$$

当年产量 N 为一定数时，可根据上式直接算出 S_1 及 S_2，若 $S_1 > S_2$，则第 2 种方案为可选方案。若年产量 N 为变量，则可根据上式作图比较，如图 5-37 所示。当 $N < N_k$ 时，第 2 种方案的经济性好；当 $N > N_k$ 时，第 1 种方案的经济性好。当 $N = N_k$ 时，$S_1 = S_2$，即有 $N_k V_1 + C_1 = N_k V_2 + C_2$，所以

$$N_k = \frac{C_2 - C_1}{V_1 - V_2} \tag{5-25}$$

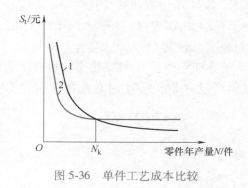

图 5-36　单件工艺成本比较

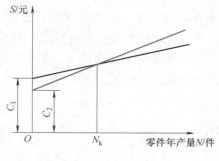

图 5-37　全年工艺成本比较

2. 基本投资差额较大的情况

两种工艺方案的基本投资差额较大时，在考虑工艺成本的同时，还要考虑基本投资差额的回收期限。

若第 1 种方案采用了价格较高的先进专用设备，基本投资 K_1 大，工艺成本 S_1 稍高，但生产准备周期短，产品上市快，第 2 种方案采用了价格较低的一般设备，基本投资 K_2 小，工艺成本 S_2 稍低，但生产准备周期长，产品上市慢。这时如单纯比较其工艺成本是难以全面评定其经济性的，必须同时考虑不同加工方案的基本投资差额的回收期限。投资回收期限可用下式求得

$$T = \frac{K_1 - K_2}{(S_1 - S_2) + \Delta Q} = \frac{\Delta K}{\Delta S + \Delta Q} \tag{5-26}$$

式中，ΔK 为基本投资差额；ΔS 为全年工艺成本节约额；ΔQ 为由于采用先进设备促使产品上市快而工厂从产品销售中取得的全年增收总额。

投资回收期限必须满足以下要求：

1）回收期限应小于专用设备或工艺装备的使用年限。

2）回收期限应小于该产品由于结构性能或市场需求因素决定的生产年限。

3）回收期限应小于国家所规定的标准回收期。专用工艺装备的标准回收期限为 2～3 年，专用机床的标准回收期限为 4～6 年。

在决定工艺方案的取舍时，一定要进行经济分析，但算经济账不能只算小账，不算大账。如某一工艺方案虽然投资较大，工件的单件工艺成本也许相对较高，但若能使产品上市快，工厂可以从中取得较大的经济收益，从工厂整体经济效益分析，选取该工艺方案加工仍是可行的。

5.5.6　生产中的环境保护

在金属加工制造企业中所使用的材料除大量无害材料之外，如钢、铝和大部分塑料等，还有一系列有害健康并加重环境污染的材料和辅助材料，例如工程材料中的铅和镉，以及辅助材料中的冷清洗剂、冷却润滑剂和淬火盐。

金属加工企业环保工作的目标应是尽可能地避免使用有问题的材料。如果这一点在技术上无法达到，则应该通过更新加工方法尽量减少使用有害材料的数量，降低接触这些材料的机会。垃圾和废弃物应通过制备和重复使用（循环利用）重新回到加工过程，无再利用价值的垃圾必须运到特种垃圾填埋场。有害健康并加重环境污染的物质不允许直接进入环境。

1. 材料的循环利用

（1）金属的循环利用　大部分加工方法都会产生废料，如切屑、冲剪边料、铸造废料和报废工件。即便是金属加工制造的产品，例如机床、轿车、家用电器等，使用过后也会丢弃在垃圾场，必须清理运送出去。这些垃圾废料和废旧装置设备是一个充满价值的原材料来源，完全可以引入材料的循环利用（图 5-38）。但它们必须分类汇集，或分类分开。钢铁材料几乎100%具有循环使用价值。利用再生有色金属，可节约能源 85%～95%，降低生产成本 70%～50%。如再生铝能耗仅为原铝生产能耗的 4%，再生铜能耗也仅为原生铜生产能耗的 16%。正是基于资源、能源、环境等方面的考虑，经过多年努力，我国在有色金属资源循环利用方面取得了很大的进展。

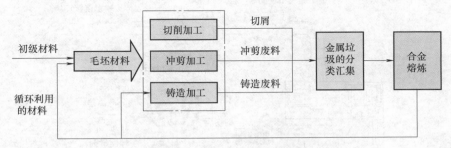

图 5-38　金属加工金属循环利用的方法

（2）塑料的循环利用　塑料的循环利用现在尚处于起步阶段，在汽车制造业已经取得初步成果，把废旧汽车的热塑性塑料零件粉碎成粒料，用它制造新的零件，但前提条件是分类回收汇集或将废旧零件分类。

（3）辅助材料的循环利用　许多辅助材料也可以在使用后进行加工制备，重新使用。使用过的润滑油和切削油、使用过的冷却润滑剂、使用过的电镀废液需要分类汇集，分离出异物、污物和已经无用的部分，添加有效材料和添加剂，加入新材料，重新投入使用，而不允许倾倒进入下水道、水体和土壤。

2. 机械制造企业的环境保护

加工方法的选择和加工设备的运行都应遵循下列原则：①不释放有损员工身体健康的有毒物质；②不向企业周边环境排放加重环境负担或损坏环境的有害物质。

凡有可能做到的地方，都必须完全避免有害物质。例如禁用石棉、软钎焊和防腐保护中继续弃用镉，以及用无毒清洁剂替代有损人身健康的冷清洁剂（碳氢化合物的氯化物，如四氯化碳和三氯乙烯）清洗油污的工件。

在技术上尚无法避免有害物质的地方，则应尽可能减少有害物质的使用量。例如在涂装时使用微量溶剂油漆。

只有在所有避免和减少有害物质的可能性都考虑周全的情况下，才允许在严格限制条件下在加工方法中使用有害物质。使用有害物质的机床和设备应采用闭合型材料循环系统，以保证在生产过程中无有害物质逸出。

无法避免的剩余材料，必须汇集起来，经过处理后，应尽可能多次重复使用（再利用）。无法继续利用的有害物质残渣必须按专业要求进行清理。

在环境保护中，对待有害物质有一个对应措施的顺序关系：尽可能避免→减少使用量→多次利用→对残渣做符合专业要求的清理。

（1）切削加工设备的废物清理　切削加工机床和加工设备的运行不可避免地会产生有害物质和垃圾，对于这些垃圾必须按照垃圾清除相关规定进行清理。为了保护工作人员的身体健康和创造一个不受污染的环境，空气和企业废水中的有害物质含量不允许超过其规定的极限值。

切削加工过程中废物的清理措施（图5-39）：冷却润滑剂的油雾和悬浊液雾必须抽吸排出（通过机床的封闭外罩抽吸和用过滤器分离油雾）。金属切屑必须去油和清除。应采用磁铁分离装置和过滤器粗略清洗掉已使用过的冷却润滑剂中的金属磨损物、小切屑和各种污物。对已废弃的冷却润滑剂必须进行处理：沉积物可焚烧，或运送到特殊垃圾填埋场。

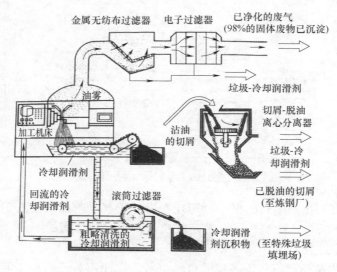

图 5-39　切削加工过程中废物的清理措施

切削加工中使用的冷却润滑剂对健康有害，冷却润滑剂是矿物油，有诸多用途（例如防腐蚀或防细菌侵蚀），但在敏感人群中可能引发皮肤疾病（油湿疹）和呼吸器道疾病（感染），对此，加工中要使用机床外罩、油雾抽吸装置等。

（2）工件的清洗　工件在加工成形之后并在继续处理之前，例如涂装之前，必须清洗掉其表面附着的冷却润滑剂残留物和污物。热蒸汽清洗设备使用热蒸汽和皂类洗涤用碱液（表面活性剂），其对沾有油或油脂的工件进行清洗（图5-40），清洗后，含有污物的洗涤碱液送入一个净化设备做清洗处理。

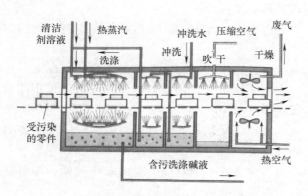

图 5-40　污染工件的清洗设备

（3）金属零件的涂装　使用溶剂基油漆对金属零件进行涂装，涂装时雾化的溶剂和油漆沉积物将增加环境污染。使用微量溶剂油漆进行涂装，将减缓甚至避免造成环境污染。同样对环境有利的涂装方法是喷粉涂装法（图 5-41）。粉末状油漆微粒在喷头内被施加若干千伏的静电，随后受压向接通为另一极的零件方向喷去。带电油漆微粒受到零件的吸引，以静电形式附着在零件表面。接着，表面沾有松散油漆涂层的零件向前移动，穿过一个焙烧室，油漆微粒在约 200℃ 下熔化并硬化。未附着在零件表面的油漆微粒（超范围喷出的油漆微粒）将被捕捉回收，然后重新喷出。

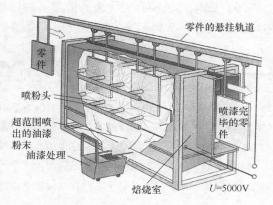

图 5-41　喷粉涂装工艺

（4）废气的净化　使用含污加工方法运行的金属加工企业的废气中包含着一系列有害物质（图 5-42），如：①含重金属（铅、镉、锡等）的细微粉尘和蒸气，主要来自铸造车间、清整车间、焊接车间。②氮氧化物和氧化碳气体，来自燃烧设备、电焊车间、淬火炉、盐熔液等。③酸和有毒盐类的蒸气和气溶胶（雾），来自酸洗车间、热处理车间和电镀车间。

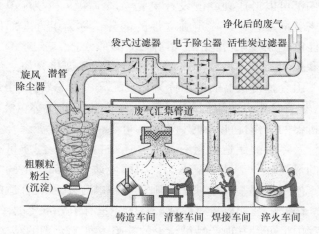

图 5-42　废气净化设备

金属加工企业排出的废气必须经过废气净化设备的过滤和去毒处理。首先由旋风除尘器分离出粗颗粒粉尘和气溶胶，随后由袋式过滤器和电子除尘器分离出细颗粒粉尘，最后在活性炭过滤器中将有毒气体吸附并过滤去除。

对人体健康有危害的主要是含有铅、镉、锌、锰和铬等的细颗粒粉尘，它们产生于铸造、钎焊和熔化焊过程。使用 CO_2 气体保护焊时形成的 CO 气体及淬火时使用的淬火盐等，都是高毒性物质。因此，在工作场地范围内，应通过抽风和排风等措施供给足量无尘新鲜空气用于呼吸。

（5）金属加工企业废水的净化　在金属加工企业中，许多工作场所都会产生污染废水：例如来自砂轮机、磨床或湿法烟尘净化装置的沉积物和悬浮液；来自切削加工车间、涂装车间和酸洗车间的废水，已受到油沉积物、油漆残留物或冷清洁剂的污染；来自淬火车间和电镀车间含酸、碱和有毒盐类的废水。金属加工企业所汇集的废水由一个多级净化设备进行净化处理。

（6）固体垃圾和有害物质的清理 加工过程中已使用过的有害物质和加重环境负担的固体垃圾必须首先汇集起来，经过处理后重新利用，或进行符合专业要求的清理。

1. 为了提高劳动生产率，在缩短基本时间方面可以采取哪些措施？
2. 成批生产条件下，单件时间由几部分组成？各代表什么含义？
3. 什么是可变费用、不变费用？在市场经济条件下，如何正确运用经济分析方法合理选择工艺方案？
4. 何谓劳动生产率？提高机械加工劳动生产率的工艺措施有哪些？
5. 何谓生产成本与工艺成本？两者有何区别？比较不同工艺方案的经济性时，需要考虑哪些因素？

5.6 装配工艺规程的制订与装配方法

5.6.1 装配的概念及主要工作内容

1. 基本概念

零件是组成机械的基本单元。为了设计、加工和装配的方便，通常将机械划分成部件、组件等组成部分，它们都可以形成独立的设计单元、加工单元和装配单元。由若干个零件组成的在结构上具有紧密装配关系，有一定独立性的部分，称为组件。部件是由若干个零件及组件组成的、机械上能够完成独立功能的、相对独立的部分。

按照规定的程序和技术要求，将零件或部件进行配合和连接，使之成为成品或半成品的工艺过程，称为装配。组合整台机器的过程称为总装配（称为总装）；组成部件的过程称为部件装配（简称部装）；把零件组合成组件的过程称为组件装配（简称组装）。

机器的质量是以机器的工作性能、使用效果、可靠性和寿命等综合指标来评定的，这些指标除了与产品的设计及零件的制造质量有关外，还与机器的装配质量有关。装配是机器制造生产过程中极重要的最终环节，若装配不当，则即使质量全部合格的零件，也不一定能装配出合格的产品；若零件存在某些质量缺陷，则只要在装配中采取合适的工艺措施，也能使产品达到规定的要求。因此，装配质量对保证产品的质量有十分重要的作用。

在机器的装配过程中，可以发现产品设计上的缺陷（如不合理的结构和尺寸标注等），以及零件加工中存在的质量问题。因此，装配也是机器生产的最终检验环节。

为了保证产品的质量，提高装配的生产效率，降低成本，必须研究装配工艺，选择合适的装配方法，制订合理的装配工艺规程，并且做到文明装配。例如，控制装配的环境条件（温度、湿度、清洁度、照明、噪声、振动等），推行有利于控制清洁度、保证质量的干装配方式，零件必须在完成去毛刺、退磁、清洗、吹（烘）干等工序，并经检验合格后，才能入库。

2. 装配工作的主要内容

（1）清洗 机器装配过程中，零、部件的清洗对保证产品的装配质量和延长产品的使用寿命均有重要的意义。特别地，对于轴承、密封件、精密偶件以及有特殊清洗要求的工件更为重要。清洗的目的是去除制造、储藏、运输过程中所黏附的切屑、油脂和灰尘，以保证装配质量。清洗的方法有擦洗、浸洗、喷洗和超声波清洗等。

清洗工艺的要点主要是清洗液（如煤油、汽油、碱液及各种化学清洗液等）及其工艺参数（如温度、时间、压力等）。清洗工艺的选择，需根据工件的清洗要求、工件材料、批量大小、油脂、污物性质及其黏附情况等因素确定。此外，还需注意工件清洗后应具有一定的中间防锈能力，清洗液的选择应与清洗方法相适应，并有相应的设备和劳动保护要求。

（2）连接　将两个或两个以上的零件结合在一起称为连接。装配过程就是对装配的零、部件实行正确的连接，并使各零、部件相互之间具有符合技术要求的配合，以保证零、部件之间的相对位置准确，连接强度可靠，配合松紧适当。按照部件或零件连接方式的不同，连接可分为固定连接与活动连接两类。固定连接时零件相互之间没有相对运动；活动连接时零件相互之间在工作时，可按规定的要求做相对运动。

连接的种类共有 4 类，见表 5-16。

表 5-16　连接的种类

固定连接		活动连接	
可拆卸的	不可拆卸的	可拆卸的	不可拆卸的
螺栓、键、销、楔件等	铆接、焊接、压合、整合、热压等	箱件与滑动轴承、活塞与套筒等动配合零件	任何活动的铆接头

1）过盈连接。在机器中过盈连接大都是轴、孔的过盈配合连接。连接件在装配前应清洗洁净，对于重要机件还需要检查有关尺寸公差和几何公差，有时为了保证严格的过盈量，采用单配加工（汽轮机的叶轮与轴连接），则在装配前有必要检查单配加工中的记录卡片，严格进行复检。过盈连接的装配方法常用的有压入（轴向）配合法，在装配中要把配合表面的微观不平度挤平，所以实际过盈量有所减小。重要和精密机械常用热胀或冷缩配合法。

2）螺纹联接。螺纹联接的质量除受到加工精度的影响外，还与装配技术有很大关系。例如拧紧螺母的次序不对、施力不均匀，将使部件变形，降低装配精度。对于运动部件上的螺纹联接，若紧固力不足，会使联接件的寿命大大缩短，以致造成事故。对于重要的螺纹联接，必须规定预紧力的大小。对于中、小型螺栓，常用定力矩法（用定力矩扳手）或扭角法控制预紧力。如需精确控制，则可根据联接的具体结构，采用千分尺或在螺栓光杆部分装设应变片，精确测量螺栓伸长量。

（3）校正、调整与配做　装配过程中特别是单件小批量生产的条件下为了保证装配精度，常需要进行一些校正、调整和配作工作。这是因为完全靠零件装配互换法去保证装配精度往往是不经济的，有时甚至是不可能的。

1）校正　是指各零、部件间相互位置的找正、找平及相应的调整工作，在产品的总装和大型机械基体件的装配中常需进行校正。如重型机床床身的找平、卧式车床总装过程中床身安装水平及导轨扭曲的校正、主轴箱主轴中心与尾座套筒中心等高的校正，活塞式压缩机气缸与十字头滑道的找正中心（对中）、汽轮机发电机组各轴承座的对正轴承中心、水压机立柱的垂直度校正以及棉纺机架的找平（平车）等。常用的校正方法有平尺校正、角尺校正、水平仪校正、拉钢丝校正、光学校正、激光校正等。

2）调整是指相关零、部件相互位置的调节。除了配合校正工作去调节零、部件的位置精度外，运动副间的间隙调节也是调整的主要内容，如滚动轴承内、外圈及滚动体之间间隙的调整，镶条松紧的调整，齿轮与齿条啮合间隙的调整等。

3）配做是指在装配中，零件与零件之间或部件与部件之间的钻削、铰削、刮削和磨削加工。钻削和铰削加工多用于固定联接，其中钻削加工多用于螺纹联接，铰削则多用于定位销孔的加工。

刮削工艺的特点是切削量小、切削力小、热量产生少，又因为无须用大的装夹力来装夹工件，所以装夹变形也小，因此，刮削方法可以提高工件尺寸精度和几何精度，降低表面粗糙度和提高接触刚度；装饰性刮削刀花可美化外观，但刮削工作的劳动量大，因此目前已广泛采用机械加工来代替刮削。此外，刮削工艺还具有用具简单、不受工件形状和位置及设备条件的限制等优点，便于灵活应用，因此在机器装配或修理中，仍是一种重要的工艺方法。例如机床导轨面、密封结合面、内孔、轴承或轴瓦以及蜗轮齿面等还较多地采用刮削方法。刮削的质量一般用各种研具以涂色方法来检验，也可采用与刮削对象相配的零件来检验。对于容易变形的工件，在刮削时要注意支承方式。

（4）平衡　对于转速较高，运动平稳性要求高的机器（如精密磨床、内燃机等），为了防止使用中出现振动，影响机器的工作精度，装配时对其旋转零、部件（整机）需进行平衡试验。旋转体的不平衡是由于旋转体内部质量分布不均匀引起的。消除旋转零件或部件不平衡的工作称为平衡。平衡的方法有静平衡法和动平衡法两种。

对旋转体内的不平衡量一般可采用下述方法校正：用补焊、铆接、胶接、喷涂或螺纹联接等方法加配平衡质量；用钻、铣、磨、锉、刮等机械加工方法去除不平衡质量；也可用改变平衡块在平衡槽（设计结构时予以优先考虑设置）中的位置和数量的方法来达到平衡（如砂轮的静平衡）。

（5）验收、试验　机械产品装配完成后，根据有关技术标准的规定，需对产品进行较全面的验收和试验工作。各类产品检验和试验工作的内容、项目是不相同的，其验收试验工作的方法也不相同。

此外，装配还包括对产品的涂装和包装等工作。大型动力机械的总装工作一般都直接在专门的试车台架上进行，有详细的试车规程。在这种情况下，试车工作则由试车车间负责进行。

5.6.2　装配工艺规程的制订

将装配工艺过程用文件形式规定下来就是装配工艺规程的制订，装配工艺规程是指导装配生产的技术文件，是制订装配生产计划、组织装配生产以及设计装配工艺的主要依据，对于设计或改建一个机器制造厂，它是设计装配车间的基本文件之一。制订装配工艺规程的任务是根据产品图样、技术要求、验收标准、生产纲领、现有生产条件等原始资料，确定装配组织形式，划分装配单元和装配工序，拟定装配方法，包括计算时间定额，规定工序装配技术要求及质量检查方法和工具，确定装配过程中装配件的输送方法及所需设备，提出专用工、夹、量具的设计任务书，编制装配工艺规程文件等。

制订装配工艺规程的原则：①保证产品装配质量；②选择合理的装配方法，综合考虑加工和装配的整体效益；③合理安排装配顺序和工序，尽量减少钳工装配工作量，缩短装配周期，提高装配效率；④尽量减少装配占地面积，提高单位面积生产率，改善劳动条件；⑤注意采用和发展新工艺、新技术。

制订装配工艺规程所需要的原始资料：①产品的总装配图和部件装配图，有时还需要有关零件图，以便装配时进行补充机械加工，核算装配尺寸链；②产品验收的技术条件；③产品的生产纲领；④现有生产条件，包括现有装配装备、车间面积、工人技术水平、时间定额等。

1. 产品装配图和验收条件的确定

1）审查设计图样、装配技术要求和验收条件的完整性和正确性；及时发现和解决存在的问题和错误。如发现问题，应及时提出，并同有关工程技术人员商讨图样修改方案，报主管领导审批。

2）明确产品性能、作用、工作原理和具体结构。

3）对产品进行结构工艺分析，从装配工艺性角度出发检查结构设计的合理性。良好的机械结构装配工艺性能应能使装配周期最短、装配劳动量最少，并保证成本最低。工艺人员必须了解设计者的意图，而设计者在结构设计中也应该满足装配的工艺性要求。

4）明确各零、部件的装配关系，审查产品装配技术要求和验收技术条件，正确掌握装配中的技术关键问题和相应的技术措施。

5）研究机构的特点、综合考虑生产条件，选择实现装配工艺的方法；必要时应用装配尺寸链进行分析和计算。

2. 装配方法和装配组织形式的确定

装配生产组织形式的选择，主要取决于产品的结构特点、产品的重量、生产批量以及现有生产技术条件和设备状况。产品装配工艺与装配组织形式密切相关。例如：具体划分总装、部装，确定装配工序的集中分散程度，产品装配的运输方式及工作地的组织等都同组织形式有关。

根据机械产品的重量、产量、结构、尺寸的不同，装配生产过程通常分为大批大量生产、成批生产、单件小批生产三种生产类型。对于不同的生产类型，采用的装配生产方式和特点也不同，见表 5-17。

表 5-17 不同生产类型装配工作的特点

生产规模	大批大量生产	成批生产	单件小批生产
产品的特点	产品固定，生产内容长期重复，生产周期一般较短	产品在系列化范围内变动，分批交替投产或多品种同时投产，生产内容在一定时期内重复	产品经常变换，不定期重复生产，生产周期一般较长
组织形式	多采用流水装配线，有连续移动、间歇移动及可变节奏移动等方式，还可采用自动装配机或自动装配线	产品笨重且批量不大时多采用固定流水装配，批量较大时采用流水装配，多品种平行投产时采用多种变节奏流水装配	多采用固定装配或固定式流水装配进行总装
装配工艺方法	按互换法装配，允许有少量简单的调整，精密偶件成对供应或分组供应装配，无任何修配工作	主要采用互换法，但灵活运用其他保证装配精度的方法，如调整法、修配法、合并加工法，以节约加工费用	以修配法及调整法为主，互换件比例较少
工艺过程	工艺过程划分很细，力求达到高度的均衡性	工艺过程的划分需适合于批量的大小，尽量使生产均衡	一般不制订详细的工艺文件，工序可适当调整，工艺也可灵活掌握
工艺装备	专业化程度高，宜采用专用高效工艺装备，易于实现机械化、自动化	通用设备较多，但也采用一定数量的专用工、夹、量具，以保证装配质量和工作效率	一般为通用设备及通用工、夹、量具
手工操作要求	手工操作比重小，熟练程度容易提高，便于培养新工人	手工操作比重较大，技术水平要求较高	手工操作比重大，要求工人有高的技术水平和多方面的工艺知识
应用实例	汽车、拖拉机、内燃机、滚动轴承、手表、电气开关等行业	机床、机车车辆、中小型锅炉、矿山采掘机械等行业	重型机床、重型机器、汽轮机、大型内燃机、大型锅炉等行业

根据产品的结构特点和生产纲领的不同，装配组织形式可采用固定式或移动式。

（1）固定式装配　是指全部装配工作都在固定工作地进行。固定式装配多用于单件小批生产。根据生产规模，固定式装配又可分为集中式、分散式和流水式固定装配。

1）集中式固定装配。整台产品的所有装配工作都由一个工人或一组工人在一个工作地集中完成。它的工艺特点是装配周期长，对工人技术水平要求高，工作地面积大。

2）分散式固定装配。整台产品的装配分为部装和总装，各部件的部装和产品的总装分别由几个或几组工人同时在不同工作地分散完成。它的工艺特点是产品的装配周期短，装配工作专业化程度较高。

3）流水式固定装配。在成批生产中装配那些重量大、装配精度要求较高的产品（例如车床、磨床等）时，有些工厂采用固定-流水装配形式进行装配，装配工作地固定不动，装配工人则带着工具沿着装配线上的一个个固定式装配台重复完成某一装配工序的装配工作。

（2）移动式装配　是指将产品或部件置于装配线上，从一个工作地移到另一个工作地，在每个工作地重复完成固定的工序，使用专用设备和工具、夹具，在装配线上实现流水作业，因而装配效率高。移动式装配只适用于大批大量生产。移动式装配分为自由式移动装配和强制式移动装配。

1）自由式移动装配是利用小车或托盘在辊道上自由移动，适用于在大批大量生产中那些尺寸和重量都不大的产品或部件的装配。

2）强制式移动装配又分为连续移动（不适于装配那些装配精度要求较高的产品）和间歇移动，是利用链式传送带进行移动的。

3. 装配单元的划分

为了利于组织平行和流水装配作业，根据产品的结构特征和装配工艺特点，可将产品分解为可以独立进行装配的单元，称为装配单元。装配单元的划分就是将产品分成组件和各级分组件，以便组织装配工作的平行和流水作业。特别是在大量生产结构复杂的产品时，在此基础上才便于拟订装配顺序、划分装配工序、组织装配工作的作业形式。装配单元包括零件、组件和部件。零件是组成产品的基本单元。

关于"装配单元"的划分，一般分为 5 个等级，图 5-43 所示为划分装配单元的构思，它称为装配单元系统图。在图上，按纵向可以分成 5 个等级的装配单元：零件、合件、组件、部件和机器。

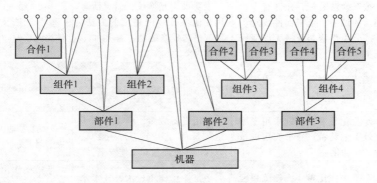

图 5-43　装配单元系统图

由图 5-43 可以看出，同一等级的装配单元在进入总装之前互不相关，故可同时独立地进行装配，实行平行作业。在总装配时，只要选定一个零件或部件作为基础，首先进入总装，其余零、部件相继就位，实现流水作业。这样就可缩短装配周期，又便于制订装配作业计划和布置装配车间。而且装配单元的划分，又便于制订各个单元的技术规范和装配规程，便于累积装配技术经验。例如许多工厂或研究所对于一些典型的组合件或部件，在总结生产经验、使用经验和研究成果的基础上，编制了典型装配工艺规程（包括装配工艺参数等技术数据），这些新产品的设计与装配工艺规程的制订极为有用。这些典型组合件或部件有：各种滑动轴承、滚动轴承、精密机床主轴、高速磨头；各种齿轮及蜗杆传动部件；管接头及密封件等。

1）零件是组成机器的基本元件，一般零件都是预先装成合件、组件或部件才进入总装，直接装入机器的零件较少。

2）合件是若干零件永久连接（焊、铆等）或者是连接在一个"基准零件"上少数零件的组合，合件组合后，有的可能还需要加工。例如发动机连杆小头孔中压入衬套再进行精镗孔，在"合并加工法"中，假使组成零件数较少，则也属于合件。图 5-44a 所示，即为合件，其中蜗轮属于"基准零件"。

3）组件是指一个或几个合件、零件的组合。图 5-44b 所示属于组件，其中蜗轮与齿轮合件即是先前装好的一个合件，阶梯轴即为基准零件。

4）部件是一个或几个组件、合件或零件的组合。

5）机器又称产品，它是由上述全部装配单元结合而成的整体。

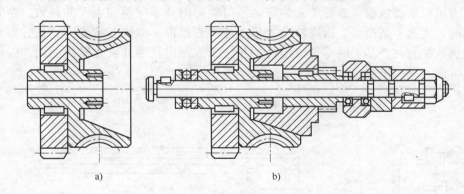

图 5-44　合件和组件示例

a）合件　b）组件

装配单元划分后，首先要选择一个零件或低一级的装配单元作为基准件，其余零件或组件、部件按一定顺序装配到基准件上，成为下一级的装配单元。

选择装配基准件时，应注意：

1）从产品结构上讲，装配基准件一般选择产品的基体或主干零、部件，其体积和质量较大，有足够的支撑面，可以满足陆续装入其他零、部件的作业需要和稳定性要求。

2）避免装配基准件在后续装配工序中还有机械加工工序。

3）基准件应有利于装配过程中的检测、工序间的传递输送和翻身转位等作业。

4. 装配顺序的确定，绘制装配单元系统图

对生产批量大的产品，需要将装配工艺过程划分为若干装配工序。划分装配工艺顺序的一般原则：①预处理工序先行原则；②先里后外原则；③先下后上原则；④先难后易原则；⑤先重后轻原则；⑥先精后粗原则；⑦前不妨碍后，后不破坏前的原则；⑧处于基准件同方位的装配工序、使用同一工艺装备的工序或具有特殊环境要求的工序，尽可能集中连续安排，减少装配中的翻身、转位，减少装品在车间内的迂回或设备的重复调度，有利于提高装配生产率；⑨及时安排检验工序；⑩对于易燃易爆易碎的有毒物质及零、部件的加注或安装，应尽可能放在最后，以减少污染和安全防护工作量及其设备；⑪电线气管或液压管等的安装，根据需要应与相应工序同时进行。

装配工艺系统图可以表示从分散的零件如何依次装配成组件、部件以至成品的途径及其间相互关系的程序。按照产品的复杂程度，为了表达清晰方便，可分别绘制产品装配系统图和部件装配系统图，甚至组件装配系统图。这些是深入研究产品结构和制订装配工艺的重要内容。在装配工艺系统图上，每一个单元用一个长方形框表示，标明零件、合件、组件和部件的名称、编号及数量；装配工作由基准件开始沿水平线自左向右进行，一般将零件画在上方，合件、组件、部件画在下方，其排列次序就是装配工作的先后次序。

在装配工艺规程设计中，常用装配工艺系统图表示零、部件的装配流程和零、部件间的相互装配关系。对结构较简单、组成零件少的产品，可只绘出产品的总装配工艺系统图；对结构复杂、组成零件多的产品，可以按装配单元绘制相应的装配工艺系统图。在装配工艺系统图中，只绘出直接进入装配的零、部件。

图 5-45 所示为车床床身部件图，图 5-46 所示为车床床身部件装配工艺系统图。图中每一个零件、分组件或组件均以长方形框表示，长方形框上注明装配单元名称，左下方填写其编号，右下方填写所需数量。装配单元编号必须与装配图及零件明细表中的一致。绘制装配工艺系统图时，先画一条横线，横线左端为基准件长方形框，横线右端为产品长方形框，从左至右依次将直接装在产品上的零件或组件的长方形框画出：零件画在横线上面，组件或部件画在横线下面。

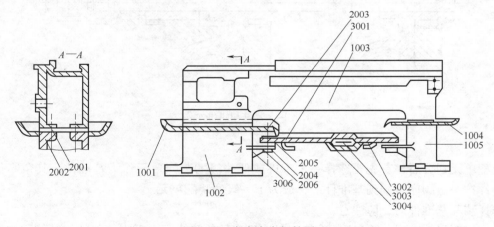

图 5-45　车床床身部件图

5. 装配工序的划分与工序内容的确定

装配工序的划分是根据装配系统图进行的，按照由低级分组件到高级分组件的次序，直至产品总装配完成。将装配过程划分为若干个工序，确定工序的工作内容和所需的设备、工艺装备和工时定额等。装配工序的划分，应遵循装配的规律和原则。主要任务有：

1）确定装配工序的集中和分散的程度，组织各装配工序的工作内容。

2）制订工序装配质量要求与检测项目，制订各工序的装配质量和检验项目规范，还应安

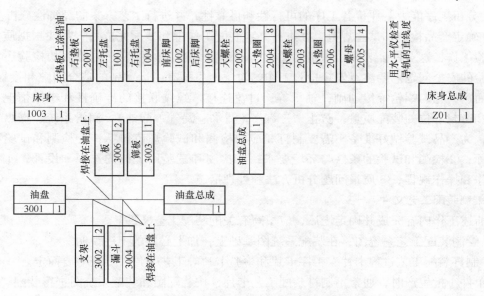

图 5-46　车床床身部件装配工艺系统图

排必要的检验和试验工作。

3）合理选择装配方法，制订各工序施力、温升等操作规范。

装配方法包括机械化装配、手工装配和自动化装配，以及互换装配、分组装配、修配装配和调整装配等保证装配精度的方法。具体选择时主要根据生产纲领、产品结构及其精度要求等确定。

大批大量生产多采用机械化、自动化装配手段，以及互换法、分组装配法和调整法等装配方法来达到装配精度的要求；单件小批生产多采用手工装配手段，以及修配装配法来达到装配精度要求。某些高的装配精度要求，目前仍然需要靠高级钳工手工操作及其经验来获得。

制订各工序装配操作的规范，如确定过盈配合的压入力、变温装配的加热曲线、固定螺栓螺母的旋转扭矩的大小以及装配环境要求等。对于新建工厂，则可收集有关资料或参考有关手册，根据生产类型等因素予以确定，对于一些装配工艺参数，如滚动轴承装配时的预紧力大小、螺纹联接预紧力的大小，若无现成经验数据可以参照时，则需进行试验或计算。

4）选择装配工具和装备。

如需设计装配专用工具、工艺装备时，应拟订设计任务书。

5）确定工时定额，平衡各工序的节拍，以利于实现流水作业和均衡生产。

装配节拍通常又称作装配生产的时间定额，是指在产品装配流水过程中，装配工人或者自动装配机械完成每一个装配工序内容所允许的操作时间。在实际装配生产过程中，根据不同的产品装配工作的工艺特点，又分为强制节拍和自由节拍两种类型。

① 强制节拍。对于固定装配，其强制节拍等于一个（或一组）装配工人在每一个工作地所规定的装配时间定额。对于移动装配，装配工人各自在指定的时间完成各自的工作量，此时间即为强制节拍。

② 自由节拍也称为变节奏装配，它对装配生产没有节奏性要求，对于装配精度要求高的限制性装配工序，或者产品结构复杂不能进一步分解的装配工序，可以采用变节奏装配的节拍控制。但是这时，难以保证均衡生产，并使装配生产计划、管理工作复杂化。

6) 分析工序能力。评价各工序的可行性和可靠性，并进行工艺方案的经济性分析。

7) 确定产品检测和试验规范。在进行某项装配工作中和装配完成后，都要根据质量要求安排检验工作，这对保证装配质量极为重要。对于重大产品的部装、总装后的检验还涉及运转和试验的安全问题。要注意安排检验工作的对象，主要有：运动副的啮合间隙和接触情况，如导轨面、齿轮、蜗轮等传动副，轴承等；过盈连接、螺纹联接的准确性和牢固情况，各种密封件和密封部位的装配质量，防止"三漏"（漏水、漏气、漏油）；润滑系统、操纵系统等的检验，为产品试验做好准备。需要制订相应的检测和试验规范包括：①检测和试验项目及质量指标；②检测和试验的条件与环境要求；③检测和试验用工装的选择和设计；④检测和试验程序和操作规程；⑤质量问题分析方法和处理措施。

6. 编制装配工艺文件

在前述工作内容完成并确定之后，应填写有关的装配工艺文件。

1) 绘制装配工艺系统图，在装配系统图基础上，加上必要的工序说明。

2) 制订装配工艺过程卡片、工序卡片和检验卡片等工艺文件，要视需要而定。

在单件小批生产时，通常不制订装配工艺卡片，按装配图和装配系统图进行装配。

成批生产时，通常根据装配系统图制订部件装配工艺卡片和产品总装配工艺过程卡片，每一个工序应简要说明工序内容、所需设备和工夹具名称及编号、工人技术等级和时间定额等。

大批大量生产时，应为每一个工序单独制订装配工序卡片，详细说明该工序的工艺内容。装配工序卡直接指导工人进行装配。

习题与思考题

1. 什么是装配？在机械生产过程中，装配过程起什么重要作用？
2. 装配精度一般包括哪些内容？装配精度与零件的加工精度有何区别？它们之间又有何关系？
3. 保证机器或部件装配精度的方法有哪几种？
4. 装配工作的组织形式有哪些？各适用于何种生产条件？
5. 什么是装配单元系统图、装配工艺流程图？它们在装配过程中所起的作用是什么？

5.7 保证装配精度的方法及装配尺寸链的计算

产品的装配精度是装配后实际达到的精度，对装配精度的要求是根据机器的使用性能要求提出的，它是制订装配工艺规程的基础，也是合理地确定零件的尺寸公差和技术条件的主要依据。它不仅关系到产品质量，也关系到制造的难易程度和产品的成本。因此，正确地规定机器的装配精度是机械产品设计所要解决的重要问题之一。

产品的装配精度包括，零件间的距离精度（零件间的尺寸精度、配合精度、运动副的间隙、侧隙等），位置精度（相关零件间的平行度、垂直度等），接触精度（配合、接触、连接表面间规定的接触面积及其分布等），相对运动精度（有相对运动的零、部件间在运动方向和运动位置上的精度等）。

机器由零、部件组装而成，机器的装配精度与零、部件制造精度直接相关。例如，图5-47所示为卧式车床主轴中心线和尾座中心线对床身导轨的等高性要求，这项装配精度要求就与主轴箱、尾座、底板等有关部件的加工精度有关。可以从查找影响此项装配精度的有关尺寸入手，建立以此项装配要求为封闭环的装配尺寸链。其中 A_1 是主轴箱中心线相对于床身导轨面的垂直距离，A_3 是尾座中心线相对于底板 3 的垂直距离，A_2 是底板相对于床身导轨面的垂直距离。A_0 则是尾座中心线相对于主轴中心线的高度差，这是在床身上装主轴箱和尾座时所要保证的装配精度要求，是在装配中间接获得的尺寸，是装配尺寸链的封团环。由装配尺寸链可知，主轴中心线与尾座中心线相对于导轨面的等高要求与 A_1、A_2、A_3 三个组成环的基本尺寸及其精度直接相关，可以根据车床装配的精度要求通过求出装配尺寸链来确定有关部件和零件的尺寸要求。

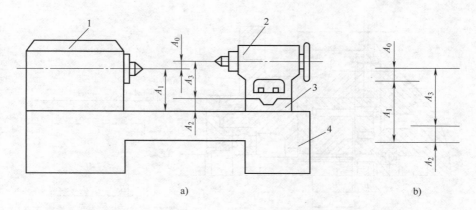

图 5-47　卧式车床主轴中心线与尾座中心线对床身导轨的等高性要求
1—主轴箱　2—尾座　3—底板　4—床身

　　在根据机器的装配精度要求来设计机器零、部件尺寸及其精度时，必须考虑装配方法的影响。装配方法不同，求解装配尺寸链的方法也不同，所得结果差异很大。对于某一给定的机器结构，设计师可以根据装配精度要求和所采用的装配方法，通过解出装配尺寸链来确定零、部件有关尺寸的精度等级和极限偏差。

5.7.1　装配尺寸链的概念

　　装配过程中，相关零件的尺寸或相互关系可以通过装配尺寸链简洁地表达，产品的装配精度也要通过控制装配尺寸链的封闭环予以保证。显然，正确地查明装配尺寸链，是进行尺寸链分析、计算的前提。

　　首先需要在装配图上找出封闭环。装配尺寸链的封闭环代表装配后的精度或技术要求，这种要求是通过把零、部件装配好后自然形成的。在装配过程中，对装配精度要求产生直接影响的那些零件的尺寸和位置关系，就是装配尺寸链的组成环。

　　通过装配关系的分析，相应于每个封闭环的装配尺寸链组成就能很快被查明。通常的分析方法是从封闭环两端的那两个零件开始，沿着装配精度要求的位置方向，以相邻零件装配基准间的联系为线索，分别由近及远地去查找装配关系中影响装配精度的有关零件尺寸，直至找到同一基准件或基础件的两个装配基准为止，然后用一尺寸联系这两个装配基准面，形成封闭的尺寸图形。所有有关零件的尺寸，就是装配尺寸链的组成环。

　　在装配精度要求一定的条件下，组成环数目越少，分配到各组成环的公差就越大，零件的加工就越容易、越经济。在结构设计时，应当遵循装配尺寸链最短原则，使组成环最少，即要求与装配精度有关的零件只能有一个尺寸作为组成环加入装配尺寸链。这个尺寸就是零件两端面的位置尺寸，应将其作为主要设计尺寸标注在零件图上，使组成环的数目等于有关零件的数目，即一件一环。

下面以实例说明如何组成装配尺寸链。

图 5-48 所示为单级叶片泵装配图，图中有多个装配精度要求，即存在多个装配尺寸链的封闭环。现仅分析下面两项装配精度要求：

1）泵的顶盖 5 与泵体 1 端面的间隙为 A_0。

2）定子 6 与转子 3 端面的轴向间隙为 B_0。

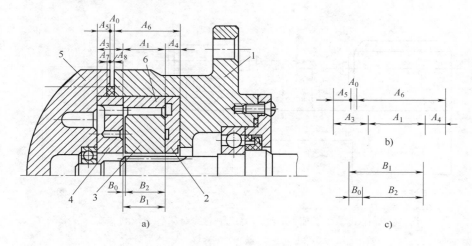

图 5-48 单级叶片泵装配图

1—泵体 2—右配油盘 3—转子 4—左配油盘 5—顶盖 6—定子

这两项装配精度要求 A_0 和 B_0 都是装配后自然形成的，所以 A_0 和 B_0 都是封闭环。

通过分析相关零件的装配关系，就可确定装配尺寸链的各组成环。

查找以 A_0 为封闭环的装配尺寸链。从 A_0 的右侧开始，第一个零件是泵体 1，其泵体端面到装配基面的尺寸为 A_6，即泵体孔深度尺寸 A_6 对 A_0 有影响，是组成环。孔内左、右配油盘 4、2 的宽度为 A_3、A_4，定子 6 的宽度为 A_1，其中 A_3 尺寸左端与顶盖 5 的压脚内端面相接触，都对 A_0 有影响，则 A_3、A_1 和 A_4 是组成环。继续往下找到顶盖内端面到外端面的尺寸 A_5 对 A_0 也有影响，A_5 也是组成环。所以由尺寸 A_6、A_4、A_1、A_3、A_5 和 A_0 组成封闭图形，就是以 A_0 为封闭环的装配尺寸链。增环是 A_1、A_3 和 A_4，减环是 A_5 和 A_6。五个零件只有五个尺寸参加 A_0 的装配尺寸链。6 环装配尺寸链符合路线最短原则。

若顶盖压脚尺寸 A_5 由 A_7 和 A_8 尺寸代替而加入尺寸链中，则五个零件有 6 个尺寸加入 A_0 尺寸链，不符合尺寸链路线最短原则。

列出 A_0 尺寸链方程式如下

$$A_0 = (A_1 + A_3 + A_4) - (A_5 + A_6)$$

B_0 是一个三环尺寸链的封闭环。尺寸链方程式为

$$B_0 = B_1 - B_2$$

式中，B_1 为定子的宽度尺寸；B_2 为转子的宽度尺寸。

190

5.7.2　互换装配法

选择装配方法的实质，就是研究以何种方式来保证装配尺寸链封闭环的精度问题。根据产品的批量、生产率和装配精度要求，在不同的生产条件下，应选择不同的保证装配精度的装配方法。常用的装配方法有互换装配法、选择装配法、调整装配法和修配装配法。

用控制零件的加工误差来保证产品的装配精度的方法称为互换装配法。按确定零件公差的方法不同，又可将互换装配法分为完全互换装配法和不完全互换装配法。

1. 完全互换装配法

装配尺寸链中的所有组成环的零件，按图纸规定的公差要求加工、装配时，不需要经过选择、修配和调整，装配起来就能达到规定的装配精度。这种装配方法称为完全互换装配法。

完全互换装配法的优点是装配工作简单，生产率高，有利于组织流水生产，也容易解决备件供应问题，有利于维修工作。

其缺点是对加工精度要求高的零件，尤其当封闭环精度要求高而组成环的数目较多时，用完全互换装配法所确定的各组成环的公差值将会很小，难于加工，也不经济。

完全互换装配法是靠零件的制造精度来保证装配精度要求的。在结构设计时，为保证装配精度，必须满足尺寸链各组成环公差之和小于或等于封闭环的公差值 $T(A_0)$，即

$$\sum_{i=1}^{n-1} T(A_i) = T(A_1) + T(A_2) + \cdots + T(A_{n-1}) \leqslant T(A_0) \tag{5-27}$$

采用互换装配法装配时，能否保证装配质量的关键在于组成环公差分配是否合理。

【例 5-6】　图 5-49 所示为车床溜板部件局部装配简图，装配间隙 A_0 要求为 $0.005 \sim 0.025\text{mm}$，已知有关零件的基本尺寸及其偏差为 $A_1 = 25^{+0.084}_{0}\text{mm}$，$A_2 = 20 \pm 0.065\text{mm}$，$A_3 = 5 \pm 0.006\text{mm}$，试校核装配间隙 A_0 能否得到保证。

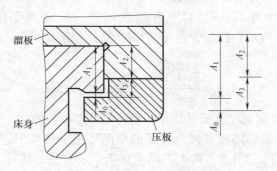

图 5-49　车床溜板部件局部装配简图

解：此例属正计算问题。间隙 A_0 为装配技术要求，所以是装配尺寸链的封闭环。以 A_0 为封闭环，绘出尺寸链图。在该尺寸链中，A_1 为减环，A_2、A_3 为增环。

$$A_0 = (A_2 + A_3) - A_1 = (20 + 5)\text{mm} - 25\text{mm} = 0\text{mm}$$

$$ES(A_0) = ES(A_2) + ES(A_3) - EI(A_1) = 0.065\text{mm} + 0.006\text{mm} - 0\text{mm} = 0.071\text{mm}$$

$$EI(A_0) = EI(A_2) + EI(A_3) - ES(A_1) = -0.065\text{mm} - 0.006\text{mm} - 0.084\text{mm} = -0.155\text{mm}$$

即

$$A_0 = 0^{+0.071}_{-0.155}\text{mm}$$

很明显，间隙得不到保证，其原因是组成环的公差不合理。

【例 5-7】 图 5-50 所示为双联转子泵（摆线齿轮）的轴向装配关系简图。要求在冷态下轴向装配间隙 A_0 为 $0.05 \sim 0.15mm$，已知泵体内腔深度 $A_1 = 41mm$，左右齿轮宽度 $A_2 = A_4 = 17mm$，中间隔板宽度 $A_3 = 7mm$，现采用完全互换装配法满足装配精度要求，则可用极值法确定各组成环尺寸公差大小和分布位置。

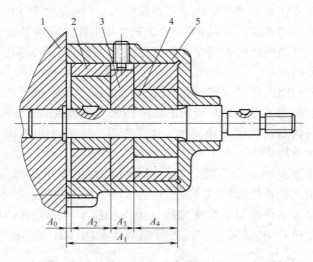

图 5-50 双联转子泵（摆线齿轮）的轴向装配关系简图
1—机体 2—外转子 3—隔板 4—内转子 5—壳体

解：1）绘制装配尺寸链图。

2）判定封闭环 $A_0 = 0^{+0.15}_{+0.05}mm$，$A_1$ 为增环，A_2、A_3、A_4 为减环。

3）根据封闭环公差计算各组成环的平均公差。

封闭环公差 $T(A_0) = 0.10mm$，要求各组成环的公差之和不应超过封闭环的公差值 $0.10mm$。在具体确定各 $T(A_i)$ 值时，首先应按"等公差"法计算各组成环能分配到的平均公差 T_{avqA} 的数值，即

$$T_{avqA} = \frac{T(A_0)}{n-1} = \frac{0.10}{5-1}mm = 0.025mm$$

此值可以看出，零件制造精度要求较高，但还是可以达到的。

4）选择协调环。考虑到隔板和内外转子的端面可用平磨加工，则 A_2、A_3、A_4 的尺寸精度容易保证，故取 $T(A_2)$、$T(A_3)$、$T(A_4)$ 的值比 T_{avqA} 小一些。同时，考虑到其尺寸可用标准量规测量，故取其公差为标准公差。尺寸 A_1 是用镗削加工保证的，其尺寸属于深度尺寸，不容易加工，公差可取大一些。这类尺寸可称为协调环。在成批生产中使用通用量具测量，故宜选 A_1 为协调环。

5）确定各组成环的公差。在把封闭环公差分配给各组成环时，不应该绝对平均地进行分配，而应当注意适当的调配，调配时应遵循以下原则：①凡标准件可根据标准或手册确定其公差；②按等精度原则分配公差；③按工艺等价原则确定各组成环零件的公差（即难加工的零件，公差适当放宽；容易加工的零件，公差适当紧缩）。根据上述原则，取

$$T(A_2) = T(A_4) = 0.018mm, T(A_3) = 0.015mm$$

则协调环公差为

$T(A_1) = T(A_0) - [T(A_2) + T(A_3) + T(A_4)] = 0.10mm - (0.018 \times 2 + 0.015)mm = 0.049mm$ （相

当于 IT8 级精度值)

6) 确定各组成环零件的上、下极限偏差。将组成环的极限偏差按"入体原则"标注为

$$A_2 = A_4 = 17_{-0.018}^{0}\text{mm}(\text{按 IT7 级精度取值})$$
$$A_3 = 7_{-0.015}^{0}\text{mm}(\text{按 IT7 级精度取值})$$

7) 计算协调环 A_1 的上、下极限偏差。

$$EI(A_0) = EI(A_1) - [ES(A_2) + ES(A_3) + ES(A_4)]$$
$$0.05\text{mm} = EI(A_1) - (0+0+0)\text{mm}$$

则
$$EI(A_1) = 0.050\text{mm}$$
$$ES(A_1) = EI(A_1) + T(A_1) = 0.050\text{mm} + 0.049\text{mm} = 0.099\text{mm}$$

故
$$A_1 = 41_{+0.050}^{+0.099}\text{mm}$$

2. 不完全互换装配法

当装配精度要求较高且组成零件数目较多时,使用完全互换装配法势必使各组成环的公差太小,加工困难,这时可以用概率法来计算。

用概率法解尺寸链的基本计算公式,除可应用极值法解直线尺寸链的有些基本公式外,尚有以下两个基本计算公式可以应用。

封闭环中间偏差

$$\Delta_M A_0 = \sum_{i=1}^{m} \xi_i\left(\Delta_M A_i + \frac{\alpha_i T_i}{2}\right) \tag{5-28}$$

封闭环公差

$$T_0 = \frac{1}{k_0}\sqrt{\sum_{i=1}^{m} \xi_i^2 k_i^2 T_i^2} \tag{5-29}$$

式中,k 为相对分布系数;T 为分布的分散范围。k 值的大小与分布图形状有关,具体数值可参考表 5-18,表中的 α 为相对不对称系数,它是总体算术平均值坐标点至总体分散范围中心的距离与一半分散范围($T/2$)的比值。因此,分布中心偏移量为 $\Delta = \alpha T/2$。α_i 为第 i 组成环尺寸分布曲线的不对称系数;$\alpha_i T_i/2$ 为第 i 组成环尺寸分布中心相对于公差带中心的偏移量;k_0 为封闭环的相对分布系数;k_i 为第 i 组成环的相对分布系数。

尺寸链各组成环误差对封闭环误差的影响程度是不一样的,影响程度的大小可以用误差传递系数 ξ 来表示。增环的 ξ 值为正值,减环的 ξ 值为负值。线性尺寸链的 $\xi = \pm 1$。

表 5-18　几种典型分布曲线的 k 和 α 值

分布特征	正态分布	三角分布	均匀分布	瑞利分布	偏态分布	
					外尺寸	内尺寸
分布曲线						
α	0	0	0	-0.28	0.26	-0.26
k	1	1.22	1.73	1.14	1.17	1.17

当生产过程比较稳定，而各组成环的尺寸分布也比较稳定时，采用概率法可达到完全互换的效果，否则，可能有部分产品达不到装配精度要求，需要进行返修。因此概率法也称为不完全互换装配法。不完全互换装配法可以扩大组成环的公差，这会使极少数产品的装配精度超出规定要求，但这种事件是小概率事件，很少发生，从总的经济效果分析，该法仍然是经济可行的，故多用于生产节拍要求不是很高的大批量生产中。

【例 5-8】 已知条件与上例相同，若各尺寸误差均服从正态分布，分布中心与公差带中心重合，即 $k_0 = k_1 = k_2 = k_3 = k_4 = 1$，$\alpha_1 = \alpha_2 = \alpha_3 = \alpha_4 = 0$。试以统计互换装配法求出各组成环的公差和极限偏差。

解：1）校核封闭环基本尺寸 A_0。

$$A_0 = A_1 - (A_2 + A_3 + A_4) = 41\text{mm} - (17 \times 2 + 7)\text{mm} = 0\text{mm}$$

2）计算封闭环公差 T_0。

$$T_0 = 0.15\text{mm} - 0.05\text{mm} = 0.10\text{mm}$$

3）计算各组成环的平均公差 T_{avqA}。

已知 $|\xi_i| = 1$，$k_0 = k_1 = k_2 = k_3 = k_4 = 1$，得

$$T_0 = \frac{1}{k_0} \sqrt{\sum_{i=1}^{m} \xi_i^2 \, k_i^2 \, T_i^2} = \sqrt{m T_{\text{avqA}}^2}$$

$$T_{\text{avqA}} = T_0 / \sqrt{m} = 0.10 / \sqrt{4}\ \text{mm} = 0.05\text{mm}$$

与极值法计算得到的各组成环平均公差 $T_{\text{avqA}} = 0.025\text{mm}$ 相比，T_{avqA} 放大了 1 倍，组成环的制造变得容易了。

4）确定 A_1、A_2、A_3、A_4 的制造公差。

以组成环平均公差为基础，参考各组成环尺寸大小和加工难易程度，确定各组成环制造公差。仍取 A_1 为协调环。因平均公差 T_{avqA} 接近于各组成环的 IT9 级精度，故本例按 IT9 级精度确定 A_2、A_3、A_4 的公差。查公差标准得

$$T(A_2) = T(A_4) = 0.043\text{mm}, \quad T(A_3) = 0.036\text{mm}$$

则协调环公差为

$$T(A_1) = \sqrt{[T(A_0)]^2 - [T(A_2)]^2 - [T(A_3)]^2 - [T(A_4)]^2}$$
$$= \sqrt{0.10^2 - 0.043^2 \times 2 - 0.036^2}\ \text{mm} \approx 0.071\text{mm}$$

$T(A_1)$ 的大小与 IT9 级精度的公差相近，因此，将 $T(A_1)$ 的公差按 IT9 确定为

$$T(A_1) = 0.062\text{mm}$$

5）确定组成环的上、下极限偏差。按"入体原则"取

$$A_2 = A_4 = 17_{-0.043}^{0}\text{mm}$$

$$A_3 = 7_{-0.036}^{0}\text{mm}$$

封闭环的中间偏差

$$\Delta_{\text{M}} A_0 = \sum_{i=1}^{m} \xi_i \left(\Delta_{\text{M}} A_i + \frac{\alpha_i T_i}{2} \right)$$

已知 $\xi_1 = 1$，$\xi_2 = \xi_3 = \xi_4 = -1$，$\alpha_1 = \alpha_2 = \alpha_3 = \alpha_4 = 0$，代入上式得

$$\Delta A_0 = \Delta A_1 - \Delta A_2 - \Delta A_3 - \Delta A_4$$

$$\Delta A_1 = \Delta A_0 + \Delta A_2 + \Delta A_3 + \Delta A_4 = 0.10\text{mm} + (-0.0215) \times 2\text{mm} + (-0.018)\text{mm} = 0.039\text{mm}$$

A_1 的极限偏差为

$$ES(A_1) = \Delta A_1 + T(A_1)/2 = 0.039\text{mm} + 0.062/2\text{mm} = 0.070\text{mm}$$

$$EI(A_1) = \Delta A_1 - T(A_1)/2 = 0.039\text{mm} - 0.062/2\text{mm} = 0.008\text{mm}$$

故

$$A_1 = 41_{+0.008}^{+0.070}\text{mm}$$

6）校核封闭环。

封闭环公差为

$$T(A_0) = \sqrt{[T(A_1)]^2 + [T(A_2)]^2 + [T(A_3)]^2 + [T(A_4)]^2}$$

$$= \sqrt{0.062^2 + 0.043^2 \times 2 + 0.036^2}\,\text{mm} \approx 0.094\text{mm}$$

极限偏差为

$$ES(A_0) = \Delta A_0 + T(A_0)/2 = 0.10\text{mm} + 0.094/2\text{mm} = 0.147\text{mm}$$

$$EI(A_0) = \Delta A_0 - T(A_0)/2 = 0.10\text{mm} - 0.094/2\text{mm} = 0:053\text{mm}$$

故

$$A_0 = 0_{+0.053}^{+0.147}\text{mm}$$

符合规定的装配间隙要求。

各组成环尺寸为

$$A_1 = 41_{+0.008}^{+0.070}\text{mm}, A_2 = A_4 = 17_{-0.043}^{0}\text{mm}, A_3 = 7_{-0.036}^{0}\text{mm}$$

不完全互换装配法的优点是扩大了组成环的制造公差，零件制造成本低；装配过程简单，生产率高。缺点是装配后有极少数产品达不到规定的装配精度要求，需采取另外的返修措施。不完全互换装配法适于在大批大量生产中装配那些装配精度要求较高且组成环数又多的机器结构。

5.7.3　选择装配法

1. 选择装配法的类型

在大批大量生产中，装配那些精度要求特别高同时又不便于采用调整装置的部件，若用互换装配法装配，会造成组成环的制造公差过小，加工很困难或很不经济，例如：内燃机的活塞与缸套的配合，滚动轴承内外环与滚珠的配合等。在这种情况下，就不宜甚至不能只依靠零件的加工精度来保证装配精度，而可以采用选择装配法。将尺寸链中的组成环公差放大到经济、可行的程度（各零件按经济精度制造），然后选择合适的零件进行装配，以保证规定的装配精度。

选择装配法有直接选配法、分组装配法（分组互换法）、复合选配法等三种形式。

（1）直接选配法　从配对的许多待装配的零件群中，选择符合规定要求的互配件进行装配。这种方法在事先不对零件进行测量和分组，而是在装配时直接由工人试凑装配，挑选合适的零件，故称为直接选配法。其优点是简单，但工人挑选零件可能要花费较长时间，而且装配质量在很大程度上取决于工人的技术水平和测量方法。因此不宜在节拍要求严格的大批大量流水线装配中采用。

（2）分组装配法　将组成环的公差按完全互换装配法所求得的值放大数倍（一般为 2~6 倍），使其能按经济加工精度制造，然后对零件按公差进行测量和分组，再按对应组号进行装配，以满足原定的装配精度要求。由于同组零件可以互换，故该法又称为分组互换法。

（3）复合选配法　上述两种方法的复合，即把零件预先测量分组，装配时再在各对应组中直接选配。这一方法的特点是配合件的公差可以不相等。由于在分组的范围中直接选配，因此既能达到理想的装配质量，又能较快地选择合适的零件，便于保证生产节奏。在汽车与拖拉机发动机装配中，气缸与活塞的装配中大都采用这种方法，同一规格的活塞其裙部尺寸要按椭圆的长轴分组。

2. 分组装配法的计算

【例 5-9】 图 5-51 所示为阀孔和滑阀的配合简图，要求阀孔与滑阀的配合间隙为 $0.006 \sim 0.010$mm，阀孔直径 $A_1 = \phi 11^{+0.002}_{0}$mm，即 $T(A_1) = 0.002$mm，滑阀直径 $A_2 = \phi 11^{-0.006}_{-0.008}$mm，即 $T(A_2) = 0.002$mm。

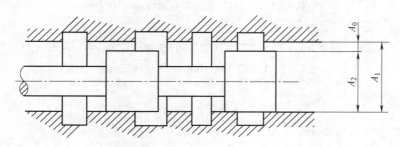

图 5-51 阀孔与滑阀的配合简图

解： 若采用完全互换装配法装配，其平均公差为

$$T_{avqA} = \frac{T(A_0)}{n-1} = \frac{0.004}{3-1}mm = 0.002mm$$

这个公差值为 IT2 级标准公差值，制造十分困难，也不经济，故可考虑采用分组装配法。首先将两个配合件的公差放大 n 倍，取 $n = 5$，则 $T(A'_i) = 0.010$mm（相当于 IT6 级），于是

$$A'_1 = \phi 11^{+0.010}_{0}mm$$

$$A'_2 = \phi 11^{+0.002}_{-0.008}mm$$

然后将制成的零件再进行测量分组，按阀孔直径 A'_1 和滑阀直径 A'_2 的实际尺寸各分成 5 组，则有

$$T(A'_1) = T(A'_2) = nT(A_i) = 5 \times 0.002mm = 0.010mm$$

其分组公差为 $T(A_i) = 0.002$mm，组别用不同颜色区别，以便于分组装配。其分组尺寸见表 5-19。

表 5-19 阀孔和滑阀的分组尺寸

组别	标记颜色	阀孔直径/mm $\phi 11^{+0.010}_{0}$	滑阀直径/mm $\phi 11^{+0.002}_{-0.008}$	配合情况
1	红	11.000~11.002	10.992~10.994	
2	黄	11.002~11.004	10.994~10.996	最大间隙为 0.010mm
3	蓝	11.004~11.006	10.996~10.998	最小间隙为 0.006mm
4	白	11.006~11.008	10.998~11.000	
5	绿	11.008~11.010	11.000~11.002	

这样同一组的阀孔与滑阀相配，可以完全互换，并能保证配合间隙为 $0.006 \sim 0.010$mm。

3. 分组装配法的规律

在大批大量生产条件下，当装配尺寸链的环数较少时，采用分组装配法可以达到很高的装配精度。其优点是零件加工公差要求不高，能获得很高的装配精度；同组内的零件仍可以互换，具有互换法的优点。其缺点是增加了零件存储量；增加了零件的测量、分组工作并使零件的储存、运输工作复杂化。

采用分组装配的注意事项：

1）分组后各组的配合性质和配合精度要保证原设计要求，配合件的公差必须相等，公差带增大时要向同方向增大，增大倍数和分组数相同，并要求同基准公差带分布位置相一致。这样才能在分组后按对应组装配而得到预定的配合性质（间隙或过盈）。

如图 5-52 所示，以轴、孔动配合为例，设轴与孔的公差按完全互换法的要求分别为 $T_{轴}$、$T_{孔}$，并令 $T_{轴} = T_{孔} = T$，装配后得到最大间隙为 S_{imax}，最小间隙为 S_{imin}。

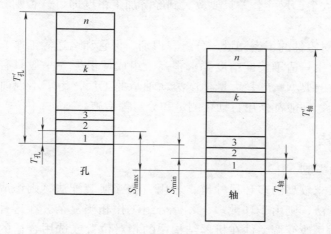

图 5-52　轴孔分组装配图

由于公差 T 太小，加工困难，故用分组装配法。为此，将轴、孔公差在同一方向放大到经济可行的地步，设放大了 n 倍，即 $T' = nT$。零件加工完毕后，将轴与孔按尺寸分为 n 组，故每组公差仍为 $T = T'/n$，装配时按对应组装配，无论哪一个对应组，装配后得到的配合精度与性质不变，都满足原设计要求。

当配合件公差不相等时，采用分组装配法可以保持配合精度不变，但配合性质却要发生变化，因此在生产中不宜采用。

2）配合件的表面粗糙度、几何公差必须保持原设计要求，不能随着公差的放大而降低表面粗糙度要求和放大几何公差。

3）要采取措施，保证零件分组装配中都能配套，不产生某一组零件由于过多或过少，无法配套而造成积压和浪费。

按照一般正态分布规律，零件分组后，各组配合件的数量是基本相等的。以轴和孔配套为例，其配套情况如图 5-53a 所示。但如果由于某种工艺因素而造成尺寸分布不是正态分布，如图 5-53b 所示。因而在零件分组后，对应组的零件数量不等，造成某些零件过多或过少现象，这在实际生产中往往难以避免，必须采取措施予以解决。例如，一种办法是采取分组公差不等的方法来平衡对应组的零件数量，如图 5-53c 所示，但必须先分析由此而造成配合精度降低的情况是否允许。另一种办法是在聚集相当数量的不配套零件后，专门加工一批零件来配套。

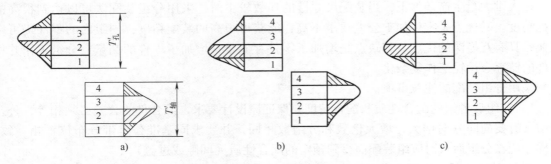

图 5-53　轴孔分组配套情况

4）分组数不宜太多，尺寸公差只要放大到经济加工精度即可，否则会使零件的测量分组等工作量增加。

5）应严格组织对零件的精密测量、分组、识别、保管和运送等工作。

分组装配法的应用只适于装配精度要求很高、组成件很少（一般只有两个、三个）的情况。作为分组装配法的典型，就是大量生产滚动轴承的工厂，为了不因前述缺点而造成过多的人力和费用的增加，一般都采用自动化测量和分组等措施。

5.7.4　调整装配法

1. 调整装配法的类型

对于装配精度要求较高的多环尺寸链，若用完全互换装配法，则组成环公差较小，加工困难；若用分组装配法，则由于环数多，零件分组工作相当复杂。在这种情况下，可以采用调整装配法。装配时用改变调整件在机器结构中的相对位置或选用合适的调整件来达到装配精度的装配方法，称为调整装配法。

调整装配法的实质就是放大组成环的公差，使各组成环按经济加工精度制造，由于每个组成环的公差都较大，因此其装配精度必然超差。为了保证装配精度，可改变其中一个组成环的位置或尺寸来补偿这种影响。这个组成环称为补偿环，该零件称为调整件或补偿件。调节调整件相对位置的方法有可动调整法、固定调整法和误差抵消调整法三种。

（1）可动调整法　可动调整法就是通过改变可动补偿件的位置来达到装配精度的方法。这种方法在机械制造中应用较多。常用的调整件有螺钉、螺母和楔等。图 5-54a 所示为通过调整螺钉 1 来调整轴承间隙，以保证轴承有足够的刚性，同时又不致于过紧而引起轴承发热。图 5-54b 所示结构为车床刀架横向进给机构中丝杠螺母副间隙调整机构，丝杠与螺母间隙过大时，可拧动螺钉 1，调节撑垫 4 的上下位置使螺母 2、5 分别靠紧丝杠 3 的两个螺旋面，以减小丝杠与螺母 2、5 之间的间隙。

可动调整法的主要优点是零件制造精度不高，但却可获得比较高的装配精度；在机器使用中可随时通过调节调整件的相对位置来补偿由于磨损、热变形等原因引起的误差，使之恢复到原来的装配精度，操作简便，易于实现。缺点是需增加一套调整机构，增加了结构复杂程度。可动调整装配法在生产中应用甚广。

（2）固定调整法　在以装配精度要求为封闭环建立的装配尺寸链中，组成环均按加工经

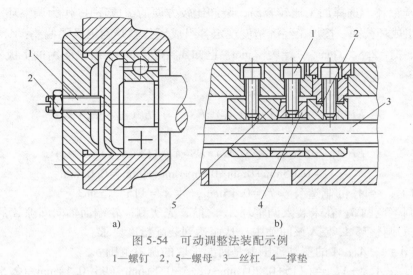

图 5-54　可动调整法装配示例
1—螺钉　2，5—螺母　3—丝杠　4—撑垫

济精度制造，由于扩大了组成环制造公差，累积造成了封闭环的误差过大，在尺寸链中选定一个或加入一个适当尺寸的零件作为调整件，该件是通过计算按一定的尺寸级别制成的一组专用零件。根据装配时的需要，可选用某一组别的调整件来作补偿，使之达到规定的装配精度。通常使用的调整件有垫圈、垫片、轴套等零件。对于产量大和精度要求高的产品，固定调整件都采用组合垫片的形式，如不同厚度的紫铜片（厚度为 0.02mm、0.05mm、0.06mm、0.08mm、0.1mm 等，再加上较厚的垫片，如 1mm、2mm 等）。这样可以组合成各种所需要的尺寸，以满足装配精度要求，使调整更为方便。

（3）误差抵消调整法　在机器装配中，通过调整被装零件的相对位置，使加工误差相互抵消，可以提高装配精度。这种装配方法称为误差抵消调整法，在机床装配中应用较多。例如：在车床主轴装配中通过调整前后轴承的径向跳动方向来控制主轴的径向跳动；在滚齿机工作台分度蜗轮装配中，采用调整蜗轮和轴承的偏心方向来抵消误差，以提高分度蜗轮的工作精度。

调整装配法的优点：扩大了组成环尺寸公差，制造容易，装配时不用修配就能达到很高的装配精度，容易组织流水线生产；使用过程中可以定期改变可动调整件的位置或更换固定调整件来恢复部件原有的装配精度。

其缺点：增加了调整件，相应地增加了加工费用。但由于其他组成环公差放大，因此整体上还是经济的。

综上所述，调整法适用于环数多、封闭环精度要求较高的装配尺寸链，尤其是在使用过程中组成环零件尺寸容易变化（因磨损或温度变化）的尺寸链。可动调整法和误差抵消调整法适于在小批生产中应用，固定调整法则主要用于大批量生产中。

2. 固定调整法的计算

【例 5-10】　图 5-55 所示为车床主轴双联齿轮装配结构图，其要求轴向具有间隙 $A_0 = 0^{+0.20}_{+0.05}$mm，已知 $A_1 = 115$mm，$A_2 = 8.5$mm，$A_3 = 95$mm，$A_4 = 2.5$mm，$A_5 = 9$mm，试以固定调整法求出各组成环的极限偏差，并求调整环的分组数和调整环的尺寸系列。

解：1）建立装配尺寸链。从分析影响装配精度要求的有关尺寸入手，建立以装配精度要求为封闭环的装配尺寸链。

2）选择调整环。选择加工比较容易，装卸比较方便的组成环 A_5 作为调整环。

3）确定组成环公差。按加工经济精度规定各组成环公差并确定极限偏差：$A_2 = 8.5_{-0.10}^{0}$ mm，$A_3 = 95_{-0.10}^{0}$ mm，$A_4 = 2.5_{-0.12}^{0}$ mm，$A_5 = 9_{-0.03}^{0}$ mm。已知 $A_0 = 0_{+0.05}^{+0.20}$ mm，组成环 A_1 的下极限偏差由尺寸链计算确定。

因为

$$EI(A_0) = EI(A_1) - ES(A_2) - ES(A_3) - ES(A_4) - ES(A_5)$$

所以

$$EI(A_1) = EI(A_0) + ES(A_2) + ES(A_3) + ES(A_4) + ES(A_5)$$
$$= 0.05\text{mm} + 0\text{mm} + 0\text{mm} + 0\text{mm} + 0\text{mm} = 0.05\text{mm}$$

为便于加工，令 A_1 的制造公差 $T_1 = 0.15$ mm，故 $A_1 = 115_{+0.05}^{+0.20}$ mm。

4）确定调整范围 δ。在未装入调整环 A_5 之前，先实测齿轮端面轴向间隙 A 的大小，然后再选一个合适的调整环 A_5 装入该间隙中，从而达到装配精度要求。

所测间隙 $A = A_5 + A_0$，A 的变动范围就是所要求取的调整范围 δ。

$$A_{max} = A_{1max} - A_{2min} - A_{3min} - A_{4min} = (115 + 0.20)\text{mm} - (8.5 - 0.1)\text{mm} - (95 - 0.1)\text{mm} - (2.5 - 0.12)\text{mm}$$
$$= 9.52\text{mm}$$

$$A_{min} = A_{1min} - A_{2max} - A_{3max} - A_{4max} = (115 + 0.05)\text{mm} - 8.5\text{mm} - 95\text{mm} - 2.5\text{mm} = 9.05\text{mm}$$

所以

$$\delta = A_{max} - A_{min} = 9.52\text{mm} - 9.05\text{mm} = 0.47\text{mm}$$

5）确定调整环的分组数 i。取封闭环公差与调整环制造公差之差 $T_0 - T_5$ 作为调整环尺寸分组间隙 Δ，则

$$i = \frac{\delta}{\Delta} = \frac{\delta}{T_0 - T_5} = \frac{0.47}{0.15 - 0.03} \approx 3.9$$

取 $i = 4$（调整环分组数不宜过多，否则组织生产较麻烦，i 取为 3~4 较为适宜）。

6）确定调整环 A_5 的尺寸系列。当实测间隙 A 出现最小值 A_{min} 时，在装入一个最小基本尺寸的调整环 A_5 后，应能保证齿轮轴向具有装配精度要求的最小间隙值（$A_{0min} = 0.05$ mm），如图 5-56 所示，最小一组调整环的基本尺寸应为 $A_5' = A_{min} - A_{0min} = 9.05\text{mm} - 0.05\text{mm} = 9\text{mm}$。以此为基础，再依次加上一个尺寸间隙 Δ（$\Delta = T_0 - T_5 = 0.12$ mm），便可求得调整环 A_5 的尺寸系列为：$9_{-0.03}^{0}$ mm、$9.12_{-0.03}^{0}$ mm、$9.24_{-0.03}^{0}$ mm、$9.36_{-0.03}^{0}$ mm。各调整环的适用范围见表 5-20。

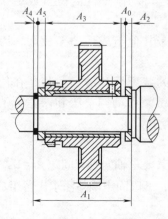

图 5-55　车床主轴双联齿轮装配结构图

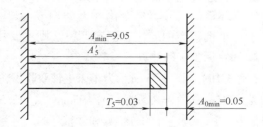

图 5-56　装配尺寸关系图

表 5-20　调整环尺寸系列及其适用范围

编号	调整环尺寸/mm	适用的间隙 A/mm	调整后的实际间隙/mm
1	$9_{-0.03}^{0}$	9.05 ~ 9.17	0.05 ~ 0.20
2	$9.12_{-0.03}^{0}$	9.17 ~ 9.29	0.05 ~ 0.20
3	$9.24_{-0.03}^{0}$	9.29 ~ 9.41	0.05 ~ 0.20
4	$9.36_{-0.03}^{0}$	9.41 ~ 9.52	0.05 ~ 0.19

5.7.5　修配装配法

1. 修配装配法的概念

在单件小批生产中，装配精度要求高而且组成件多时，完全互换法或不完全互换法均不能采用。例如，车床主轴顶尖与尾架顶尖的等高性、转塔车床的刀具孔与主轴的同轴度都要求很高，而它们的组成件都较多。假使采用完全互换法，则有关零件的有关尺寸精度势必达到极高的要求；若采用不完全互换法，则公差值放大不多也无济于事。在这些情况下修配装配法将是较好的选择。

修配装配法就是将尺寸链中各个组成环零件的公差放大到经济可行的程度去制造。这样，在装配时封闭环上的累积误差必然超过规定的公差。为了达到规定的装配精度要求，可选尺寸链中的某一个易于在现场加工的零件作为补偿环（亦称修配环），在装配过程中用手工锉、刮、研等方法修去该零件上的多余部分材料，使装配精度满足技术要求。

修配装配法的主要优点是组成环均能以加工经济精度制造，但却可获得很高的装配精度。其缺点是增加了装配过程中的手工修配工作，劳动量大，工时又不易预测，不便于组织流水线作业，而且装配质量依赖于工人的技术水平。采用修配装配法时应注意：

1）应正确选择修配对象。应选择那些只与本项装配精度有关，而与其他装配精度项目无关的零件作为修配对象，再选择其中易于拆装且修配面不大的零件作为修配件。

2）应该通过计算，合理确定修配件的尺寸及其公差，既要保证它具有足够的修配量，又要使修配量不致过大。

为了弥补手工修配的缺点，应尽可能考虑采用机械加工的方法来代替手工修配，例如采用电动或气动修配工具，或用"精刨代刮""精磨代刮"等机械加工方法。

随着思想的进步发展，人们创造了所谓的"综合消除法"，或称"就地加工法"。这种方法的典型例子是转塔车床对转塔的刀具孔进行"自镗自"，这样就直接保证了同轴度的要求。因为装配累积误差完全在零件装配结合后，以"自镗自"的方法予以消除，因而得名。这种方法广泛应用于机床制造中，如龙门刨床的"自刨自"、平面磨床的"自磨自"、立式车床的"自车自"等。

此外还有合并加工修配装配法，它是将两个或多个零件装配在一起后进行合并加工修配的一种方法，这样可以减少累积误差，从而也减少了修配工作量。这种修配装配法的应用例子也较多，例如将车床尾架与底板先进行组装，再对此组件最后精镗尾架上的顶尖套孔，这样就消除了底板的加工误差。由于尾架部件从底面到尾架顶尖套孔中心的高度尺寸误差减小，因此在总装时，就可减少对底面的修配量，达到车床主轴顶尖与尾架顶尖等高性这一装配精度要求。

又如万能铣床工作台和回转盘先行组装，再合并在一起进行精加工，以保证工作台台面与回转盘底面有较高的平行度，然后作为一体进入总装，最后满足主轴回转中心线对工作台面的平行度要求，由于减少了加工累积误差，因此在总装时修配劳动量大为减轻。

由于修配装配法有其独特的优点，又采用了各种减轻装配工作量的措施，因此除了在单件小批生产中被广泛采用外，在成批生产中也采用较多。至于合并法或综合消除法，其实质都是减少或消除累积误差，这种方法在各类生产中都有应用。

2. 修配装配法的计算

【例 5-11】 图 5-57 是车床溜板箱齿轮与床身齿条的装配结构，为保证车床溜板箱沿床身导轨移动平稳灵活，要求溜板箱齿轮与固定在床身上的齿条间在垂直平面内必须保证有 $0.17 \sim 0.28$ mm 的啮合间隙。从分析影响齿轮、齿条啮合间隙 A_0 的有关尺寸入手，可以建立装配尺寸链。已知 $A_1 = 53$ mm，$A_2 = 25$ mm，$A_3 = 15.74$ mm，$A_4 = 71.74$ mm，$A_5 = 22$ mm。要求 $A_0 = 0^{+0.28}_{+0.17}$ mm，试确定修配环尺寸并验算修配量。

解：1）选择修配环。为便于修配，选取组成环 A_2 为修配环。

2）确定组成环极限偏差。按加工经济精度确定各组成环公差，并按"入体原则"确定极限偏差，得 $A_1 = 53$h10 $= 53^{0}_{-0.12}$ mm，$A_3 = 15.74$h11 $= 15.74^{0}_{-0.055}$ mm，$A_4 = 71.74$js11 $= 71.74 \pm 0.095$ mm，$A_5 = 22$js11 $= 22 \pm 0.065$ mm，并设 $A_2 = 25^{+0.13}_{0}$ mm。

3）计算封闭环极限尺寸 A_{0max}、A_{0min}。

$$A_{0max} = A_{4max} + A_{5max} - A_{1min} - A_{2min} - A_{3min}$$
$$= (71.74 + 0.095) \text{mm} + (22 + 0.065) \text{mm} - (53 - 0.12) \text{mm} - 25 \text{mm} - (15.74 - 0.055) \text{mm}$$
$$= 0.335 \text{mm}$$

$$A_{0min} = A_{4min} + A_{5min} - A_{1max} - A_{2max} - A_{3max}$$
$$= (71.74 - 0.095) \text{mm} + (22 - 0.065) \text{mm} - 53 \text{mm} - (25 + 0.13) \text{mm} -$$
$$15.74 \text{mm} = -0.290 \text{mm}$$

由此可知

$$A_0 = 0^{+0.335}_{-0.290} \text{mm}$$

由于封闭环 A_0 不符合装配要求，需通过修配环 A_2 来达到规定的装配精度。

4）确定修配环尺寸 A_2。图 5-58 左侧公差带图给出了装配要求，溜板箱齿轮与床身齿条间在垂直平面内的啮合间隙最大为 0.28 mm，最小为 0.17 mm。中部方框图给出的是按上述组成环尺寸计算得到的齿条相对于齿轮的啮合间隙变化范围，最大为 $+0.335$ mm，最小为 -0.29 mm。当齿条相对于齿轮的啮合间隙大于 0.28 mm 时，将无法通过修配组成环 A_2 来达到规定的装配精度要求。分析图中尺寸关系可知，适当增大修配环 A_2 的基本尺寸可以使修配环 A_2 留有必要的修配量，但增大修配环 A_2 的基本尺寸，装配过程中的修配量将相应增大。为使最大修配量不致过大，修配环 A_2 基本尺寸增量 ΔA_2 可取为

$$\Delta A_2 = (0.335 - 0.28) \text{mm} \approx 0.06 \text{mm}$$

故修配环基本尺寸

$$A_2 = 25 + \Delta A_2 = (25 + 0.06) \text{mm} = 25.06 \text{mm}$$

5）验算修配量。图 5-57 中右侧方框图给出的是当修配环按 $A_2 = 25.06^{+0.13}_{0}$ mm 制造时，齿条相对于齿轮的啮合间隙变化范围，最大为 $+0.28$ mm，最小为 $(-0.29 - 0.06)$ mm $= -0.35$ mm。当齿条相对于齿轮的啮合间隙为最大值（$+0.28$ mm）时，无须修配就能满足装配精度要求；当齿条相对于齿轮的间隙为 -0.35 mm 时，修配环的修配量最大，A_2 的最大修配量 $K_{max} = 0.35$ mm $+ 0.17$ mm $= 0.52$ mm。验算结果表明修配环的修配量是合适的。

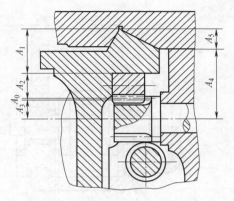

图 5-57　车床溜板箱齿轮与床身齿条的装配结构

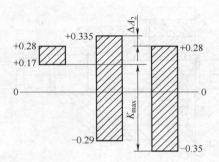

图 5-58　修配环尺寸的确定

习题与思考题

1. 如图 5-59 所示，装配要求齿轮与垫圈间的轴向间隙为 0.10 ～ 0.39mm，A_4 为标准件，故规定了公差，现欲用完全互换法装配，并认为除 A_4 环外，其余组成环公差相等，同时取 A_k 环为协调环，试计算 A_1、A_2、A_3、A_k 环的公差和极限偏差。

2. 如图 5-60 所示，在溜板与床身装配前有关组成零件的尺寸分别为：$A_1 = 46_{-0.04}^{~~0}$mm，$A_2 = 30_{~~0}^{+0.03}$mm，$A_3 = 16_{+0.03}^{+0.06}$mm，试计算装配后溜板压板与床身下平面之间的间隙 A_0，试分析当间隙在使用过程中因导轨磨损而增大后如何解决。

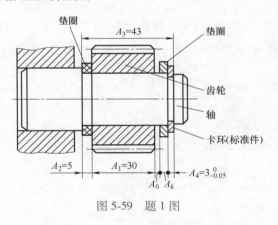

图 5-59　题 1 图

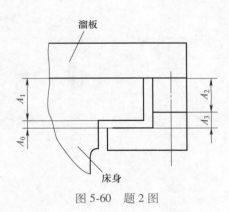

图 5-60　题 2 图

3. 如图 5-61 所示为双联转子泵装配图，装配要求冷态下轴向装配间隙 A_0 为 0.05 ～ 0.15mm。已知 $A_1 = 62_{-0.62}^{~~0}$mm，$A_2 = 20.5 \pm 0.2$mm，$A_3 = 17_{-0.2}^{~~0}$mm，$A_4 = 7_{-0.05}^{~~0}$mm，$A_5 = 17_{-0.2}^{~~0}$mm，$A_6 = 41_{+0.05}^{+0.10}$mm。采用修配法装配，选取 A_4 为修配环，$T_4 = 0.05$mm，试确定修配环的尺寸及上、下极限偏差，并计算可能出现的最大修配量。

4. 如图 5-62 所示装配图要求轴承端面的轴向间隙 $A_0 = 0.15 \sim 0.2$mm，结构设计采用固定调整法，即调整纸垫 A_k 来保证此间隙要求，已知各组成零件的尺寸及经济精度公差如下：$A_1 = 34$mm，$T(A_1) = 0.1$mm，$A_2 = A_4 = 4$mm，$T(A_2) = T(A_4) = 0.05$mm，$A_3 = 100$mm，$T(A_3) = 0.15$mm，$A_5 = 142$mm，$T(A_5) = 0.15$mm。若只采用一种纸垫厚度，试确定各尺寸的极限偏差、纸垫厚度、极限情况下纸垫张数（设纸垫做得十分精确，即令 $T(A_k) = 0$）。（按最大实体原则表示各组成环尺寸）

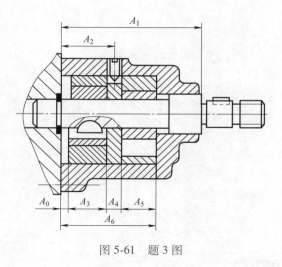

图 5-61　题 3 图

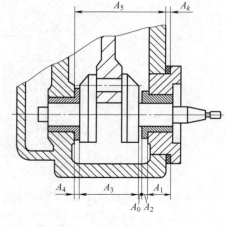

图 5-62　题 4 图

第 **6** 章　机床夹具设计

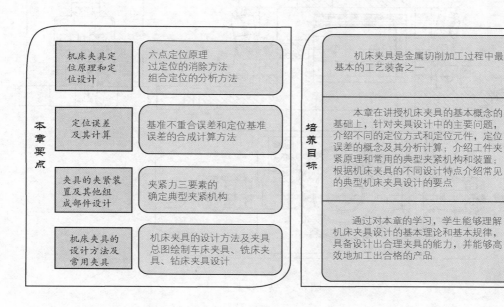

本章要点

机床夹具定位原理和定位设计　　六点定位原理　过定位的消除方法　组合定位的分析方法

定位误差及其计算　　基准不重合误差和定位基准误差的合成计算方法

夹具的夹紧装置及其他组成部件设计　　夹紧力三要素的确定典型夹紧机构

机床夹具的设计方法及常用夹具　　机床夹具的设计方法及夹具总图绘制车床夹具、铣床夹具、钻床夹具设计

培养目标

机床夹具是金属切削加工过程中最基本的工艺装备之一

本章在讲授机床夹具的基本概念的基础上，针对夹具设计中的主要问题，介绍不同的定位方式和定位元件，定位误差的概念及其分析计算；介绍工件夹紧原理和常用的典型夹紧机构和装置；根据机床夹具的不同设计特点介绍常见的典型机床夹具设计的要点

通过对本章的学习，学生能够理解机床夹具设计的基本理论和基本规律，具备设计出合理夹具的能力，并能够高效地加工出合格的产品

6.1　机床夹具定位原理和定位设计

机械制造中广泛采用能迅速把工件固定在准确位置或同时能确定加工工具位置的辅助装置，这种装置统称为夹具。从广义上来说，使工艺过程中的任何工序都能保证质量、提高生产率、减轻工人劳动强度及确保工作安全等的一切附加装置都称为夹具。机床夹具是指在机械加工中应用在金属切削机床上的夹具。

6.1.1　机床夹具基本概念

1. 夹具的组成

图 6-1 所示为一铣床夹具，用于在卧式铣床上加工 $\phi 90$mm 法兰上的两个平面，工件以端面和 $\phi 20^{+0.045}_{0}$mm 孔为定位基准，在支承板和定位销上实现 5 点定位，采用气缸通过联动的铰链机构带动压爪夹紧工件。

分析这个机床夹具，可以知道机床夹具一般由以下几个部分组成：

1）定位元件。用于确定工件在夹具中的位置。

2）夹紧装置。用于夹紧工件，对于非手动夹具，夹紧动力源也是夹紧装置的一部分。

3）对刀、引导元件或装置。用于确定刀具相对夹具定位元件的位置。

4）连接元件。用于确定夹具本身在机床主轴或工作台上的位置。

5）夹具体。用于将夹具上的各种元件和装置连接成一个有机的整体，是夹具的基础件。

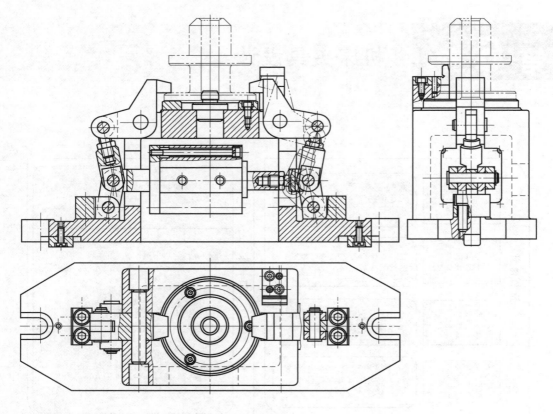

图 6-1　铣床夹具

6）其他元件及装置。如用于分度的分度元件、用于自动上下料的上下料装置等。

定位元件、夹紧装置和夹具体是夹具的基本组成部分。

2. 夹具的分类

夹具可以从不同的角度来分类。

1）按工艺过程的不同，夹具可分为机床夹具、检验夹具、装配夹具、焊接夹具等。

2）按机床种类的不同，夹具可分为车床夹具、铣床夹具、钻床夹具（钻模）、镗床夹具（镗模）、磨床夹具和齿轮机床夹具等。

3）按所采用的夹紧动力源的不同，夹具可分为手动夹具、气动夹具、液压夹具、电动夹具、电磁夹具和真空夹具等。

4）按夹具结构与零部件的通用性程度不同，夹具可分为通用夹具（机床附件类夹具）、成组夹具、随行夹具、组合夹具和专用夹具等（表 6-1）。

表 6-1　夹具的类型、功能与特点、应用场合

类型	功能与特点	应用场合
通用夹具	结构通用化程度高，可在各种不同机床上使用，使用时无须调整或稍加调整，适用于多种类型不同尺寸工件的装夹，但生产率低，装夹工件操作复杂。包括自定心卡盘、单动卡盘、机用虎钳、万能分度头、电磁工作台等	单件小批量生产

（续）

类型	功能与特点	应用场合
成组夹具	在成组工艺的基础上发展起来的夹具，是根据成组工艺的要求，针对一组零件的某一工序而专门设计的可调夹具，即对某一组零件是专用的，而对组内的零件是通用的。使用时只需对夹具上的相关元件加以调整或更换，即可装夹一组结构和工艺特征相似的工件	多品种，中小批量生产
随行夹具	只适用于某一种工件，工件装上随行夹具后，可从生产线开始一直到生产线终端，在各位置上进行各种不同工序的加工	自动或半自动生产线上使用
组合夹具	由标准夹具零部件经过组装而成的专用夹具，是一种标准化、系列化、通用化程度高的工艺装备，元件和组件可反复使用，组装迅速，周期短，可用来组装成各种不同的夹具	新产品的试制及多品种，中小批量生产
专用夹具	专为加工某一零件的某一工序而设计的夹具，结构和零部件都没有通用性。需专门设计、制造，夹具生产周期长。结构紧凑、操作方便、生产效率较高、加工精度容易保证	定型产品的成批和大量生产

3. 夹具的作用

1）保证和提高产品质量（工件可以更好地进入准确位置）。

2）提高劳动效率（减少人工摆放工件的时间）。

3）扩大工具的操作范围（位置固定，人员易于操作）。

4）改善劳动条件，降低产品成本。

6.1.2　六点定位原理

1. 六点定位原理的概念

任何未定位的工件在空间直角坐标系中都具有 6 个自由度，即沿 x、y、z 坐标轴方向的移动自由度 $\vec{x}$、$\vec{y}$、$\vec{z}$ 和绕 3 个坐标轴的转动自由度 $\hat{x}$、$\hat{y}$、$\hat{z}$，如图 6-2 所示。

要对工件进行机械加工，就必须使工件在空间位置固定，即实现工件的定位。要限制工件的 6 个自由度，理论上至少需要在空间按一定规律分布 6 个支承点，如图 6-3 所示。在 xOy 平面上布置 3 个支承点 1、2、3，当工件的底面与这 3 个支承点接触时，工件的 $\vec{x}$、$\vec{y}$、$\vec{z}$ 自由度就被限制；在 yOz 平面上布置 2 个支承点 4、5，使工件侧面与之接触，工件的 $\vec{x}$、$\hat{z}$ 自由度就被限制；在 xOz 平面上布置一个支承点 6，使工件另一侧面靠在这个支承点上，限制了工件的 $\hat{y}$ 自由度。

用空间合理布置的 6 个支承点与工件接触，分别限制工件的相应 6 个自由度，从而使工件在空间得到唯一确定位置的方法，称为工件的六点定位原理。

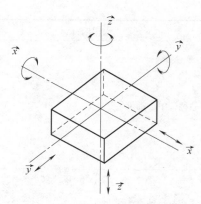

图 6-2　工件在空间的 6 个自由度

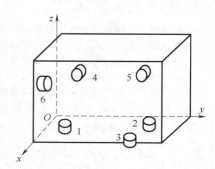

图 6-3　工件在空间的六点定位

2. 工件在夹具中的定位方式

在工件加工时，确定工件在机床上或夹具中占有准确加工位置的过程叫定位。将工件的定位表面靠在夹具的定位元件上，即实现了定位。

工件在机床上的定位方法主要有两种。

（1）找正法定位　把工件直接放在机床工作台上或装夹在单动卡盘、机用虎钳等机床附件中，根据工件的一个或几个表面用划针或指示表（百分表、千分表）找正工件准确位置后再进行夹紧，这种找正方式称为直接找正法。

如果先按加工要求进行加工面位置的划线工序，然后再按划出的线痕进行找正实现装夹，这种找正方式称为划线找正法。

找正法定位的精度低、生产效率低、要求工人技术等级高，但由于只需用通用性很好的机床附件和工具，能适用于加工不同零件的各种表面，因此在单件、小批量生产中广泛采用。

（2）夹具定位　按照被加工工件的加工工序专门设计的成组夹具、随行夹具、组合夹具、专用夹具等安装工件时，不需要进行找正，便能直接得到准确加工位置，从而实现装夹，此定位法安装方便，定位准确，生产效率高。

3. 定位基准的概念

基准在机器零件的设计、加工、检验、装配等过程中都很重要，而仅设计基准和工艺基准同夹具设计有关。所谓基准就是零件上用来确定点、线、面位置时，作为参考的其他的点、线、面。根据基准的功用不同，可分为设计基准和工艺基准两大类。

（1）设计基准　在零件图上，用以确定某一轮廓要素（点、线、面）位置所依据的那些轮廓要素，称为设计基准。设计基准是标注尺寸的起点。例如，图 6-4 中的主轴箱箱体，顶面 B 的设计基准是底面 D；孔 Ⅳ 的设计基准在垂直方向是底面 D，在水平方向是导向面 E；孔 Ⅱ 的设计基准是孔 Ⅲ 和孔 Ⅳ 的轴线（在图样上应标注 R_2 及 R_3 两个尺寸）。设计基准是由该零件在产品结构中的功用来决定的。

（2）工艺基准　在机械加工、测量和装配过程中所使用的基准称为工艺基准。工艺基准按用途不同又可分为以下几类：

1）定位基准是在加工中使工件在机床或夹具上占有正确位置所采用的一些点、线、面。例如，在镗床上镗图 6-4 所示的主轴箱箱体的孔时，若以底面 D 和导向面 E 定位，底面 D 和导向面 E 就是加工时的定位基准。

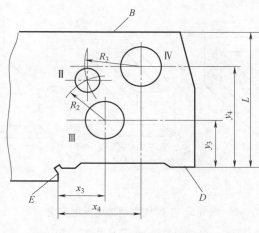

图 6-4　主轴箱箱体

2）测量基准是在检验时使用的基准。例如，在检验车床主轴时，用支承轴颈表面作测量基准。

3）装配基准是在装配时用来确定零件或部件在产品中位置所采用的基准。例如，主轴箱箱体的底面 D 和导向面 E、活塞的活塞销孔、车床主轴的支承轴颈都是它们的装配基准。

4）调刀基准是在加工中用以调整加工刀具位置时所采用的基准。

分析基准时的注意事项：

1）作为基准的点、线、面在工件上不一定存在，如孔的中心线、外圆的轴线及对称面等，但在实际应用中常由某些具体的表面来体现，这些表面就可称为基面。因此，选择定位基准就是选择恰当的定位基面。

2）作为基准，可以是没有面积的点、线或很小的面，但是代表基准的点和线在工件上具体的表面总有一定面积。

3）上面所分析的都是尺寸关系的基准问题，当分析表面的平行度、垂直度、同轴度等位置精度的关系时也是一样。例如，图 6-4 中顶面 B 对底面 D 的平行度，孔 Ⅳ 轴线对底面 D 和导向面 E 的平行度，也同样具有基准关系。

4. 定位的类别

（1）完全定位　工件的 6 个自由度完全被限制而在夹具中占有完全确定的唯一位置的定位，称为完全定位。如图 6-5a 所示，若在工件上铣键槽，要求保证工序尺寸 x，y，z，及键槽侧面和底面分别同工件侧面和底面平行，那么加工时必须限制全部 6 个自由度，采用完全定位。

然而，工件在夹具中并非都需要完全定位，究竟应限制哪几个自由度，需根据具体加工要求确定。

（2）不完全定位　允许自由度限制少于 6 个的定位称为"不完全定位"或"部分定位"。生产中，工件被限制的自由度数一般不少于 3 个。如图 6-5b 所示，在工件上铣台阶面，y 方向无尺寸要求，故只需限制 5 个自由度，即不限制 $\vec{y}$，对工件的加工精度无影响，工件在这一方向上的位置不确定只影响加工时的进给行程而已。图 6-5 所示铣削工件上平面，只需保证 z 方向的高度尺寸及上平面与工件底面的位置要求，因此只要在底平面上限制 3 个自由度 $\vec{z}$、$\hat{x}$、$\hat{y}$ 就已足够，亦为"不完全定位"。显然，在此情况下，不完全定位是合理的定位方式。

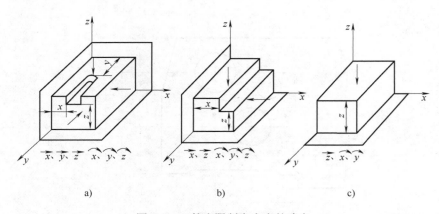

图 6-5　工件应限制自由度的确定

5. 定位中存在的问题

（1）欠定位　按工序的加工要求，工件必须被限制的自由度而未予限制的定位，称为欠定位。在确定工件定位方案时，欠定位是绝对不允许的。例如在图 6-5a 中，若 $\vec{x}$ 没有被限制，出现欠定位，就无法保证 x 向尺寸，因而是不允许的。

（2）过定位　工件的同一自由度被两个或两个以上的支承点重复限制的定位，称为过定位，也称为重复定位。

如图 6-6 所示，长定位销限制了工件的 4 个自由度，大平面支承板限制了工件的 3 个自由度，挡销限制了工件的 1 个自由度，共限制了工件的 8 个自由度，其中 $\vec{x}$ 和 $\vec{y}$ 被两个定位元件重复限制，这就产生了过定位。由于工件孔与其端面，长定位销与支承板平面均有垂直度误差，工件装入夹具后，其端面与支承板平面不可能完全接触，造成工件定位误差。通常情况下，应尽量避免出现过定位，但在工程上，有时却要利用过定位，以提高定位精度，增强定位稳定性。

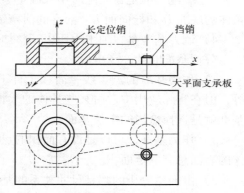

图 6-6　连杆的过定位

6. 定位元件的合理布置

布置要求：定位元件的布置应有利于提高定位精度和定位的稳定性。

布置原则：①一个平面上布置的 3 个定位支承钉应相互远离，且不能共线；②窄长面上布置的两个定位支承钉应相互远离，且连线不能垂直 3 个定位支承钉所在平面；③防转支承钉应远离回转中心布置；④承受切削力的定位支承钉应布置在正对切削力方向的平面上；⑤工件重心应落在定位元件形成的稳定区域内。

6.1.3　定位元件

1. 定位元件的基本要求

定位元件需要具有足够的精度、足够的强度和刚度、较高的耐磨性、好的工艺性等特征。尺寸精度常为 IT6~IT8；表面粗糙度值一般为 $Ra0.2~0.8\mu m$。

材料一般采用 T7A、T8A、T10A 直接淬火；大元件采用 20 钢或 20Cr 渗碳淬火，淬火硬度要求为 58~64HRC。

2. 用于定位平面的定位元件

工件以平面作为定位基准定位较为广泛,如箱体、机座、支架、盖、板类零件等。工件以平面定位时,定位元件常采用支承钉、支承板、可调支承、自位支承和辅助支承等。

(1) 支承钉　支承钉的结构如图 6-7 所示。图中 A 型为平头支承钉,B 型为球头支承钉,C 型为齿纹式支承钉。其中,A 型支承钉用于已加工平面的定位,B 型、C 型用于毛坯面的定位,而 C 型支承钉的齿纹可增加摩擦力使定位稳定,为了便于清理切屑,定位时一般用在侧面。

以上三种支承钉与夹具体的连接配合常采用过盈配合,又称为固定式支承钉。由于支承钉在使用中的不断磨损,使定位精度下降,甚至导致夹具的报废,故而可采用可换式支承钉。如图 6-7d 所示,支承钉通过衬套和夹具体相连,衬套外径与夹具体孔的配合为过盈配合,内径与支承钉的配合为过渡配合。

支承钉可限制工件的 1 个自由度,即支撑钉轴线方向的移动。

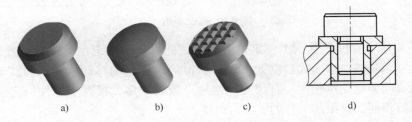

a) 　　　　　b) 　　　　　c) 　　　　　d)

图 6-7　支承钉

a) A 型　b) B 型　c) C 型　d) 可换式支承钉

(2) 支承板　支承板是狭长形状,比平头支承钉的定位工作面大,适用于已加工平面的定位,可限制工件的 2 个自由度。

图 6-8 所示为标准支承板,A 型支承板结构简单,但切屑易落入沉头螺钉头部与沉头孔配合处,不易清理,一般作为侧面定位或顶面定位。B 型支承板工作平面上开有斜槽,紧固螺钉沉头孔位于斜槽内。由于支承板定位工作平面高于紧固螺钉沉头孔,工件沿其平面推入定位时,切屑排入斜槽内,不影响定位精度,一般用作底面定位。

a) 　　　　　　　　　　　　　b)

图 6-8　标准支承板

a) A 型支承板　b) B 型支承板

支承板用螺钉紧固在夹具体上。若受力较大或支承板有移动趋势时,应增加圆锥销或将支承板嵌入夹具体槽内。采用两个以上支承板同时定位一个平面时,装配后应磨平工作表面,以保证等高性。

（3）可调支承　可调支承的支承面在高度方向上可以调节，其结构如图 6-9 所示。一般采用螺旋调节，当调节到所要求的高度后，必须用螺母锁紧以防止位置发生变化。

主要用途：可以适应不同批次尺寸变化较大的毛坯，以满足后续工序的加工余量；在可调夹具中用作调节元件，以适应相似零件系列尺寸的变化。

可调支承在一批工件加工前仅调节一次，其作用和支承钉相同，限制工件的 1 个自由度。

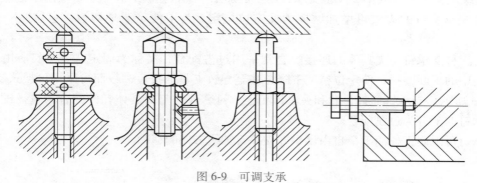

图 6-9　可调支承

（4）自位支承　自位支承在工件定位过程中，能自动调整定位元件的位置，图 6-10a 所示的球形浮动支承是三点球面式自位支承，图 6-10b、c 所示的移动式支承和摆动式支承是两点式自位支承。同固定支承相比，自位支承接触点数目增多，提高了工件的定位稳定性，而其作用和支承钉相同，仅限制工件的 1 个自由度。

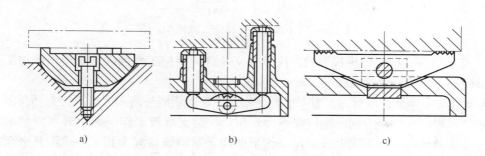

图 6-10　自位支承

a）球形浮动支承　b）移动式支承　c）摆动式支承

（5）辅助支承　在夹具设计中，有时为提高工艺系统中工件或夹具的刚性或稳定性，以提高加工质量，保证加工要求，可以使用辅助支承。辅助支承锁紧后就成为固定支承，能承受切削力。它不限制工件的自由度，不起定位作用，也不应破坏原定位。

如图 6-11 所示的夹具定位方案，工件已由平面和两孔在平面支承和两定位销上达到完全定位，但加工凸座面时向左的切削力会使工件产生严重的变

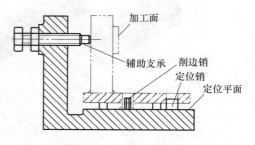

图 6-11　夹具定位方案

形和振动，无法进行加工。此时可以在左方设置辅助支承，以提高工件刚性，保证加工质量。

最简单的辅助支承是螺旋调节式结构，如图 6-12a 所示。辅助支承在装夹工件之前首先要调节到最低位置，等工件装夹后再向上调节直至与工件接触为止，加工完毕后，又必须把辅助支承重新调节到较低位置，以免影响下一个工件的定位。待下一个工件装夹完毕后，再把辅助支承向上调节直至与工件接触为止。

图 6-12b 所示为自位式辅助支承，滑柱 2 受弹簧 1 推力的作用始终向上占最高位置。当装夹工件时，滑柱受工件重力被压下，但始终与工件保持接触，当工件装夹后，加外力于顶柱 3，通过顶柱与滑柱的斜面接触将滑柱锁紧，起辅助支承作用。当加工完毕后应先松开锁紧顶柱，再装夹下一个工件。

推引式辅助支承如图 6-12c 所示，工件定位后，推动手轮 4 使滑销 6 与工件接触，然后转动手轮使斜楔 5 开槽部分胀开而锁紧。

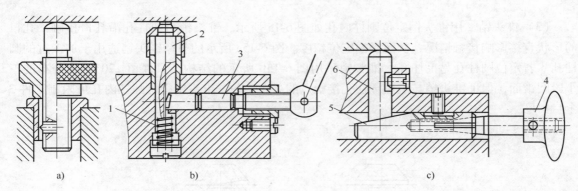

图 6-12　辅助支承
a）螺旋式辅助支承　b）自位式辅助支承　c）推引式辅助支承
1—弹簧　2—滑柱　3—顶柱　4—手轮　5—斜楔　6—滑销

3. 用于定位圆柱孔的定位元件

工件的定位面是圆柱孔，相应定位元件的定位工作面是外圆面。常用的定位元件有：圆柱定位心轴、圆柱定位销和锥头销。

（1）圆柱定位心轴　圆柱定位心轴主要用于套筒类和盘类零件圆柱孔的定位。图 6-13 所示为间隙配合圆柱心轴，有凸肩实现轴向定位，工件装卸方便，为减少辅助时间，一般采用开口垫圈来快速装卸工件。心轴定位分析关键是区分长定位心轴与短定位心轴。长定位心轴限制 4 个自由度，短定位心轴则只限制 2 个自由度，这些不包括轴向定位。

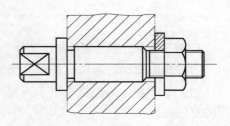

图 6-13　间隙配合圆柱心轴

（2）圆柱定位销　标准圆柱定位销如图 6-14 所示。定位销有固定式和可换式两种结构，可换式结构用于大批量生产，更换方便，便于维修，但由于定位销的外圆与衬套的内孔采用间隙配合，其位置精度比固定式定位稍低。为方便工件定位孔套入定位销，定位销头部常做成 15°的大倒角。圆柱定位销与圆柱定位孔采用间隙配合，其定位分析与间隙配合圆柱定位心轴相似，长定位销限制 4 个自由度，短定位销限制 2 个自由度。

D>3~10mm　　　　D>10~18mm　　　　D>18mm

a)　　　　　　　　　　　　　　　　　　　　b)

图 6-14　标准圆柱定位销

a）固定式　b）可换式

（3）锥头销　用锥头销定位圆柱内孔如图 6-15 所示，锥头销与圆柱孔沿孔口接触，孔口的形状直接影响接触情况，从而影响定位精度。图 6-15a 所示的整体锥头销适用于加工过的圆柱孔。若定位圆柱孔是毛坯孔，锥头销采用图 6-15b 所示的结构，只保留 120°均匀分布的三小段圆锥面，保证锥头销与定位圆柱孔接触点的分布均匀。锥头销定位圆柱内孔可限制工件 3 个自由度。

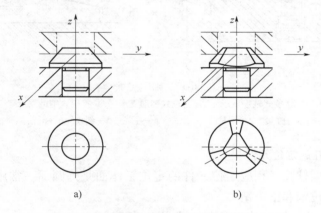

a)　　　　　　　　　　　b)

图 6-15　锥头销定位圆柱内孔

4. 用于定位外圆柱面的定位元件

定位外圆柱面的定位元件有 V 形块、定位套和内锥套。

（1）V 形块　V 形块可用于完整外圆柱面和非完整外圆柱面的定位，它是外圆定位最常用的定位元件。

图 6-16 所示是几种典型的 V 形块结构。图 6-16a 所示是标准 V 形块，用于较短的已加工面外圆定位；图 6-16b 所示用于外圆面较长、两段已加工面相距较远的外圆定位；图 6-16c 所示用于粗基准外圆面定位或阶梯轴定位，目的是减短 V 形块的工作面宽度，有利于定位稳定；图 6-16d 所示为铸铁底座镶淬火钢垫块的结构，用于外圆直径较大时的定位，这种结构制造经济性好，便于 V 形块定位工作面磨损后更换或修磨垫块，还可通过更换不同厚度的垫块以适应不同直径外圆的工件定位，使结构通用化。也有的 V 形块在钢垫块上再镶焊硬质合金，以提高定位工作面的耐磨性。标准 V 形块的结构参考图 6-16e。

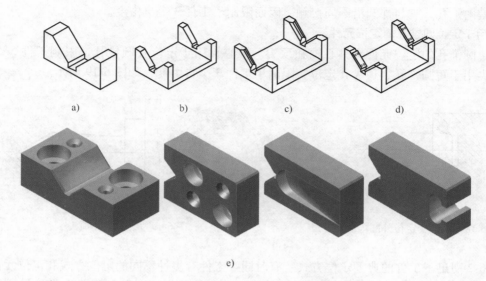

图 6-16　V 形块

标准 V 形块夹角有 60°、90°和 120°三种，其中 90°最常用。标准 V 形块根据工件定位外圆直径来选取。

V 形块是一个对中定心的定位元件，它定位外圆时具有下列特性：①对中作用，根据几何关系可知，不管定位外圆直径如何变化，被定位外圆的轴线一定通过 V 形块两斜面的对称平面；②定心作用，V 形块以两斜面与工件的外圆接触定位，工件的定位面是外圆柱面，但其定位基准是外圆轴线，即 V 形块起了定心作用。

V 形块有长、短之分。长 V 形块定位外圆，可限制工件 4 个自由度；短 V 形块定位外圆，只限制工件 2 个自由度。

（2）定位套　定位套的定位工作面是圆柱孔，而工件的定位面是外圆柱面。定位套有整圆与半圆两种结构，如图 6-17 所示，图 6-17a 所示是长定位套，限制工件 4 个自由度；图 6-17b 所示是短定位套，限制工件 2 个自由度；图 6-17c 所示是带端面定位的组合结构；图 6-17d 所示是半圆定位套装置，下半圆套起定位作用，其直径的下极限尺寸应等于工件定位外圆直径的上极限尺寸，上半圆套起夹紧作用，它绕铰链轴打开便于工件装卸，半圆定位套限制工件 2 个自由度。

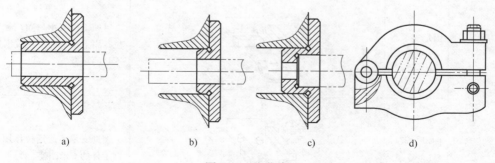

图 6-17　定位套

（3）内锥套　用内锥套定位外圆与锥头销定位内孔相似。如图 6-18 所示，内锥套的定位工作面是内锥孔，它与外圆沿圆周接触，因而限制了工件 3 个自由度。

5. 用于定位圆锥孔的定位元件

定位圆锥孔的定位元件有锥心轴和顶尖。锥心轴用于定位长圆锥孔，限制工件 5 个自由度；顶尖用于短圆锥孔、顶尖孔定位，限制了工件 3 个自由度，如图 6-19 所示。

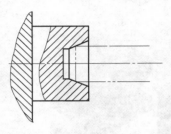
图 6-18 内锥套定位外圆

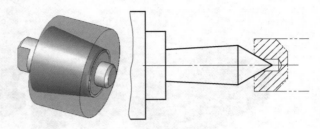
图 6-19 锥心轴和顶尖

表 6-2 列出了工件的典型定位方式。有时同一工件有多种不同的定位方式和定位元件可供选择，具体选用哪一种，应根据在保证工件加工精度的前提下，尽量简化夹具的结构、方便工件装夹的原则，做出分析判断，必要时还要计算工件的定位误差。

表 6-2 工件的典型定位方式

工件定位基面	定位元件	定位方式及所限制的自由度	特点及适用范围
平面	支承钉		圆头支承钉多用于粗基准面的定位；平头支承钉常用于精基准面的定位；齿纹头支承钉用于侧面定位
	支承板		主要用于定位平面为精基准的定位
	固定支承与自位支承		可使工件支承稳固，避免过定位；用于粗基准定位及工件刚度不足的场合
	固定支承与辅助支承		辅助支承不起定位作用；可提高工件的支承刚度

（续）

工件定位基面	定位元件	定位方式及所限制的自由度	特点及适用范围
圆柱孔	短定位销（短心轴）		结构简单，装卸工件方便；定位精度取决于孔与销的配合精度
	菱形销		
	长定位销（长心轴）		间隙配合心轴装卸方便，但定位精度不高；过盈配合心轴的定位精度高，但装卸不便
	锥头销		对中性好，安装方便；基准孔的尺寸误差将使轴向定位尺寸产生误差；定位时工件容易倾斜，故应和其他元件组合起来应用
	固定锥销与浮动锥销组合		
外圆柱面	支承钉或支承板		结构简单，定位方便
	V 形块		对中性好，不受工件基准直径误差的影响；常用于加工表面与外圆轴线有对称度要求的工件定位

（续）

工件定位基面	定位元件	定位方式及所限制的自由度	特点及适用范围
外圆柱面	定位套	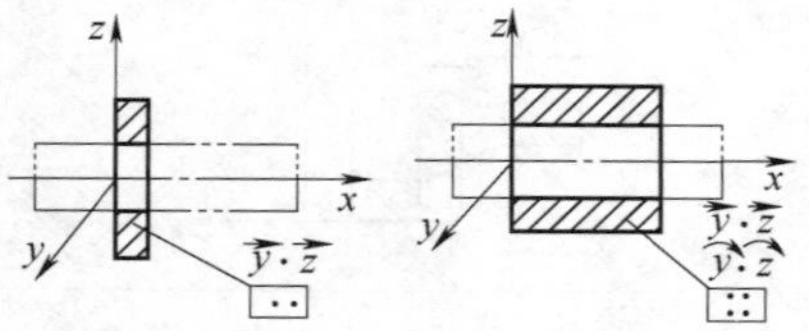	结构简单，定位方便；定位有间隙，定心精度不高
	半圆孔	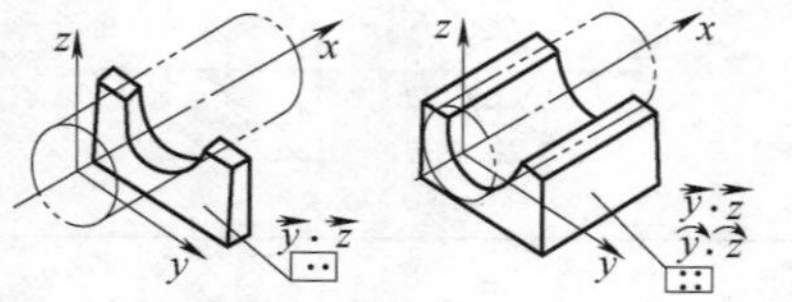	对中性好，夹紧力在基准表面上分布均匀；工件基准面精度不应低于 IT8
	内锥套	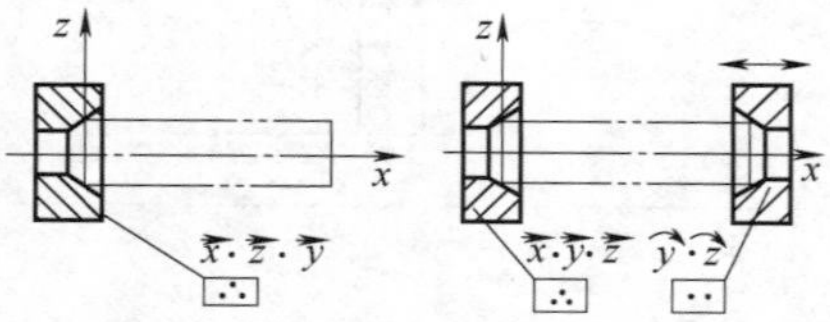	对中性好，装卸方便；定位时容易倾斜，故应与其他元件组合起来
圆锥孔	顶尖	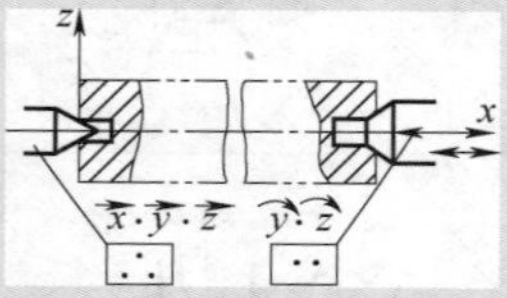	结构简单，对中性好，易于保证工件各加工外圆表面的同轴度及与端面的垂直度
	锥心轴	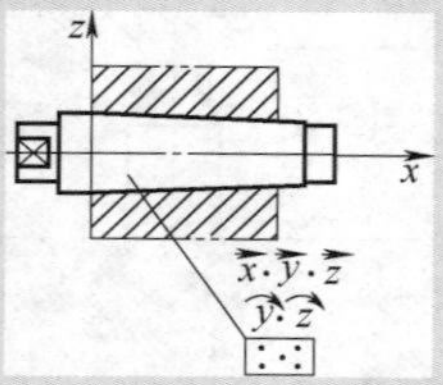	定心精度高；工件孔尺寸误差会引起其轴向位置的较大变化

6.1.4 组合定位的分析方法

实际生产中往往不采用单一定位元件定位单个表面实现工件定位，而是要用几个定位元件组合起来同时定位工件的几个定位面。因此一个工件在夹具中的定位，实质上就是各种定位元件进行不同组合来定位工件相应的几个定位面，以达到工件在夹具中的定位要求，通常需要一个以上定位元件组合来完成定位要求。

1. 组合定位分析

几个定位元件组合起来定位时，该组合定位能限制工件的自由度总数，等于各个定位元件单独定位时的数目之和，不会发生数量上的变化，但它们限制了哪些自由度却会随不同组合情况而改变，如定位元件在单独定位某定位面时原起限制工件移动自由度的作用可能会转化成起限制工件转动自由度的作用。

【例 6-1】　分析图 6-20 所示的组合定位方案。各定位元件限制了几个自由度？按图示坐标系限制了哪几个方向的自由度？有无过定位现象？

解：一个固定短 V 形块能限制工件 2 个自由度，三个固定短 V 形块块组合起来共限制工件 6 个自由度，不因组合而发生数量上的增减。

按图示坐标系，短 V 形块 1 限制 $\vec{x}$、$\vec{z}$，短 V 形块 2 与之组合限制 $\hat{x}$、$\hat{z}$，短 V 形块 3 限制了 $\vec{y}$、$\hat{y}$，这是一个完全定位，没有过定位现象。

这里，V 形块 2 由单独定位时限制 2 个移动自由度转化成限制工件 2 个转动自由度，短 V 形块 3 由单个定位时限制 $\vec{z}$ 的作用在组合定位时转化成限制 $\hat{y}$ 的作用。分析时，也可以把固定短 V 形块 1、2 组合视为一个长 V 形块，用它来定位长圆柱体，共限制 $\vec{x}$、$\vec{z}$、$\hat{x}$、$\hat{z}$ 共 4 个自由度。

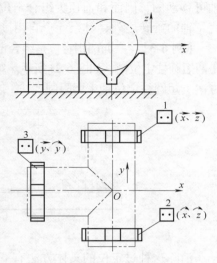

图 6-20　组合定位方案

2. 组合定位时过定位现象的消除方法

组合定位时，常会产生过定位现象。若这种过定位不允许出现，一般要对过定位进行消除。

1）使定位元件沿某一坐标轴可移动，以消除其限制沿该坐标轴移动方向自由度的作用。如图 6-21 所示，定位元件可沿 y 轴移动，就相应地减少了一个限制 $\vec{y}$ 方向自由度的作用。

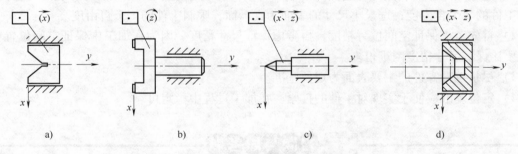

图 6-21　过定位的消除

2）采用自位支承结构，消除定位元件限制转动方向自由度。

3）改变定位元件的结构形式，如短圆柱销改为削边圆柱定位销。

【例 6-2】　分析如图 6-22 所示的在车床上用前后顶尖定位轴类工件的定位方案。

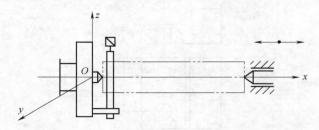

图 6-22　车床上用前后顶尖定位轴类工件的定位方案

解：前顶尖为固定顶尖，限制工件 3 个自由度 $\vec{x}$、$\vec{y}$、$\vec{z}$，工程上把车床的后顶尖做成沿 x 轴可移动的，因而和前顶尖组合定位时，只限制工件两个自由度 $\widehat{y}$、$\widehat{z}$，消除了过定位，除了绕 x 轴的旋转之外，其余 5 个自由度都已限制。

【例 6-3】 一面两销定位是组合定位的典型例子，工件的定位面是两定位孔，夹具的定位元件是两短圆柱定位销，如图 6-23 所示。箱体类、连杆类、盘盖类零件的加工，常采用这种组合定位方案。短圆柱定位销 1 要限制 $\vec{x}$、$\vec{y}$，另一短圆柱定位销 2 则要限制 $\vec{x}$、$\vec{z}$，形成了 $\vec{x}$ 的过定位。

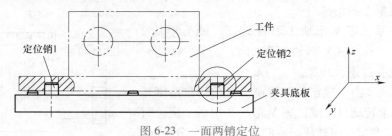

图 6-23　一面两销定位

消除这种过定位的具体方法有下列两种：

1）直接减小定位销 2 直径，增大定位销 2 与定位孔 2 的最小配合间隙。

2）定位销 2 采用削边定位销结构。

6.1.5　定位设计的一般原则

在进行定位设计时，一般应遵循以下几个原则：

1）选最大尺寸的表面为安装面，限制工件的 3 个自由度；选最大距离的表面为导向面，限制工件的 2 个自由度；选最小尺寸的表面为支承面，限制工件的 1 个自由度。

2）首先考虑保证空间位置精度，再考虑保证尺寸精度。因为在加工中保证空间位置精度有时要比保证尺寸精度困难得多。

3）尽量选择零件的主要表面为定位基准。

4）定位基准应便于实现对工件的夹紧，在加工过程中稳定可靠。

习题与思考题

1. 辅助支承为什么不能起定位作用？常用的辅助支承有哪几种？

2. 用调整法钻 $2 \times \phi D$ 孔、磨台阶面（图 6-24），试根据加工要求，按给定的坐标，用符号分别标出该两工序应该限制的自由度，并指出属于何种定位？

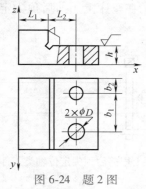

图 6-24　题 2 图

3. 根据六点定位原理，试分析图 6-25a～l 所示各定位方案中定位元件所消除的自由度？有无过定位现象？如何改正？

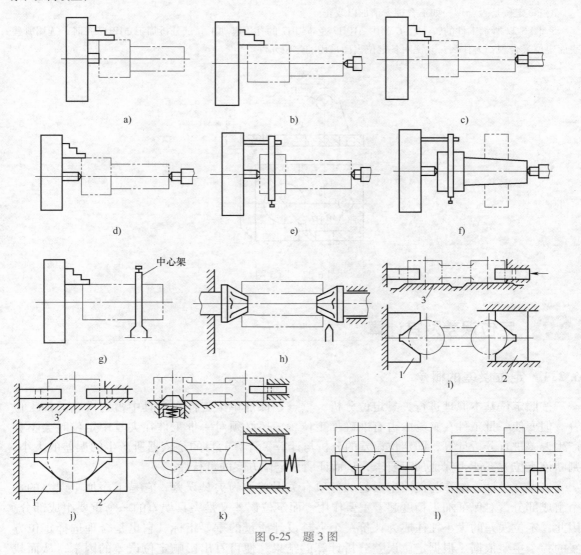

图 6-25　题 3 图

4. 分析图 6-26 所示定位方案，回答下面的问题。

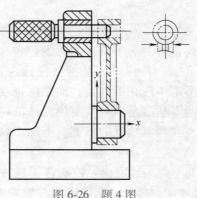

图 6-26　题 4 图

1）带肩心轴、手插圆柱销各限制工件的哪些自由度？

2）该定位属于哪种定位类型？

3）该定位是否合理，如不合理，请加以改正。

5. 图 6-27 所示工件的 A、B、C 面中 ϕ10H7 及 ϕ30H7 的孔均已加工。试分析加工 ϕ12H7 孔时，选用哪些表面定位最合理？为什么？并说明各定位表面采用的定位元件。

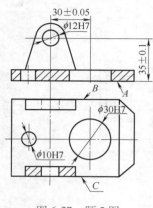

图 6-27　题 5 图

6.2　定位误差及其计算

6.2.1　定位误差的概念

按照定位基本原理进行夹具定位分析，重点是保证单个工件在夹具中占有准确的加工位置。但要使一批工件在夹具中占有准确加工位置，还必须对一批工件在夹具中定位时会不会产生误差进行分析计算，即定位误差的分析与计算，计算的目的是依据所产生的误差的大小，判断该定位方案能否保证加工要求，从而证明该定位方案的可行性。

夹具在设计、制造与使用中引起的各项有关误差称为夹具误差，它是工序加工误差的一个组成部分，对保证加工精度起着重要作用。而定位误差又是夹具误差的一个重要组成部分。因此，定位误差的大小往往成为评价一个夹具设计质量的重要指标。它也是合理选择定位方案的一个主要依据。根据定位误差分析计算的结果，便可看出影响定位误差的因素，从而找到减少定位误差和提高夹具工作精度的途径。由此可见，分析计算定位误差是夹具设计中的一个十分重要的环节。

1. 调刀基准的概念

在零件加工前对机床进行调整时，为了确定刀具的位置，还要用到调刀基准，由于最终的目的是确定刀具相对工件的位置，所以调刀基准往往选为夹具上定位元件的某个工作面。因此它与其他各类基准不同，不是体现在工件上，而是体现在夹具中，是通过夹具定位元件的定位工作面来体现的。因此调刀基准是由夹具定位元件的定位工作面体现的，是在加工精度参数（尺寸、位置）方向上调整刀具位置的依据。若加工精度参数是尺寸时，则夹具图上应以调刀基准标注调刀尺寸。

选取调刀基准时，应尽可能不受夹具定位元件制造误差的影响。如图 6-28 所示的定位心轴，1 是定位部分，2 是与夹具体配合部分。选取定位心轴的轴线 OO 为调刀基准时，可不受定位外圆直径制造误差的影响。即使在夹具维修后更换了定位心轴，虽然定位外圆直径发生变化，但 OO 轴线位置仍不变（假设不考虑定位心轴上 1 与 2 的同轴度误差）。若选用定位外圆上母线 A 为调刀基准时，则由于受到外圆直径制造误差的影响，将使调刀尺寸产生 ΔA 的变化。

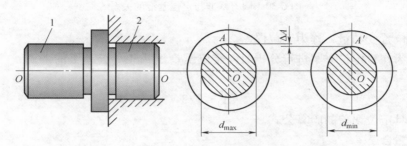

图 6-28　调刀基准的选取

图 6-29a 所示为零件图（或工序图）。在其上钻孔 ϕd，要求保证 L_1 尺寸和 ϕd 孔轴线对内孔轴线的对称度。图 6-29b 所示为加工 ϕd 孔的钻床夹具部分视图，为保证 L_1 的尺寸要求，工件以 A' 端面紧靠心轴 2 的端面 A 定位。使导引钻头的钻套轴线到心轴 2 的端面 A 的位置尺寸调整成相应的 L_j 尺寸（一般应为 L_1 的平均尺寸），即可保证钻出一批工件 ϕd 孔轴线的位置尺寸 L_1。这时工件 L_1 尺寸的设计基准是 A' 端面，定位基准也是 A' 端面，二者重合。夹具上的调刀基准则是定位心轴 2 的 A 端面。对于对称度要求，工件内孔 ϕD_1 轴线 $O'O'$ 是设计基准，工件以内孔在心轴 2 上定位，内孔轴线 $O'O'$ 又是定位基准。而定位心轴轴线 $O'O'$ 则是调刀基准。在图 6-29b 的夹具俯视图中可以看出：为保证 ϕd 孔轴线对工件内孔轴线 $O'O'$ 的对称，必须保证钻套轴线对定位心轴 2 的轴线 OO 对称（垂直相交）。

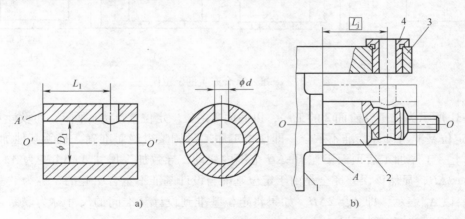

图 6-29　钻孔夹具装夹加工时的基准分析
1—夹具体　2—定位心轴　3—钻模板　4—固定钻套

由上面的分析可知：设计基准和定位基准都是体现在工件上的，而调刀基准却是由夹具定位元件的定位工作面来体现的。从上面的示例中还可归纳出调刀基准的特点，及其与相应定位基准的对应关系，具体如图 6-30 所示。

当夹具在机床上的定位精度已达到要求时，如果工件在夹具中的定位不准确，将会使设计基准在加工尺寸方向上产生偏移，往往导致加工后工件达不到要求。设计基准在工序尺寸

图 6-30　调刀基准与定位基准的关系

方向上的最大位置变动量，称为定位误差。

一般地认为在对定位方案进行分析时，定位误差 Δ_d 占工件公差 T 的 1/3。

则有

$$\Delta_d \leqslant T/3$$

此就是夹具定位误差的验算公式。

2. 基准不重合误差

在加工时，如果采用调整法来获得加工尺寸时，经常会产生定位基准与设计基准不重合的问题，因此就会引入定位基准与设计基准不重合误差，简称基准不重合误差。

图 6-31a 所示零件，底面 3 已加工好，本工序需要加工顶面 1 和台阶面 2。

图 6-31b 所示为加工顶面 1 的工序，以底面 3 定位。此时定位基准和设计基准都是底面 3，即基准重合。调整法加工时，铣刀相对于定位面 3 的距离是一定的，对刀块调整后便不再变动，直到换刀时再重新调整，由于刀具调整尺寸与工序尺寸一致，则定位误差 $\Delta_d = 0$。

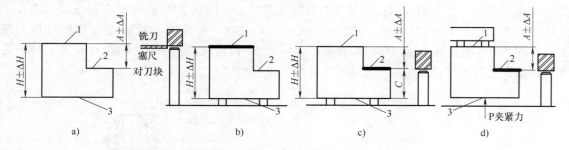

图 6-31　基准不重合产生的定位误差

图 6-31 所示为加工台阶面 2 的工序，以底面 3 定位。定位基准为底面 3，而设计基准为顶面 1，即定位基准与设计基准不重合。即使本工序刀具调整得绝对准确，且无其他加工误差，仍会由于上一工序加工后顶面 1 在 $H \pm \Delta H$ 范围内变动，导致加工尺寸 $A \pm \Delta A$ 变为 $A \pm \Delta A \pm \Delta H$，其误差为 $\pm 2\Delta H$，显然该误差完全是由于定位基准与设计基准不重合引起的，称为"基准不重合误差"，以 Δ_b 表示，即 $\Delta_b = 2\Delta H$。如果将定位基准到设计基准间的尺寸称为联系尺寸，则基准不重合误差就等于联系尺寸的公差。

若将定位方案改为如图 6-31 所示方案 d，使定位基准与设计基准重合，这种方案虽然提高了定位精度，但夹具结构复杂，工件安装不便，并使加工稳定性和可靠性变差，因而有可能产生更大的加工误差。因此，从多方面考虑，在满足加工要求的前提下，基准不重合的定位方案在实践中也可以采用。

3. 定位基准位移误差

造成定位基准位移误差的原因有：①零件定位基准不准确，如用长销或短销定位，因为零件上的孔径总是有偏差的，因此每个零件的定位情况就有所不同；②夹具定位元件制造不准确，如车床上自定心卡盘的偏心等。

如图 6-32 所示为立铣刀对柱状工件进行平面铣削，用间隙配合心轴定位工件内孔。加工时，本工序尺寸为 $H_0^{+\Delta H}$。

理论上，图 6-32a 中，尺寸 H 的设计基准为内孔轴线 O，设计基准与定位基准重合，而调刀基准是定位心轴轴线 O_1，从定位角度看，此时内孔轴线与心轴轴线重合，即设计基准与定位基准以及调刀基准重合，$\Delta_b = 0$。

工程上，图 6-32b 中，定位心轴和工件内孔都不可避免地存在制造误差，而且为了便于工件套在心轴上，配合面之间采用了间隙配合，故安装后孔和轴的中心必然不重合，使得定位基准 O 相对于调刀基准 O_1 发生位置变动。

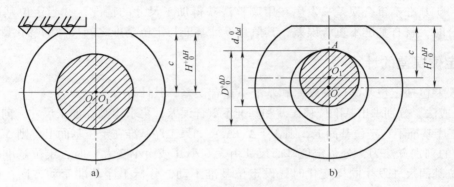

图 6-32　基准位移产生的定位误差

设孔径为 $D_0^{+\Delta D}$，轴径为 $d_{-\Delta d}^0$，最小配合间隙为 $\Delta = D - d$。如图 6-32b 所示，工件孔与心轴在上母线 A 单边接触。则定位基准 O 与调刀基准 O_1 间的最大和最小距离分别为

$$\overline{OO_1}_{\max} = \overline{OA}_{\max} - \overline{O_1 A}_{\min} = \frac{D + \Delta D}{2} - \frac{d + \Delta d}{2}$$

$$\overline{OO_1}_{\min} = \overline{OA}_{\min} - \overline{O_1 A}_{\max} = \frac{D}{2} - \frac{d}{2}$$

因此，由于基准发生位移而造成的加工误差为

$$\Delta_w = \overline{OO_1}_{\max} - \overline{OO_1}_{\min} = \left(\frac{D+\Delta D}{2} - \frac{d+\Delta d}{2}\right) - \left(\frac{D}{2} - \frac{d}{2}\right) = \frac{\Delta D}{2} + \frac{\Delta d}{2} = \frac{1}{2}(\Delta D + \Delta d)$$

即此定位误差为内孔公差 ΔD 与心轴公差 Δd 之和的一半，且与最小配合间隙 Δ 无关。将工件定位基准与夹具定位元件合称为"定位副"，则定位副可能会存在制造误差，或直接影响定位精度。这种由于定位副制造不准确，使得设计基准位置发生变动而产生的定位误差，称为"基准位移误差"，用 Δ_w 表示。

上例中，若心轴垂直放置，则工件孔与心轴可能在任意边随机接触，此时定位误差（即孔轴配合的最大间隙）为

$$\Delta_w = \Delta D + \Delta d + \Delta$$

根据上面的分析，可以看出：在用夹具装夹加工一批工件时，一批工件的设计基准相对夹具调刀基准发生最大位置变化是产生定位误差的原因，包括两个方面：一是由于定位基准与设计基准不重合，引起一批工件的设计基准相对于定位基准发生位置变化；二是由于定位副的制造误差，引起一批工件的定位基准相对于夹具调刀基准发生位置变化。而前面有关定

位误差的定义可进一步概括为：一批工件某加工参数（尺寸、位置）的设计基准相对于夹具的调刀基准在该加工参数方向上的最大位置变化量 Δ_d，称为该加工参数的定位误差。

关于定位误差及其产生的原因，可以用图 6-33 表示。

图 6-33　定位误差及其产生的原因

注意：①基准不重合误差只发生在用调整法获得加工尺寸的情况；②当定位基准与设计基准不重合时，就有基准不重合误差，其值是设计基准与定位基准之间尺寸的变化量。

6.2.2　定位误差的计算

定位误差包括定位基准位移误差和基准不重合误差，其计算方法主要有：

1）合成法。分别求出基准位移误差和基准不重合误差，再求出其在加工尺寸方向上的矢量和。如果工序基准不在定位基面上，则 $\Delta_d = \Delta_w + \Delta_b$；如果工序基准在定位基面上，则 $\Delta_d = \Delta_w \pm \Delta_b$。"+""−"的判别方法为：分析定位基面尺寸由大变小（或由小变大）时，定位基准的变动方向；当定位基面尺寸发生同样变化时，设定位基准不动，分析工序基准变动方向；两者变动方向相同取"+"，两者变动方向相反取"−"。

2）极限位置法。按最不利情况，确定一批工件设计基准的两个极限位置，再根据几何关系求出此两位置的距离，并将其投影到加工尺寸方向上，便可求出定位误差。

3）微分法（尺寸链分析计算法）。对于包含多误差因素的复杂定位方案（如组合定位）的定误差分析计算，根据定位误差的实质，借助尺寸链原理列出工件定位方案中某工序尺寸同相关的工件本身和夹具定位元件尺寸之间的关系方程，通过对其进行全微分，可以获得定位误差与各个误差因素之间的关系。

1. 工件用平面定位产生的定位误差计算

工件以平面为基准进行定位时，定位元件常用支承钉或支承板，接触面相互接触较好，因此，工件的定位基准面总是在定位元件的定位表面上，不会发生偏移，故不存在基准位移误差，只存在基准不重合误差，即定位误差等于基准不重合误差。

【例 6-4】　如图 6-34 所示工件以 B 面定位铣平面，要求保证工序尺寸 $20 \pm 0.15 \text{mm}$，试计算定位误差并分析能否保证加工要求。

解：加工尺寸 $20 \pm 0.15 \text{mm}$ 的工序基准是 A 面，定位基准是 B 面，两者不重合，故存在基准不重合误差，其大小等于工序基准与定位基准之间的联系尺寸 $40 \pm 0.14 \text{mm}$ 的误差。

$$\Delta_b = 0.28 \text{mm}$$

因为工件以平面定位时不考虑基准位移误差，即 $\Delta_w = 0$，所以

$$\Delta_d = \Delta_b = 0.28 \text{mm}$$

本工序要求保证的尺寸为 $20 \pm 0.15 \text{mm}$，其公差为 $T = 0.3 \text{mm}$，因此 $\Delta_d = 0.28 \text{mm} > T/3$。

可见，Δ_d 在加工误差中所占比重太大，留给其他加工误差的允许值过小，实际加工时极易超差而产生废品。故此方案不宜采用，若改为图 6-34b 的定位方式，则基准重合可使 $\Delta_d = 0$。

【例 6-5】　图 6-35 所示工件，用两个支承板定位底面，用两个支承钉定位侧面，加工一

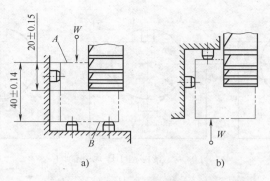

图 6-34　铣台阶面定位简图

个台阶面，所有涉及的尺寸如图 6-35 所示，求标注尺寸为 B 和 A_1 情况下产生的定位误差。

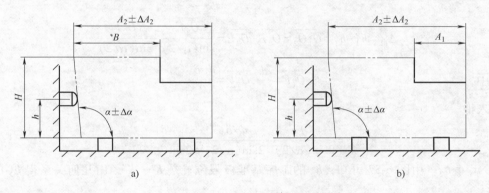

图 6-35　支承定位时的基准位移误差

解：1）图 6-35a 中加工尺寸 B 的设计基准和定位基准是重合的，基准不重合误差 $\Delta_b = 0$。由于工件的两个定位面不垂直，有角度误差 $\pm\Delta\alpha$，因此产生基准位移误差。这个误差的大小不仅和 $\Delta\alpha$ 的角度值有关，同时和支承在高度上的位置有关。

$$\Delta_w = 2(H-h)\tan\Delta\alpha$$

所以

$$\Delta_d = \Delta_w = 2(H-h)\tan\Delta\alpha$$

2）图 6-35b 中加工尺寸 A_1 的设计基准和定位基准不重合，存在基准不重合误差为

$$\Delta_b = 2\Delta A_2$$

存在基准位移误差

$$\Delta_w = 2(H-h)\tan\Delta\alpha$$

所以

$$\Delta_d = \Delta_w + \Delta_b = 2(H-h)\tan\Delta\alpha + 2\Delta A_2$$

2. 工件用外圆表面产生的定位误差计算

以工件在 V 形块上定位为例来分析计算工件以外圆定位时的定位误差，由于 V 形块是标准件，两支承面和夹角制造得比较精确，因此分析定位误差时一般不考虑 V 形块的制造误差。

【例 6-6】 工件以外圆为定位基准在 V 形块中定位，用铣刀加工圆柱面上一键槽，其工序尺寸分别为图 6-36 所示的 h_1、h_2、h_3，试分析各工序尺寸的定位误差。

解：本题用两种方法计算各工序尺寸的定位误差。

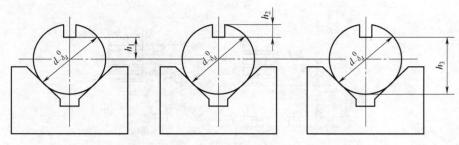

图 6-36 铣键槽工序尺寸简图

（1）极限位置法

1）尺寸 h_1。由图 6-37 可知，h_1 的工序基准 O 的两个极限位置是 O_1、O_2，则 h_1 的定位误差为

$$\Delta_{d1} = h_1'' - h_1' = \overline{O_1O_2} = \overline{O_1B} - \overline{O_2B} = \frac{\overline{O_1E}}{\sin(\alpha/2)} - \frac{\overline{O_2F}}{\sin(\alpha/2)}$$

式中，

$$\overline{O_1E} = \frac{d}{2}, \overline{O_2F} = \frac{d-\delta_d}{2}$$

代入得

$$\Delta_{d1} = \frac{d}{2\sin(\alpha/2)} - \frac{d-\delta_d}{2\sin(\alpha/2)} = \frac{\delta_d}{2\sin(\alpha/2)}$$

2）尺寸 h_2。由图 6-37 可知，h_2 的工序基准极限位置是 K'、K''，由几何关系得 h_2 的定位误差为

$$\Delta_{d2} = h_2'' - h_2' = \overline{K'K''} = \overline{K'O_1} + \overline{O_1O_2} - \overline{K''O_2}$$

式中，

$$\overline{K'O_1} = \frac{d}{2}, \overline{K''O_2} = \frac{d-\delta_d}{2}$$

代入得

$$\Delta_{d2} = \frac{d}{2} + \frac{\delta_d}{2\sin(\alpha/2)} - \frac{d-\delta_d}{2} = \frac{\delta_d}{2}\left[\frac{1}{\sin(\alpha/2)} + 1\right]$$

3）尺寸 h_3。由图 6-37 可知，h_3 的工序基准极限位置是 C'、C''，由几何关系得 h_3 的定位误差为

$$\Delta_{d3} = h_3'' - h_3' = \overline{C'C''} = (\overline{MO_1} + \overline{O_1O_2} + \overline{O_2C''}) - (\overline{MO_1} + \overline{O_1C'}) = \overline{O_1O_2} + \overline{O_2C''} - \overline{O_1C'}$$

式中，

$$\overline{O_1C'} = \frac{d}{2}, \overline{O_2C''} = \frac{d-\delta_d}{2}$$

代入得

$$\Delta_{d3} = \frac{\delta_d}{2\sin(\alpha/2)} + \frac{d-\delta_d}{2} - \frac{d}{2} = \frac{\delta_d}{2}\left[\frac{1}{\sin(\alpha/2)} - 1\right]$$

（2）合成法

1）尺寸 h_1。

定位基准为圆柱轴心，工序基准也为圆柱轴心，两者重合，$\Delta_{b1}=0$。

由图 6-38 可知

$$\Delta_{w1}=\overline{O_1O_2}=\frac{d}{2\sin(\alpha/2)}-\frac{d-\delta_d}{2\sin(\alpha/2)}=\frac{\delta_d}{2\sin(\alpha/2)}$$

故

$$\Delta_{d1}=\Delta_{w1}=\frac{\delta_d}{2\sin(\alpha/2)}$$

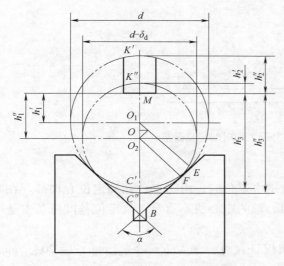

图 6-37　工件在 V 形块上定位时的极限位置

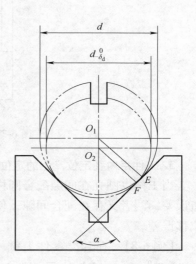

图 6-38　工件在 V 形块上定位

2）尺寸 h_2。

定位基准为圆柱轴心，工序基准为圆柱上母线轴心，两者不重合，

$$\Delta_{b2}=\frac{\delta_d}{2},\Delta_{w2}=\frac{\delta_d}{2\sin(\alpha/2)}$$

工序基准在定位基面上，当定位基面直径由大变小时，定位基准向下移动，工序基准也向下移动，方向相同，故

$$\Delta_{d2}=\Delta_{w2}+\Delta_{b2}=\frac{\delta_d}{2\sin(\alpha/2)}+\frac{\delta_d}{2}=\frac{\delta_d}{2}\left[\frac{\delta_d}{\sin(\alpha/2)}+1\right]$$

3）尺寸 h_3。

$$\Delta_{b3}=\frac{\delta_d}{2},\Delta_{w3}=\frac{\delta_d}{2\sin(\alpha/2)}$$

工序基准在定位基面上，当定位基面直径由大变小时，定位基准向下移动，而工序基准向上移动，方向相反，故

$$\Delta_{d3}=\Delta_{w3}-\Delta_{b3}=\frac{\delta_d}{2\sin(\alpha/2)}-\frac{\delta_d}{2}=\frac{\delta_d}{2}\left[\frac{\delta_d}{\sin(\alpha/2)}-1\right]$$

【例 6-7】　用两个支承板定位外圆，加工一个键槽，要求的尺寸如图 6-39 所示，求各尺寸定位误差。

解：尺寸 A 有由于定位基准不准确所造成的基准位移误差 $\Delta_{wA}=\delta D/2$，尺寸 A 的定位误差

$\Delta_{d} = \delta D/2$。

尺寸 B 有基准不重合误差 $\Delta_{b} = \delta D/2$，尺寸 B 的定位误差 $\Delta_{dB} = \delta D/2$。

尺寸 C 无基准不重合误差，尺寸 C 的定位误差 $\Delta_{dC} = 0$。

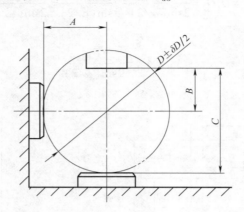

图 6-39 用支承定位外圆表面时的定位误差

3. 工件用内孔定位产生的定位误差计算

当工件以圆孔在间隙配合圆柱心轴或定位销中定位时，由于工件孔和定位心轴都存在制造误差，两者又存在配合间隙，使得工件孔和心轴的中心线不重合，故定位基准将产生基准位移误差。

【例 6-8】 在套类零件上铣一键槽，要求保证尺寸：槽宽 $b = 12_{-0.043}^{0}$ mm，$l = 20_{-0.21}^{0}$ mm，$h = 34.8_{-0.16}^{0}$ mm，心轴水平放置，定位方案如图 6-40 所示。工件外圆 $d_1 = \phi 40_{-0.016}^{0}$ mm，内孔 $D = \phi 20_{0}^{+0.02}$ mm，心轴 $d = \phi 20_{-0.02}^{-0.007}$ mm，试计算工序尺寸 b、l、h 的定位误差。

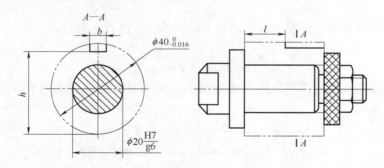

图 6-40 定位误差

解： 分别对各工序尺寸进行分析。

1）槽宽 $b = 12_{-0.043}^{0}$ mm：由铣刀宽度决定，与定位无关。

2）$l = 20_{-0.21}^{0}$ mm：定位基准与工序基准重合，且为平面定位，故 $\Delta_{d} = 0$。

3）$h = 34.8_{-0.16}^{0}$ mm：定位基准为外圆下素线，工序基准为内孔中心，两者不重合，存在基准不重合误差，$\Delta_{b} = \delta_{d1}/2 = 0.016/2$ mm $= 0.008$ mm。

由于心轴与定位孔是间隙配合，故存在基准位移误差

$$\Delta_{w} = \frac{\delta_{D} + \delta_{d} + X_{min}}{2} = \frac{0.02 + (0.02 - 0.007) + 0.007}{2} \text{mm} = 0.02 \text{mm}$$

因此，定位误差为

$$\Delta_d = \Delta_b + \Delta_w = 0.008 + 0.02 = 0.028mm < T/3 = 0.16/3mm$$

故此方案能保证槽底位置尺寸 h 的要求。

习题与思考题

1. 如图 6-41 所示，在圆柱体工件上钻孔 ϕD，分别采用图示两种定位方案，工序尺寸为 $H+TH$，试计算其定位误差值。

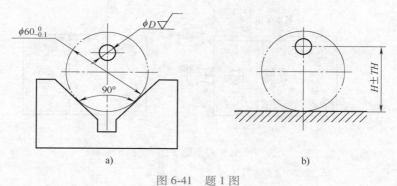

图 6-41　题 1 图

2. 如图 6-42 所示，图 6-42a 表示零件的部分尺寸要求，图 6-42b 表示槽加工工序尺寸 H，其他表面均已加工完毕，试计算尺寸 H 及其偏差。

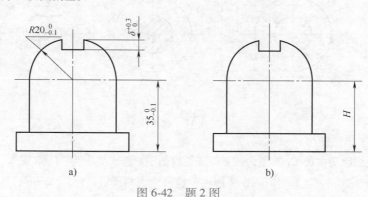

图 6-42　题 2 图

3. 如图 6-43 所示的阶梯形工件，B 面和 C 面已加工合格。今采用图 6-43a、图 6-43b 两种定位方案加工 A 面，要求保证 A 面对 B 面的平行度不大于 $20'$（用角度误差表示）。已知 $L = 100mm$，B 面与 C 面之间的高度 $h = 15^{+0.5}_{0}$ mm。试分析这两种定位方案的定位误差，并比较它们的优劣。

4. 有一批套类零件如图 6-44 所示。欲在其上铣一键槽，试分析计算下面各种定位方案中：H_1、H_3 的定位误差。

1) 在可涨心轴上定位（图 6-44b）。

2) 在处于水平位置的刚性心轴上具有间隙的定位。定位心轴直径为 d^{Bsd}_{Bxd}（图 6-44c）。

3) 在处于垂直位置的刚性心轴上具有间隙的定位。定位心轴直径为 d^{Bsd}_{Bxd}。

4) 如果工件内外圆同轴度为 t，上述三种定位方案中，H_1、H_3 的定位误差各是多少？

5. 如图 6-45 所示，一批工件以孔 $\phi 20^{+0.021}_{0}$ mm 在心轴 $\phi 20^{-0.007}_{-0.020}$ mm 上定位，在立式铣床上用顶尖顶住心轴铣键槽。其中 $\phi 40h6(^{0}_{-0.016})$ mm 外圆、$\phi 20H7(^{+0.021}_{0})$ mm 内孔及两端面均已加工合格，而且 $\phi 40h6$ 外圆

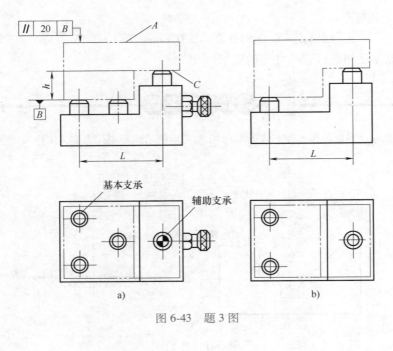

基本支承 辅助支承

图 6-43 题 3 图

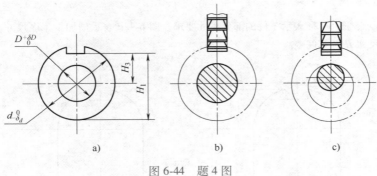

图 6-44 题 4 图

对 $\phi20$H7 内孔的径向跳动在 0.02mm 之内。要保证铣槽的主要技术要求为：①槽宽 $b = 12$h9（$^{\ 0}_{-0.048}$）mm；②槽距一端面尺寸为 20h12（$^{\ 0}_{-0.21}$）mm；③槽底位置尺寸为 34.8h11（$^{\ 0}_{-0.16}$）mm；④槽两侧面对外圆轴线的对称度不大于 0.10mm。试分析其定位误差对保证各项技术要求的影响。

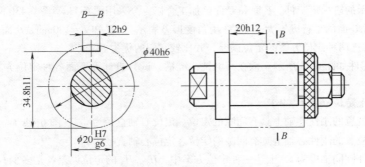

图 6-45 题 5 图

6.3　夹具的夹紧装置及其他组成部件设计

6.3.1　夹紧装置

1. 夹紧装置的组成

工件在夹具中的夹紧是由夹紧装置完成的，主要由夹紧元件、中间传力机构和动力源装置等组成。

图 6-46 所示的夹紧装置中，压板 4 直接用于夹紧工件，是夹紧元件；气缸 1 用来产生夹紧动力，是动力源装置；介于二者之间的是斜楔 2 和滚子 3，将气缸产生的原动力以一定的大小和方向传递给夹紧元件，是中间传力机构。

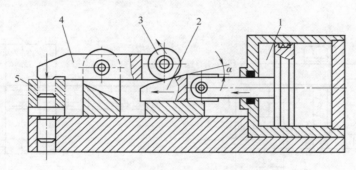

图 6-46　夹紧装置

1—气缸　2—斜楔　3—滚子　4—压板　5—工件

1）夹紧元件。夹紧元件是执行夹紧任务的最终元件，直接和工件接触，夹紧元件可以是一个，也可以是一组。

2）中间传力机构。中间传力机构是把动力源装置产生的力传给夹紧元件的中间机构，其主要作用是改变夹紧力的大小；改变夹紧力的方向；使夹紧力实现自锁。

3）动力源装置。动力源装置是产生夹紧力的动力来源，一般有电动、气动、液压、电磁等。若动力来源是人进行手动夹紧，则认为此夹具无动力源装置。

中间传力机构和夹紧元件统称为夹紧机构，所以也可以说：夹紧装置由动力源装置和夹紧机构两大部分组成。

2. 夹紧装置的基本要求

1）夹紧必须保证定位准确可靠，而不应因夹紧破坏工件定位的可靠性。

2）夹紧力大小要可靠和适当。工件和夹具的夹紧变形必须在允许的范围内。

3）操作安全、方便、省力，具有良好的结构工艺性，便于制造，方便使用和维修。

4）夹紧机械必须可靠。手动夹紧机械必须保证自锁，机动夹紧应有联锁保护装置，夹紧行程必须足够。

5）夹紧机械的复杂程度、自动化程度必须同生产纲领和工厂生产条件相适应。

3. 夹紧动力源装置

手动夹紧费力费时，因此为了提高工作效率、改善工作条件、保证安全生产，夹具多采用机动夹紧装置。动力源有气动、液压、气液组合驱动、电（磁）驱动、真空吸附等多种形式。

（1）气动夹紧装置　气动夹紧是一种以压缩空气为动力的夹紧形式，压缩空气一般由工厂空压机房集中供应，使用操作方便，夹紧动作快，效率高，因此使用广泛，但工作后的压缩空气排放时会造成噪声污染。

（2）液压夹紧装置　液压夹紧装置操作简单省力，辅助时间少，工作平稳，夹紧可靠，噪声小，劳动条件好。

液压夹紧装置特别适合于强力切削和加工大型工件时的多处夹紧，因为设备有现成的高压油可供使用，所以在组合机床和自动线上使用比较广泛。但是，当机床没有液压系统时，则需要专用的液压系统，致使夹具的成本提高。

（3）气液组合夹紧装置　气液组合夹紧装置（图6-47）的能量来源是压缩空气，它利用压缩空气推动增压器活塞动作，并通过油缸推动活塞杆，从而夹紧工件。

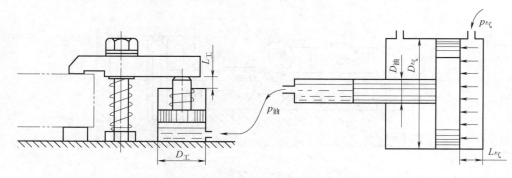

图 6-47　气液组合夹紧装置简图

（4）电动夹紧　电动夹紧系统一般由电动机、减速装置和螺旋副等传动装置组成。同气动、液压夹紧比较，省去了复杂的管路系统，噪声小，基本无环境污染，而且电力传输方便，因此在夹具中应用也较为广泛。

（5）电磁夹紧　一般作为机床附件的通用夹具，如平面磨床上的磁力吸盘等。由于电磁夹紧力不大，只适宜一些切削力较小的切削加工。

（6）真空夹紧　真空夹紧利用封闭腔内真空的吸力来夹紧工件，实质上是利用大气压力来夹紧工件，该机构特别适合于夹紧薄壁易变形的零件。

（7）自夹紧装置　直接利用机床的运动或切削力来进行夹紧，这种不需要另设夹紧动力源的装置称为自夹紧装置，如钻孔时刀具实现了工件的夹紧动作。

6.3.2　夹紧力三要素的确定

夹紧的实质是通过一定的夹紧机构，对工件施加一个大小、方向和作用点合适的夹紧力，以保持工件在夹具中由定位元件所确定的正确位置，不致因在加工过程中受到其他力（如切削力、离心力等）的作用而发生变动。

1. 确定夹紧力大小

实际设计工作中，夹紧力的大小常根据同类夹具的实际使用情况，用类比法进行估算，或将夹具和工件看成刚性系统，找出加工过程中对夹紧最不利的瞬时状态，按静力平衡条件进行分析计算。计算时，为使夹紧可靠，应将计算出的理论夹紧力 F_1 乘以安全系数 K，作为

实际夹紧力 F_r，通常，$K=1.5\sim3$，粗加工时 $K=3\sim4.5$，精加工时 $K=1.5\sim2$。

由于在加工过程中，切削力的作用点、方向和大小可能都在变化，因此应按最不利的情况考虑。例如在图 6-48 中，设切削力 $F_{Py}=800\text{N}$，$F_{Pz}=200\text{N}$，工件自重 $G=100\text{N}$。静力平衡条件为

$$F_{Py}l-[\,Fl/10+Gl+F(2l-l/10)+F_{Pz}y\,]=0$$

考虑最不利情况，取 $y=l/5$。将已知条件代入上式，得理论夹紧力为 $F_l=380\text{N}$。取安全系数 $K=3$，得实际夹紧力 $F_r=900\text{N}$。

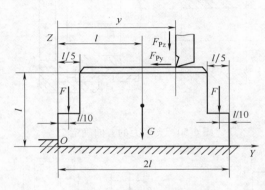

图 6-48　夹紧力计算图例

在实际的夹具设计中，夹紧力大小并非在所有情况下都需要计算。如对手动夹紧机构，常根据经验或类比法确定所需的夹紧力。对于关键工序所用的夹具，当需准确计算夹紧力时，常通过工艺试验来实测切削力的大小，然后计算夹紧力。

2. 确定夹紧力方向

1）应使定位基面与定位元件接触良好。当工件由几个表面组合定位时，主要夹紧力的方向应朝向主要定位基面。如图 6-49 所示，工件以 A、B 面定位镗孔 K，要求保证孔的轴线与 A 面垂直。显然 A 面是主要定位基面，主要夹紧力应朝向该面。如果使夹紧力指向 B 面，则由于 A 面与 B 面间存在垂直度误差，$\alpha\neq90°$，将不能满足加工要求。

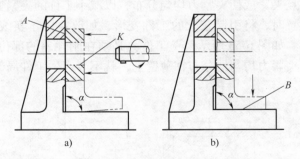

图 6-49　夹紧力的方向确定 1

2）应与工件刚度最大的方向一致，以减小工件变形。图 6-50 是加工薄壁套筒的两种夹紧方式，由于工件的径向刚度较差，用图 6-50a 的径向夹紧方式将产生过大的夹紧变形而无法保证加工精度。而图 6-50b 的轴向夹紧方式，由于工件轴向刚度大，夹紧力产生的变形很小，加工精度容易保证。

3）夹紧力的方向应尽量与工件受到的切削力、重力等的方向一致，以减小夹紧力。

3. 确定夹紧力作用点

1）夹紧力的作用点应正对支承元件或位于支承元件所形成的支承面内。如图 6-51 所示，其中 A 处的夹紧力作用点位于支承元件之外，所产生的转动力矩可使工件发生翻转，破坏了工件的定位。图中 B 处的夹紧力作用点就处于正确位置。

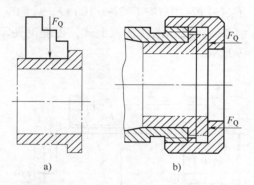

图 6-50　夹紧力的方向确定 2

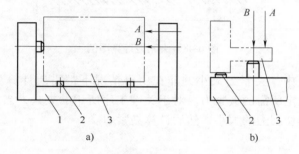

图 6-51　夹紧力的作用点确定 1
1—夹具体　2—定位元件　3—工件

2）夹紧力作用点应位于工件刚性较好的部位。对于薄壁件，如果必须在工件刚性较差的部位夹紧时，应采用多点夹紧或使夹紧力均匀分布，以减小工件的夹紧变形。如图 6-52 所示，当夹紧力为图中虚线位置时，将引起较大的工件变形，如改在图示实线位置，由于该部位工件刚性较好，变形较小。如图 6-53 所示薄壁工件，必须在刚性差的部位夹紧，这时如加一厚度较大的锥面垫圈，使夹紧力均匀地分布在薄壁上，就不会产生工件局部压陷现象。

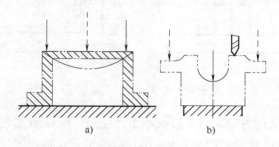

图 6-52　夹紧力的作用点确定 2

3）夹紧力的作用点应尽量靠近加工表面，以减小切削力对夹紧点的力矩（图 6-54），防止或减小工件的加工振动或弯曲变形。对于有些由于结构限制而使夹紧力的作用点远离加工表面且刚性较差的工件，应在加工表面附近增加辅助支承及对应的附加夹紧力。如图 6-55 中 F_{Q2} 就是这样的附加夹紧力。

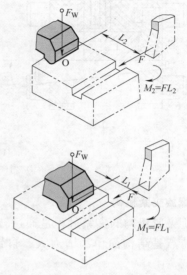

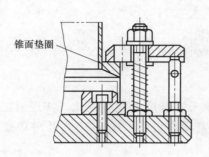

图 6-53　夹紧力的作用点确定 3

图 6-54　夹紧力的作用点确定 4

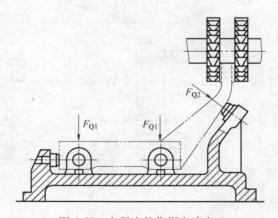

图 6-55　夹紧力的作用点确定 5

6.3.3　典型夹紧机构

机床夹具中使用的夹紧机构主要有斜楔夹紧机构、螺旋夹紧机构、偏心夹紧机构、铰链夹紧机构、定心夹紧机构、联动夹紧机构等。

1. 斜楔夹紧机构

如图 6-56 所示的夹紧机构在夹紧时外力作用在楔块的大端，使楔块楔入夹具与工件之间，斜面移动，产生压力，工件夹紧。

特点：①自锁，在外力消除后，仍能保持工件处于夹紧状态而不松开；②具有增力作用；③夹紧行程小；④可改变作用力的方向。由于斜楔夹紧机构夹紧力小，操作费时，生产中很少单独使用。

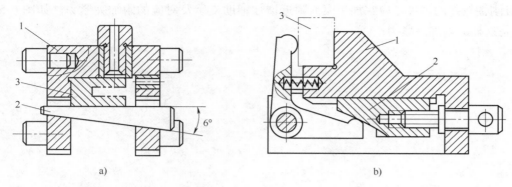

图 6-56　斜楔夹紧机构

a）斜楔直接夹紧　b）斜楔杠杆夹紧

2. 螺旋夹紧机构

螺旋夹紧机构的夹紧过程是通过转动螺旋，使螺母在高度上发生变化，实现对工件的夹紧。其特点是结构简单，增力大，自锁性好，但夹紧动作较慢。图 6-57 为几种单螺旋夹紧机构。

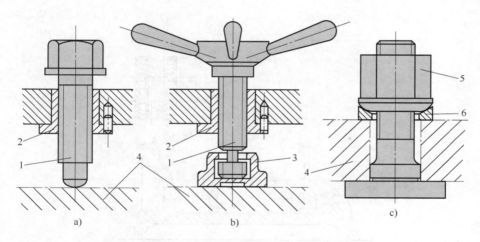

图 6-57　几种单螺旋夹紧机构

1—衬套　2—螺旋　3—压块　4—工件　5—螺母　6—球面锥面垫圈

生产中使用的螺旋夹紧机构主要是螺旋压板夹紧机构。图 6-58 所示为几种常用的螺旋压板夹紧机构。

图 6-58a 中工件由螺杆、螺母通过压板被夹紧。为便于压板后退和防止转动，在压板中间和下面开有长孔和直槽。弹簧在螺母松开后，能使压板自动抬起，并与工件脱开。球型垫圈在压板倾斜时，可以避免螺杆的弯曲和变形。

图 6-58b 中当螺栓松开后，压板可绕螺杆旋转，便于工件装卸。弹簧的作用是使压板抬起脱离工件并托住压板不落下。

图 6-58c 所示的压板和螺杆为铰链式结构。螺母松开后，螺栓翻离压板，压板即可逆时针翻转，装卸工件方便。

一般螺旋夹紧动作较慢，为了克服这一缺点，可采用如图 6-59 所示的螺旋快速夹紧装置。

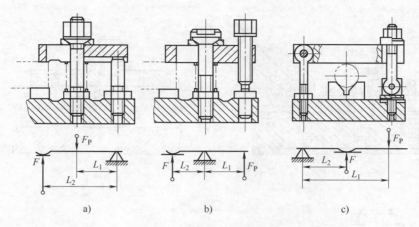

图 6-58　螺旋压板夹紧机构

图 6-59a 所示为快速撤离机构。螺杆开有螺旋槽和直槽，转动手柄，螺钉从螺旋槽到直槽，松开工件，再沿直槽将螺杆快速退到图示位置，方便工件的装卸。图 6-59b 所示为带有开口垫圈的螺母夹紧装置。螺母外径小于工件孔径，只要稍松螺母，抽出开口垫圈，工件即可穿过螺母取出。图 6-59c 所示为带开口压板的夹紧机构，只要稍松螺杆，把压板转过一定角度，便可安装工件。图 6-59d 所示为一种快卸螺母，只要稍松螺母，便可轻松卸下螺母。

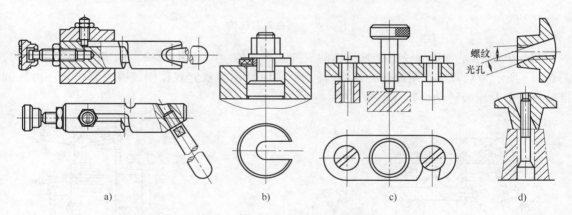

图 6-59　螺旋快速夹紧装置

3. 偏心夹紧机构

用偏心件直接或间接夹紧工件的机构，称为偏心夹紧机构。常用的偏心件是圆偏心轮和偏心轴。图 6-60 所示结构是常见的圆偏心夹紧机构，图 6-60a、b 所示用的是圆偏心轮，图 6-60c 所示用的是偏心轴，图 6-60d 所示用的是偏心叉。偏心夹紧机构操作方便、夹紧迅速，但夹紧力和行程较小，一般用于切削力不大、振动小、夹压面公差小的情况，与压板组成的偏心夹紧机构应用较为广泛。

4. 铰链夹紧机构

铰链夹紧机构是一种增力机构，其结构简单，增力比大，摩擦损失小，但一般不具备自锁性能，常与具有自锁性能的机构组成复合夹紧机构。所以铰链夹紧机构适用于多点、多件夹紧，在气动、液压夹具中应用较广。

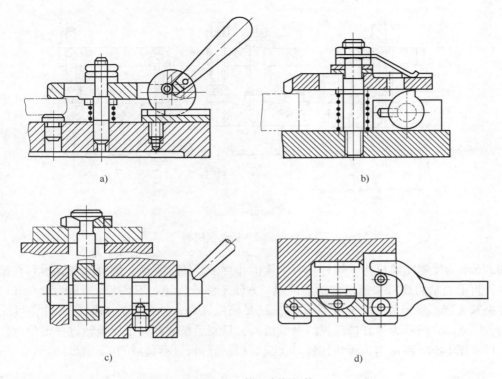

图 6-60　偏心夹紧机构

　　图 6-61 所示是常用的铰链夹紧机构的三种基本结构。图 6-61a 所示为单臂铰链夹紧机构，图 6-61b 所示为双臂单作用铰链夹紧机构，图 6-61c 所示为双臂双作用铰链夹紧机构。由气缸带动铰链臂及压板转动夹紧或松开工件。

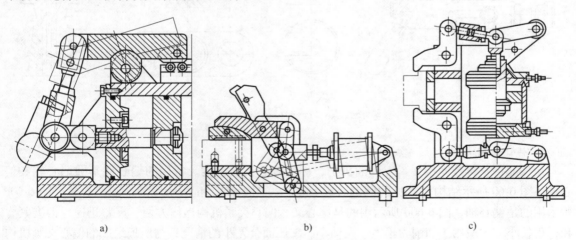

图 6-61　常用的铰链夹紧机构

5. 定心夹紧机构

　　定心夹紧机构是一种特殊夹紧机构，其定位和夹紧是同时实现的，夹具上与工件定位基准相接触的元件，既是定位元件，又是夹紧元件。定心夹紧机构主要适用于几何形状对称并以对称轴线、对称中心或对称平面为工序基准的工件的定位夹紧。定心夹紧机构一般按照以下两种原理设计：

1）定心夹紧元件按等速位移原理来均分工件定位面的尺寸误差，实现定心和对中。如自定心卡盘，图 6-62a 所示为锥面定心夹紧心轴，图 6-62b 所示为双螺旋（左旋+右旋）头式定心夹紧机构。

2）定心夹紧元件按均匀弹性变形原理实现定心夹紧，如各种弹簧心轴、弹簧夹头、塑料夹头等。图 6-63 所示为弹簧夹头的结构。

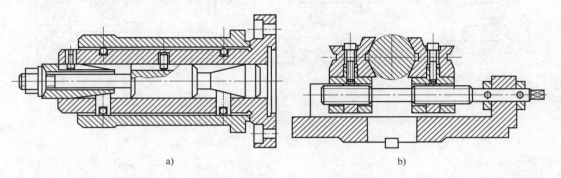

图 6-62　等速位移原理的定心夹紧机构

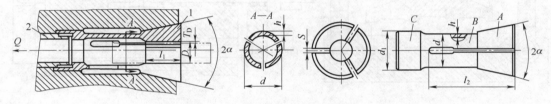

图 6-63　弹簧夹头

6. 联动夹紧机构

工件加工时，由于工件的结构特点、定位夹紧以及生产率的要求，在同一个夹具中安装几个工件，可用联动夹紧机构来实现。这种机构，操纵集中、简便，缩短了辅助时间，生产率较高，应用较为广泛。联动夹紧机构有多点夹紧、多件夹紧等。

（1）多点夹紧　多点夹紧是用一个原始力，通过带浮动元件的机构分散到数个点上对工件进行夹紧。如图 6-64 所示为多点夹紧机构，图 6-64a 所示为通过作用力 Q，使压头 1 绕小轴中心线摆动，实现两个方向上的两点夹紧；图 6-64b 所示是使工件 1 在水平方向上移动，实现两点夹紧；图 6-64c 所示为四点双向浮动式夹紧机构，夹紧力分别作用在两个互相垂直的方向上，每个方向各有两个夹紧点，通过浮动元件实现对工件的夹紧，调节杠杆 L_1、L_2 的长度可以改变两个方向夹紧力的比例。

（2）多件夹紧　多件夹紧由一个原始作用力，通过一定浮动机构对数个相同或不相同的工件实现夹紧，如图 6-65 所示。图 6-65a 所示有 3 个浮动元件夹紧 4 个工件。图 6-65b 所示利用螺杆 1、顶杆 2 和浮动连杆 3 实现对 4 个工件的夹紧。图 6-65c 所示利用液性塑料为浮动介质对多个工件进行夹紧。图 6-65d 所示为多件连续夹紧，工件本身就是浮动元件，机构较简单。

除上述几类夹紧机构以外，工程上还有其他的夹紧机构应用也较为广泛，每种夹紧机构又有多种不同的结构形式，设计夹具时，应根据工件的结构形状、加工方法、生产类型等因素确定夹紧机构的种类和具体形式。

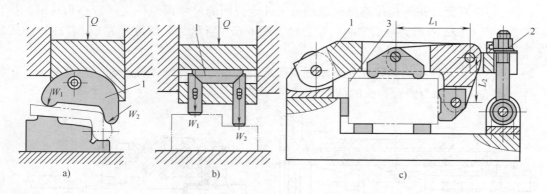

图 6-64　多点夹紧机构

a）绕一固定轴转动式　b）沿一固定方向移动式　c）四点双向浮动式

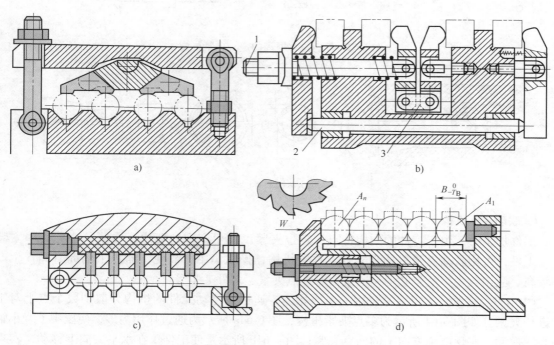

图 6-65　多件夹紧

6.3.4　连接元件设计

对于铣床、刨床、钻床、镗床等机床，夹具都是安装在工作台上的，为了确定夹具相对于机床的位置，一般用两个定位键组合定位，起到夹具在机床上的定向作用，切削过程中也能承受切削转矩，从而增加了切削稳定性。

定位键有矩形和圆形两种，如图 6-66a 所示的圆形定位键容易加工，但较易磨损，使用较少。矩形定位键如图 6-66b 所示，其上部与夹具体底面上的槽采用 H7/h6 或 H8/h8 配合，通过沉头螺钉连接在夹具体上，其下部与机床工作台上的 T 形槽采用 H7/h6 或 H8/h8 配合。

夹具在工作台上的夹紧是在夹具体上设计开口耳座，用 T 形槽螺栓和螺母进行夹紧。

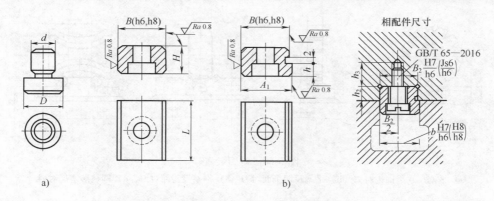

图 6-66　定位键

a）圆形定位键　b）矩形定位键

车床和内外圆磨床，夹具一般安装在主轴上，安装方法有：莫氏锥度配合；圆柱面定位，螺纹联接；短圆锥和端面定位，螺钉夹紧；过渡盘定位，螺钉夹紧。

钻床夹具一般不固定，如果孔比较大，或用摇臂钻床加工时，可用压板固定或用开口耳座固定，钻床夹具不用定位键。

6.3.5　对刀装置设计

用调整法进行铣削加工时，为确定工件相对于刀具的位置，铣床夹具一般设置对刀装置。对刀装置的结构形式取决于工件加工表面的形状，图 6-67 所示为几种标准的对刀块结构。其中图 6-67a 所示是圆形对刀块，用于加工水平面；图 6-67b 所示是方形对刀块，用于加工相互垂直的平面；图 6-67c 所示是直角对刀块，图 6-67d 所示是侧装对刀块，用于加工台阶或键槽时对刀。

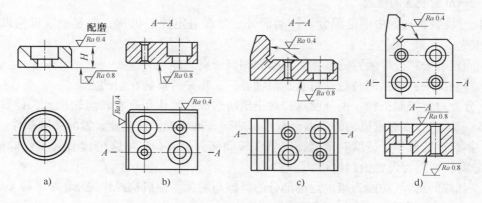

图 6-67　标准的对刀块结构

a）圆形对刀块　b）方形对刀块　c）直角对刀块　d）侧装对刀块

使用对刀块对刀时，为避免刀具与对刀块直接接触而损坏切削刃或造成对刀块过早磨损，一般需要在对刀块与刀具之间放置塞尺来校准它们之间的相对位置。塞尺有平塞尺和圆柱形塞尺两种，塞尺的结构、尺寸已标准化，平塞尺厚度一般为 1mm、2mm、3mm，圆柱形塞尺直径常用 3mm 或 5mm（图 6-68）。

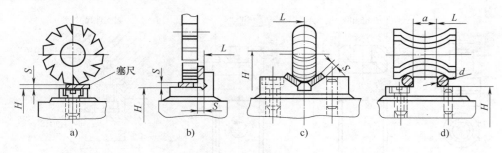

图 6-68　对刀装置

a）平塞尺水平面内对刀　b）平塞尺两个面对刀　c）平塞尺斜面对刀　d）圆柱形塞尺对刀

对刀装置应设置在便于对刀的位置，一般设在工件的切入端。

6.3.6　分度装置设计

在生产中，经常会遇到一些工件要求加工一组按照一定的转角或者一定的距离均匀分布、而其形状和尺寸又彼此相同的表面，例如：钻、铰一组等分孔，或者铣一组等分槽、多面体等。为了能够在工件一次装夹中完成这类等分表面的加工，于是便产生了工件在加工过程中需要分度的问题，即每当加工好一个表面后，应当使夹具连同工件一起转过一定的角度或者移动过一定的距离，能够实现上述分度要求的装置称为分度装置。

1. 常见的分度装置

1）回转分度装置：不必松开工件而通过回转一定的角度，来完成多工位加工的分度装置。它主要用于加工有一定回转角度要求的孔系、槽或者多面体等。

2）直线移动分度装置：不必松开工件而能沿着直线移动一定距离，从而完成多工位加工的分度装置。它主要用于加工有一定距离要求的平行孔系和槽等。

2. 回转分度装置的组成

回转分度装置一般由固定部分、转动部分、分度对定控制机构、抬起锁紧机构以及润滑部分等组成。

1）固定部分：分度装置的基体，其功能相当于夹具体。

2）转动部分：包括回转盘、衬套和转轴等。工作夹具就装在它的上面。

3）分度对定控制机构：由分度盘和对定销所组成。其作用是在转盘转位后，使其相对于固定部分定位，分度对定机构的误差会直接影响到分度精度，是分度装置的关键部件。

4）抬起锁紧机构：分度对定后，应当将转动部分锁紧，以增强分度装置工作时的刚度，大型的分度装置需要设置抬起机构。

5）润滑部分：其功能为减少运动部分的摩擦与磨损，使机构操作灵活。

3. 分度对定机构及控制机构

设计时，要根据工件分度的技术要求，合理选择方案。大多数情况下，分度盘与分度装置中的转动部分相连接，或者直接用转盘作为分度盘；而对定销则与固定部分相连接，当然也有相反的情况。

按照分度盘和对定销的相互位置关系，一般分为轴向分度与径向分度两种。

轴向分度是指对定销沿着与分度盘的回转轴线相平行的方向进行工作（图 6-69），其外形尺寸小、结构紧凑，维护保养简单，生产中应用较多。

　　径向分度是指对定销沿着分度盘的半径方向进行工作（图 6-70），一般用在分度精度要求高的场合。

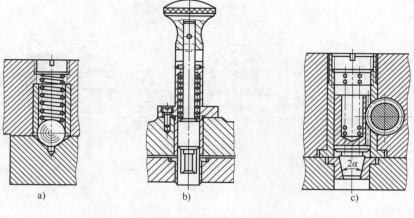

图 6-69　轴向分度对定结构

a）钢球定位　b）圆柱销定位　c）圆锥销定位

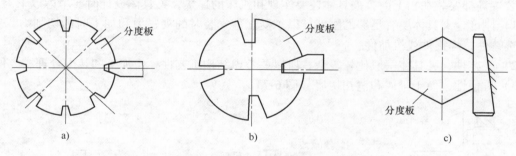

图 6-70　径向分度对定结构

a）双斜面楔定位　b）单斜面楔定位　c）正多面体定位

　　分度对定机构的控制可分为手动和机动（动力源有气动、液压、电磁等）两种。如图 6-71 所示为常用的手动控制结构，均已标准化，至于机动控制只需要将原始作用力之处换用各种动力源即可。

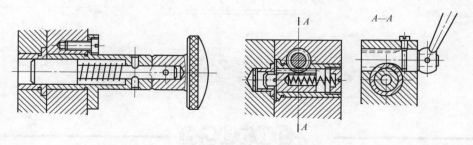

图 6-71　常用的手动控制机构

4. 抬起及锁紧机构

为了使转动灵活、省力，以及减少接触面之间的摩擦，特别对于较大规格的立轴式回转分度装置，在转位分度前，应将转位部分稍微抬起。为此，可设置抬起机构。

为了增强分度装置工作时的刚性及稳定性，防止加工时受切削力引起振动，当分度装置经过分度对定后，应当将转动部分锁紧在固定部分上，这对于铣削加工尤为重要。如图 6-72 所示为锁紧机构。当加工中切削力较小而且振动较小时，可以不设置锁紧机构。

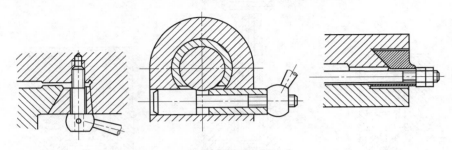

图 6-72　锁紧机构

6.3.7　夹具体设计

夹具体是整个夹具的基础零件，定位元件、夹紧装置、连接元件、对刀装置、导向元件、分度装置等都要装在它上面，夹具体还要实现和机床的连接，夹具体设计时要考虑以下因素：

1）刚度，夹具体要有足够的刚度，以承受工件安装时的夹紧力和加工时的切削力，夹具体可选铸件、焊接件或机加件。

2）工艺性，夹具体一般比较复杂，所以要考虑结构工艺性，使加工和装配合理、方便。

3）方便性，便于排屑和清扫切屑（图 6-73）。

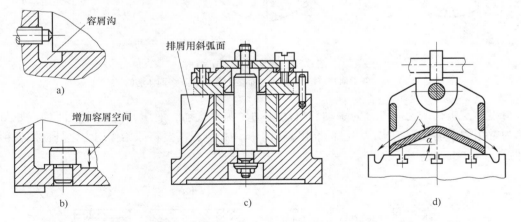

图 6-73　夹具体的容屑和排屑结构
a）容屑沟　b）容屑空间　c）弧面排屑　d）排屑腔排屑

1. 夹紧装置如图 6-74 所示，已知操纵力 $F_P = 150N$，$L = 150mm$，螺杆为 M12×1.75，$D = 40mm$，$d_1 = 10mm$，$l = l_1 = 100mm$，$\alpha = 30°$，各处摩擦因数 $\mu = 0.1$。试计算夹紧力 F 的大小。

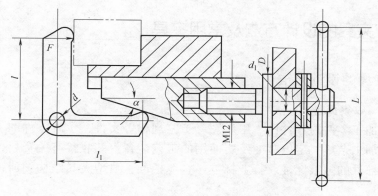

图 6-74 题 1 图

2. 根据夹紧力的确定原则，分析图 6-75 所示的夹紧方案，指出不妥之处并加以改正。

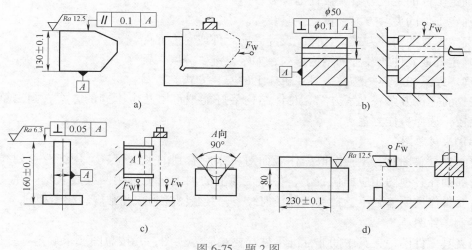

图 6-75 题 2 图

3. 指出图 6-76 所示各定位、夹紧方案及结构设计中不正确的地方，并提出改进意见。

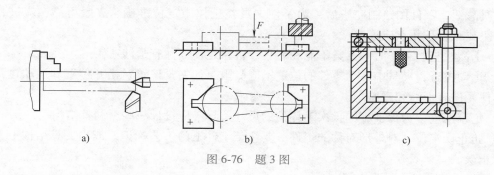

图 6-76 题 3 图

4. 定位键有何作用？它有几种结构形式？
5. 对刀装置有何作用？有哪些结构形式？分别用于何种表面的加工？
6. 塞尺有何作用？常用标准塞尺结构形式有哪几种？
7. 试述分度装置的功用和类型。
8. 夹具体的结构形式有几种？

6.4　机床夹具的设计方法及常用夹具

6.4.1　机床夹具的设计方法

1. 明确任务，收集资料

分析研究被加工零件的零件图、工序图、工艺规程等文件，了解零件的生产类型，本工序的加工要求、加工余量、定位基准及所使用的工艺装备等。收集有关资料，如机床的技术参数，夹具零、部件的国家标准、行业标准、企业标准，典型夹具结构图册，夹具设计指导资料等。

2. 拟订夹具结构方案，绘制夹具草图

拟定夹具结构包括的内容有：

1）确定工件的定位方案，设计定位装置。

2）确定工件的夹紧方案，设计夹紧装置。

3）确定刀具的引导方式，选择或设计导向元件或对刀元件。

4）确定其他元件或装置的结构形式，如定位键、分度装置等。

5）确定夹具的总体结构及夹具在机床上的安装方式。

对夹具的定位方案、夹紧方案、总体结构最好能拟订出几个不同的方案，画出草图，经过分析比较，选择最佳方案。

3. 绘制夹具总图

在绘制夹具总图时，主视图取操作者面对机床所看到的夹具位置。用细双点划线将工件的外形轮廓画在各视图相应的位置上，待加工面上的加工余量可用网纹线表示。在夹具总图中，工件要看作透明体，不遮挡夹具的任何线条。其余图样画法和常规装配图相同。

4. 绘制零件图

绘制夹具零件图，夹具中的非标准零件都要绘制零件图，并按总图要求确定零件的尺寸、公差和技术条件。

5. 检查

夹具总图、零件图绘制完毕后，为了使夹具在工作中定位准确、夹紧可靠，应进行一些检查。主要有以下几点应该注意：

1）干涉检查，工作时，夹具不能和刀具、机床运动部件有干涉。

2）运动检查，夹具中运动零件的位置不应受阻，如夹紧位置、松开位置和运动过程都不能同其他元件有干涉和碰撞。

3）定位调整，为保证不同批次毛坯件的尺寸差异，应设计一些可调整结构。

4）防止误定位，对外形对称的工件，要注意工件上的工艺标记，或在夹具结构上采取措施，防止误装。

6.4.2　车床夹具设计

在车床上用来加工工件的内外回转面及端面的夹具称为车床夹具。车床夹具有两大类：一类是安装在主轴上的夹具，另一类是安装在床身或大拖板上的夹具。安装在车床主轴上的夹具，根据被加工工件定位基准和夹具的结构特点，可以分为以下几类。

1）卡盘和夹头式车床夹具，以工件外圆为定位基面，如自定心卡盘及各种定心夹紧卡头等。

2）心轴式的车床夹具，以工件内孔为定位基面，如各种定位心轴（刚性心轴）、弹簧心轴等。

3）以工件顶尖孔定位的车床夹具，如顶尖、拨盘等。

4）角铁和花盘式夹具，以工件的不同组合表面定位。

当工件定位基面为单一圆柱表面或与被加工表面轴线垂直的平面时，可采用各种通用车床夹具，如自定心卡盘、单动卡盘、顶尖、花盘等；当在车床上加工壳体、支座、杠杆、接头等类零件上的圆柱面及端面时，由于这些零件的形状比较复杂，难以直接装夹在通用卡盘上，因而需设计专用夹具。

图 6-77 所示为加工轴承座内孔的角铁式车床夹具，工件 6 以底面在支承板 3 上定位，两孔在圆柱销 2 和削边销 1 上定位，用两块压板夹紧工件。

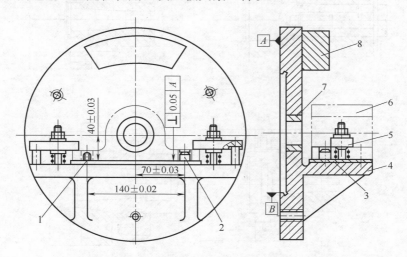

图 6-77　加工轴承座内孔的角铁式车床夹具

1—削边销　2—圆柱销　3—支承板　4—夹具体　5—压板　6—工件　7—校正套　8—平衡块

1. 定位装置

在车床上加工回转表面，要求工件加工面的轴线必须和车床主轴的旋转轴线重合，对于如支座、壳体等工件，被加工工件的回转表面与工序基准之间有尺寸要求或相互位置精度要求时，应以夹具回转轴线为基准来确定定位元件工作表面的位置。

2. 夹紧装置

车削时工件和夹具一起随主轴做旋转运动，在加工过程中，工件除受切削力的作用外，整个夹具还受离心力的作用，而且工件定位基准的位置相对于切削力和重力的方向是变化的。因此，夹紧机构所产生的夹紧力必须足够，自锁性能要好，以防止工件在加工过程中松动。

3. 车床夹具与机床的连接

车床夹具与机床主轴的连接精度对工件加工表面的相互位置精度起决定性作用。夹具的回转轴线与车床的回转轴线必须有较高的同轴度。

一般车床夹具在机床主轴上的安装方式有两种：①对于径向尺寸 D 小于 140mm，或 $D<$（2~3）d 的小型夹具，一般通过锥柄安装在车床主轴锥孔中，并用螺栓拉紧，这种连接方式

定心精度较高；②对于径向尺寸较大的夹具，一般通过过渡盘与车床主轴连接。

图 6-78 所示为车床夹具与机床主轴常用的连接方式。图 6-78a 所示为以锥柄与主轴锥孔连接，夹具 3 以莫氏锥柄与机床主轴 1 配合定心，由通过主轴孔的拉杆 4 拉紧。图 6-78b 所示为以主轴前端外圆柱面与夹具过渡盘连接（或直接与夹具连接），夹具 3 通过过渡盘 2 的内锥孔与主轴 1 的前端定心轴颈配合定心，并用螺钉紧固在一起。图 6-78c 所示为以主轴前端短圆锥面与夹具过渡盘连接，夹具 3 通过过渡盘 2 的内锥孔与主轴 1 前端的短锥面相配合定心，并用螺钉紧固在主轴上。图 6-78d 所示为以主轴前端长圆锥面与夹具过渡盘连接，夹具 3 通过过渡盘 2 的内锥孔与主轴 1 前端的长圆锥面相配合定心，并用锁紧螺母 6 紧固，在锥面配合处用键 5 连接传递转矩。

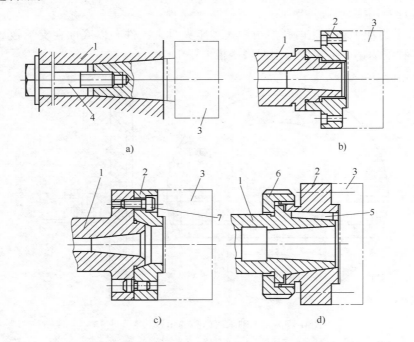

图 6-78　车床夹具与机床主轴常用的连接方式

a）主轴前端锥孔与锥柄连接　b）主轴前端外圆柱面与夹具过渡盘连接

c）主轴前端短圆锥面与夹具过渡盘连接　d）主轴前端长圆锥面与夹具过渡盘连接

1—主轴　2—过渡盘　3—夹具　4—拉杆　5—键　6—锁紧螺母　7—螺栓

4. 夹具总体结构要求

1）结构紧凑、悬伸短。车床夹具一般是在悬臂状态下工作的，为保证加工的稳定性，夹具的结构应力求紧凑、轻便，悬伸长度要短，使重心尽可能靠近主轴端部。

2）平衡。由于车床夹具加工时随主轴旋转，且车削转速较高，所以若要保证夹具的重心和主轴的回转轴线同轴，就要对车床夹具进行平衡设计。平衡的方法有两种：设置配重块或加工减重孔。配重块上应开有弧形槽或径向孔，以便调整配重块的位置。

3）安全。车床夹具应设计成圆形结构，而且夹具上的各个元件（包括工件）一般不允许突出在夹具体的圆形轮廓之外。此外，还应注意防止切屑缠绕和冷却润滑液的飞溅等问题，必要时可设置防护罩。

6.4.3　铣床夹具设计

铣床夹具如图 6-1 所示，用于在卧式铣床上加工法兰盘上的两个平面，工件以端面和中心的孔为定位基准，在支承板和定位销上实现 5 点定位，采用气缸通过联动的铰链机构带动压爪夹紧工件。

铣床夹具主要用于加工平面、沟槽、缺口、花键、齿轮以及成形表面等。

按铣削时的进给方式不同，铣床夹具可分为直线进给式、圆周进给式和靠模进给铣床夹具三种类型。

1）直线进给式铣床夹具。这类夹具安装在铣床工作台上，在加工中随工作台按直线进给方式运动。按照在夹具中同时安装工件的数目和工位多少分为单件加工、多件加工和多工位加工夹具。

2）圆周进给式铣床夹具。多用在回转工作台或回转鼓轮的铣床上，依靠回转台或鼓轮的旋转将工件顺序送入铣床的加工区域，实现连续切削。在切削的同时，可在装卸区域装卸工件，使辅助时间与机动时间重合，因此它是一种高效率的铣床夹具。

3）靠模进给式铣床夹具。这是一种带有靠模的铣床夹具，适用于在专用或通用铣床上加工各种非圆曲面。按照进给运动方式可分为直线进给式和圆周进给式两种。

由于铣削加工时切削用量较大且为断续切削，故切削力较大，易产生冲击和振动，因此，设计铣床夹具时，要求工件定位可靠，夹紧力足够大，手动夹紧时夹紧机构要有良好的自锁性能，夹具上各组成元件应具有较高的强度和刚度。铣床夹具一般有确定刀具位置和夹具方向的对刀装置和定位键。

1）定位方案确定，应注意定位的稳定性。为此，尽量选加工过的平面为定位基面，定位元件要用支承板，且距离尽量远一些，以提高定位稳定性；用毛坯面定位时，定位元件要用球头支承钉，可采用自位支承或辅助支承提高定位稳定性，以避免加工时产生振动。

2）夹紧机构刚性要好，有足够的夹紧力，力的作用点要尽量靠近加工表面，并夹紧在工件刚性较好的部位，以保证夹紧可靠、夹紧变形小。对于手动夹具，夹紧机构应具有良好的自锁性能。

3）夹具的重心要尽可能低，夹具体与机床工作台的接触面积要大。因此夹具体的高度与宽度比一般为 $H/B \leqslant 1 \sim 1.25$。

4）切屑流出及清理方便。大型夹具应考虑排屑口、出屑槽；对不易清除切屑的部位和空间应加防护罩。加工时采用切削液的，夹具体设计要考虑切削液的流向和回收。

为提高生产率，铣床夹具设计中定位可安排多件工件加工，夹紧应采用快速夹紧、联动夹紧等高效夹紧装置。大型铣床夹具，在夹具体上还要设置悬吊装置，以便搬运。

6.4.4　钻床夹具设计

钻床夹具简称钻模，它一般由钻套、钻模板、定位元件、夹紧装置和夹具体组成。根据夹具的总体结构和钻模板的特点，生产中使用的钻模可以分为固定式、回转式、盖板式、滑柱式、移动式、翻转式等结构。

1. 钻套

在钻、扩、铰加工时，钻套用来引导刀具以保证被加工孔的位置精度，钻套有标准钻套和特殊钻套两大类。

（1）标准钻套　标准钻套有固定钻套、可换钻套和快换钻套等。图 6-79a 所示为固定钻套，钻套和钻模板采用过盈配合安装，这种钻套结构简单，钻孔精度高，但磨损后不能更换，适用于单一钻孔工序的小批生产。图 6-79b 所示为可换钻套，钻套采用过渡配合装在衬套中，衬套采用过渡配合压装在钻模板上，钻套用螺钉压紧，以防止钻套转动和退刀时脱出，钻套磨损后，将螺钉松开即可更换，适用于大批量生产时的单一钻孔工序。图 6-79c 所示为快换钻套，其结构与可换钻套相似，当工件同一孔需经多工步加工（如钻、扩、铰或攻螺纹等）时，能快速更换不同孔径的钻套。更换时，将钻套缺口转至螺钉处，即可快速取出更换。标准钻套还有长型快换钻套（图 6-79d）和薄壁钻套（图 6-79e）等。

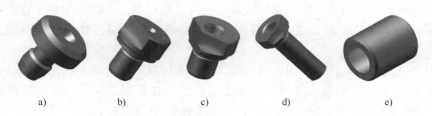

图 6-79　标准钻套

a）固定钻套　b）可换钻套　c）快换钻套　d）长型快换钻套　e）薄壁钻套

（2）特殊钻套　当工件的结构形状不适合采用标准钻套时，可自行设计与工件相适应的特殊钻套。图 6-80a 所示是钻两个近距离孔的小孔距钻套；图 6-80b 所示是在工件深凹面上钻孔的加长钻套；图 6-80c 所示是在斜面上钻孔的斜面钻套。

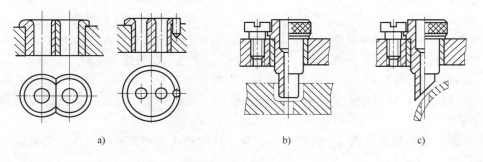

图 6-80　特殊钻套

a）小孔距钻套　b）加长钻套　c）斜面钻套

2. 钻模分类

（1）固定式钻模　其特点是钻模用螺钉压板固定在机床上，用于在立式钻床上加工单孔或在摇臂钻床上加工位于同一方向上的平行孔系。由于它在机床上的位置固定，故所加工孔精度较高。

图 6-81 所示是在阶梯轴的大端钻孔的固定式钻模。工序图已确定了定位基准，钻模上采用 V 形块 2 及其端面和手动拔销 5 定位，用偏心压板夹紧，夹具体周围留有供夹紧用的凸缘或 U 形槽。

（2）回转式钻模　用于加工工件上同一圆周的平行孔系或加工分布在同一圆周上的径向孔系。基本形式有立轴、卧轴和倾斜轴三种。工件一次装夹中，靠钻模依次回转加工各孔，因此这类钻模必须有分度装置。其使用方便、结构紧凑，在成批生产中广泛使用。一般为缩

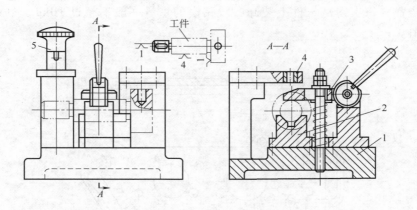

图 6-81　固定式钻模
1—夹具体　2—V 形块　3—偏心压板　4—钻套　5—手动拔销

短夹具设计和制造周期，提高工艺装备的利用率，夹具的回转分度部分多采用标准回转工作台。

图 6-82 所示为加工扇形工件上 3 个径向孔的回转式钻模。拧紧螺母 10，通过开口垫圈 9 将工件夹紧。转动手柄 7，可将分度盘 11 松开，用手钮 6 将分度对定销 5 从定位套 4 中拔出，将分度盘 11 连同工件一起转过 20°，再将分度对定销 5 插入定位套 4′或 4″，即实现了分度。转动手柄 7，将分度盘锁紧即可加工工件。

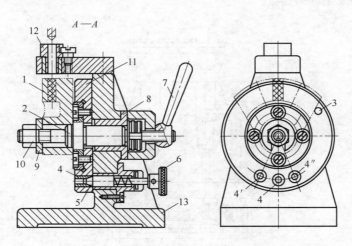

图 6-82　回转式钻模
1—工件　2—定位销轴　3—挡销　4—定位套　5—分度对定销　6—手钮　7—手柄
8—衬套　9—开口垫圈　10—螺母　11—分度盘　12—钻模套　13—夹具体

（3）盖板式钻模　盖板式钻模没有夹具体，只有一块钻模板，在钻模板上除了装有钻套外，还有定位元件和夹紧装置。加工时，钻模板盖在工件上定位、夹紧即可。盖板式钻模的特点是定位元件、夹紧装置及钻套均设在钻模板上，钻模板在工件上装夹，因此结构简单、制造方便、成本低廉、加工孔的位置精度较高。常用于床身、箱体等大型工件上的小孔加工，对于中小批量生产，凡需钻、扩、铰后立即进行倒角、锪平面、攻螺纹等工步时，使用盖板式钻模也非常方便。加工小孔的盖板式钻模，因切削力矩小，可不设夹紧装置。每次需从工件上装卸，故钻模的重量一般不超过 10kg。图 6-83 为盖板式钻模示意图。

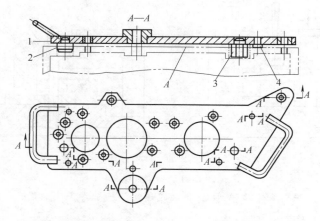

图 6-83 盖板式钻模

（4）滑柱式钻模 滑柱式钻模是带有升降台的通用可调夹具，多与组合机床或多轴箱联合使用，在生产中应用较广。滑柱式钻模的平台上可根据需要安装定位装置，钻模板上可设置钻套、夹紧元件及定位元件等。滑柱式钻模已标准化，其结构尺寸可查阅相关夹具设计手册。如图 6-84 所示，钻模板 5 的位置由导向滑柱 2 来确定，并悬挂在滑柱上，通过弹簧 1 和横梁 6 同机床主轴或主轴箱连接。

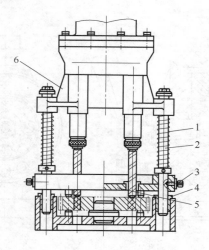

图 6-84 滑柱式钻模

1—弹簧 2—导向滑柱 3—螺钉 4—滑套 5—钻模板 6—横梁

（5）移动式钻模 用在立式钻床上，先后钻削工件同一表面上的多个孔，属于小型夹具，被加工的孔径一般小于 10mm。移动方式有两种：一种是自由移动，让钻套去对准钻头；另一种是定向移动，用专门设计的导轨和定程机构来控制移动的方向和距离。

（6）翻转式钻模 在加工中，翻转式钻模一般用手进行翻转，所以夹具和工件总重量不能太重，一般以不超过 10kg 为宜。主要用于加工小型工件分布在不同表面上的孔，它可以减少安装次数，提高各被加工孔的位置精度，其加工批量不宜过大。

6.4.5 组合夹具

组合夹具是由套有预先制好的各种不同形状、不同规格、不同尺寸、具有完全互换性和高耐磨性、高精度的标准元件及组件，按照不同工件的工艺要求，组装成加工所需的夹具，夹具使用后可拆卸，清洗后可待组装新的夹具。该类夹具省去了专用夹具设计制造的时间，可提高生产效率和设备的利用率。使用组合夹具加工的工件精度高，同时可缩短生产准备周期，元件能重复多次使用，并具有减少专用夹具数量等优点，所以近年来发展迅速，应用较广。组合夹具的主要缺点是体积较大，刚度较差，一次投资多，成本高。组合夹具适用于新产品试制和单件小批生产，还可用于多品种、中小批量生产以及柔性制造系统。

根据组合夹具组装连接基面的形状，可将其分为槽系和孔系两大类。槽系组合夹具的连接基面为 T 形槽，由键和螺栓等元件定位紧固连接。孔系组合夹具的连接基面为圆柱孔组成的坐标孔系。

(1) 槽系组合夹具 按照尺寸系列，槽系组合夹具分为大型、中型和小型三种，其主要结构参数及性能见表 6-3。该类夹具由基础件、支承件、定位件、导向件、夹紧件、紧固件、其他件、组件等八大类零件组成，各类元件的名称基本体现了其具体功能，其中"其他件"常在组装中起辅助作用，"组件"在结构上由若干零件装配而成，但在组装中不能拆散。

表 6-3 槽系组合夹具的主要结构参数及性能

规格	槽宽	槽距/mm	螺栓/mm	螺钉	支承件截面	工件最大尺寸	使用范围
大型	16H7/h6	75	M16×1.5	M5	75mm×75mm 90mm×90mm	2500mm×2500mm×1000mm	重型机械
中型	12H7/h6	60	M12×1.5	M6	60mm×60mm	1500mm×1000mm×500mm	一般机械制造
小型	8H7/h6	30	M8×1.25	M3	30mm×30mm 22.5mm×22.5mm	500mm×250mm×250mm	仪器、仪表、电子工业

(2) 孔系组合夹具 孔系组合夹具也由八大类元件组成，元件与元件之间用两个销钉定位，一个螺钉紧固，元件上光孔的孔径精度为 H6，孔距误差为 ±0.01mm，孔系组合夹具的定位精度较高，刚性比槽系组合夹具好，组装可靠，体积小，元件的工艺性好，成本低，但组装时元件的位置不能随意调节，常用偏心销钉或部分开槽元件进行弥补。

槽系、孔系组合夹具示例如图 6-85 所示。目前，我国一直以生产和使用槽系组合夹具为主，近年来也研制出了一些孔系组合夹具。

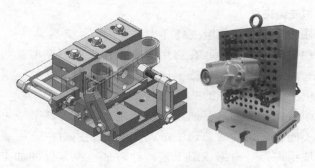

图 6-85 组合夹具示例

随着现代机械工业向多品种、中小批量生产方向的发展，组合夹具也发展了某些新的元件和组件，开始同成组夹具和数控机床夹具结合起来使用，这是组合夹具发展的新动向。

6.4.6　现代机床夹具

随着现代科学技术的高速发展和社会需求的多样化，多品种、中小批量生产逐渐占优势，因此在大批大量生产中有着长足优势的专用夹具逐渐暴露出它的不足，因而为适应多品种、中小批量生产的特点发展了组合夹具、通用可调夹具和成组夹具。由于数控技术的发展，数控机床在机械制造业中得到越来越广泛的应用，数控机床夹具也随之迅速发展起来。

1. 自动线夹具

自动线夹具的种类取决于自动线的配置形式，主要有固定夹具和随行夹具两大类。

（1）固定夹具　固定夹具用于工件直接输送的生产自动线，通常要求工件具有良好的定位和输送基面，例如箱体零件、轴承环等。这类夹具的功能与一般机床夹具相似，但在结构上应具有自动定位、夹紧及相应的安全联锁信号装置，设计中应保证工件的输送方便、可靠与切屑的顺利排出。

（2）随行夹具　随行夹具用于工件间接输送的自动线中，主要适用于工件形状复杂、没有合适的输送基面，或者虽有合适输送基面，但属于易磨损的有色金属工件，使用随行夹具可避免表面划伤与磨损。工件装在随行夹具上，自动线的输送机构把带着工件的随行夹具依次运送到自动线的各加工位置上，各加工位置的机床上都有一个相同的机床夹具来定位与夹紧随行夹具，所以，自动线上应有许多随行夹具在机床的工作位置上进行加工，另有一些随行夹具要进入装卸工位，卸下加工好的工件，装上待加工坯件，这些随行夹具随后也等待送入机床工作位置进行加工，如此循环不停。

随行夹具在自动线上的输送和返回系统是自动线设计的一个重要环节，随行夹具的返回形式有垂直下方返回、垂直上方返回、斜上方或斜下方返回和水平返回等方式。根据随行夹具的尺寸、返回系统占地面积、输送装置的复杂程度、操作维修的方便性、机床刚性等因素来选择不同的随行夹具返回系统。

如图6-86所示为活塞加工自动线的随行夹具，工件以止口端面和两半圆定位孔在随行夹具1的环形布置的10个定位块和定位销2、4上定位，但不夹紧。待随行夹具到达加工位置时，将工件和随行夹具一起夹紧在机床夹具上。随行夹具上的T形槽在T形输送轨道上移动，到达加工位置时，机床夹具的定位销插入随行夹具定位套5的孔中实现定心，盖板3防止切屑落入定位孔中。采用这种夹紧方法必须保证工件在随行夹具的运送过程中不发生任何位移。

2. 通用可调夹具和成组夹具

可调夹具分为通用可调夹具和成组夹具（也称专用可调夹具）两类。

通用可调夹具是通过调节或更换装在通用底座上的某些可调节或可更换元件，以装夹多种不同类夹具的工件；而成组夹具则是根据成组工艺的原则，针对一组相似零件而设计的由通用底座、可调节或可更换元件组成的夹具。

从结构上看二者十分相似，都具有通用底座固定部分、可调节或可更换的变换部分，但二者的设计指导思想不同。在设计时，通用可调夹具的应用对象不明确，只提出一个大致的加工规格和范围；而成组夹具是根据成组工艺，针对某一组零件的加工而设计的，应用对象十分明确。

（1）通用可调夹具　通用可调夹具是在通用夹具的基础上发展的一种可调夹具，它的加

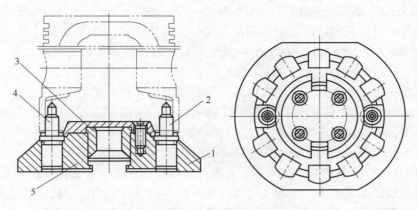

图 6-86　活塞加工自动线的随行夹具
1—随行夹具　2、4—定位销　3—盖板　5—定位套

工对象较广，有时加工对象不确定。如滑柱式钻模，只要更换不同的定位、夹紧、导向元件，便可用于不同类型工件的钻孔。又如可更换钳口的台虎钳、可更换卡爪的卡盘等，均适用于不同类型工件的加工。其主要有以下特点：适应的加工范围更广，可用于不同的生产类型中，调整的环节较多，调整较费时间。

图 6-87 所示为一种典型的组合化复合可调螺旋压板机构，主要调整参数有 H_1、H_2、L 等。钩形螺杆 6 由衬套 7 与压板 10 连接，另一端与连接杆 4 连接，将连接套 5、3 按箭头方向提升，即可更换不同尺寸的连接杆 4。支承杆 13 有几种尺寸，供调整时使用。基础板 15 由两个半工字形键块 1 组合成 T 形键，并与机床 T 形槽连接。

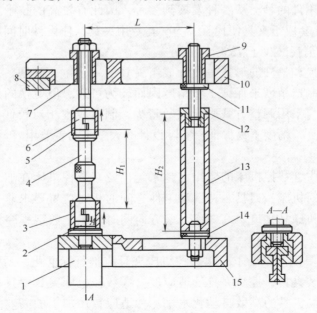

图 6-87　一种典型的组合化复合可调螺旋压板机构
1—半工字形键块　2—钩形件　3、5—连接套　4—连接杆　6—钩形螺杆　7、9—衬套　8—压块
10—压板　11—螺杆　12—螺套　13—支承杆　14—螺钉　15—基础板

（2）成组夹具（专用可调夹具） 图 6-88 所示为一种成组车床夹具，用于车削一组阀片的外圆。多件阀片以内孔和端面为定位基准在定位套 4 上定位，由气压传动拉杆，经滑柱 5、压圈 6、快换垫圈 7 使工件夹紧。加工不同规格的阀片时，只需更换定位套 4 即可。定位套 4 与心轴体 1 按 H6/h5 配合，由键 3 紧固。

成组夹具是一种可调夹具，其结构由基础部分和可调部分组成。

1）基础部分包括夹具体、动力装置和控制机构等。基础部分是一组工件共同使用的部分。因此，基础部分的设计决定了成组夹具的结构、刚度、生产效率和经济效果。图 6-88 所示的件 1、2、5 及气压夹紧装置等，均为基础部分。

2）可调部分包括可调整的定位元件、夹紧元件和导向、分度装置等。按照加工需要，这一部分可进行调整，是成组夹具中的专用部分。如图 6-88 所示的件 3、4、6 均为可调整元件。可调部分是成组夹具的重要特征标志之一，它直接决定了夹具的精度和效率。

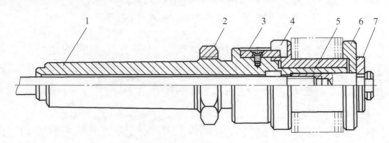

图 6-88　成组车床夹具

1—心轴体　2—螺母　3—键　4—定位套　5—滑柱　6—压圈　7—快换垫圈

成组夹具使加工工件的种类从一种发展到多种，因此有较高的技术经济效益。如我国航空系统某厂，仅用 14 套成组夹具便代替了 509 套专用夹具，使设计时间减少了 88%，制造时间减少了 64%，材料消耗减少了 73%。

决定成组夹具可换调整件的形式是设计成组夹具的一个重要问题。采用可换方式，更换迅速，直接由元件的制造精度来保证工作精度因而较为可靠。但更换的元件数量多，制造成本高，保管也较麻烦。采用调整方式则元件数量少，制造成本相对较低，保管也简单，但调整费时，要求技术较高，精度不易保证。实际设计时大多是两者兼用。

3. 数控机床夹具

现代自动化生产中，数控机床的应用已越来越广泛。数控机床在加工时，工序系统的运动是由程序控制的，对机床、刀具、夹具和工件之间的相对位置要求非常严格，因此数控机床夹具必须适应数控机床高精度、高效率、多方向同时加工、数字程序控制及单件小批量生产的特点。

（1）数控机床夹具的基本要求　①数控机床夹具应推行标准化、系列化和通用化。②积极发展组合夹具和拼装夹具，提高夹具的适应度。③数控机床夹具要具备高精度、高刚度及良好的敞开性。④提高夹具的高效自动化水平。为适应数控加工的高效率，数控机床夹具应尽可能使用气动、液压、电动等自动夹紧装置快速夹紧，以缩短辅助时间。

（2）数控机床夹具常见的结构形式　数控机床上使用的通用夹具根据机床类别不同，可分为数控车床夹具（自动定心卡盘、单动卡盘、花盘等）、数控铣床夹具（如平口钳）、加工中心夹具等。

数控机床夹具常采用网格状的固定基础板，长期固定在数控机床工作台上，板上加工出准确孔心距位置的一组定位孔和一组紧固螺孔（也有定位孔与螺孔同轴布置形式），它们成网格分布。网格状基础板预先调整好相对数控机床的坐标位置。利用基础板上的定位孔可装各种夹具，如图 6-89a 所示的角铁支架式夹具。角铁支架上也有相应的网格状分布的定位孔和紧固螺孔，以便安装有关可换定位元件和其他各类元件和组件，以适应相似零件的加工。当加工对象变换品种时，只需更换相应的角铁式夹具便可迅速转换为新零件的加工，不致使机床长期等工。图 6-89b 所示为立方固定基础板，它安装在数控机床工作台上的转台上，其四面都有网格分布的定位孔和紧固螺孔，上面可安装各类夹具的底板。当加工对象变换时，只需转台转位，便可迅速转换到加工新的零件用的夹具，十分方便。

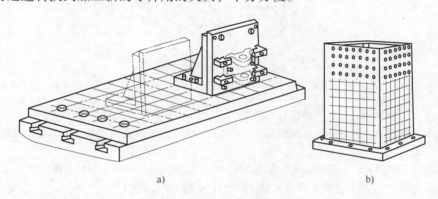

a)　　　　　　　　　　　　b)

图 6-89　数控机床夹具构成简图

4. 发展中的机床夹具概念

在采用夹具装夹的加工中，夹具的各组成部分都会引起工件的加工误差，而且此类误差占有较大比例，传统的装夹理论、定位精度分析较为粗略，无法估计误差的大小。

传统意义上的夹具的功能主要是定位和夹紧，而不同产品的夹具主要差别是在定位功能上的不同。因此，可以考虑减弱或取消夹具的定位功能，只赋予夹具以夹紧功能，通过引入"无定位"、寻位加工等概念，将定位功能通过主动寻位方法予以实现。以这种思路为引导，出现了"寻位加工"这一新的制造概念和生产操作模式。

与传统装夹方法相比，无定位或欠定位柔性装夹方法将引起夹具结构、装夹方法乃至装夹理论的根本变化，并由此带来夹具设计和制造上的革新。

尽管无定位或欠定位工件柔性装夹，较传统装夹方法有许多优点，但传统装夹方法在一些情况下仍有其不可替代的优越性。

"寻位加工"制造技术引起国内外学者的广泛重视，并有广泛的应用前景和巨大的经济价值。目前该技术仍然处于理论探索和试验研究阶段。智能寻位技术还可以广泛地应用到曲面加工、产品检测等诸多需要确定位置的相关领域。

习题与思考题

1. 夹具设计有哪些要求？在设计夹具方案时，要考虑哪些主要问题？
2. 绘制夹具装配图时应注意哪些事项？夹具总图上应标注哪些尺寸和位置公差？如何确定尺寸公差？
3. 车床夹具具有哪些结构类型？各有何特点？

4. 车床夹具与车床主轴的连接方式有哪几种？如何保证车床夹具与车床主轴的正确位置关系？

5. 铣床夹具分为哪几种类型？各有何特点？试述铣床夹具的设计要点。

6. 在卧式铣床上用三面刃铣刀铣削一批如图 6-90 所示的零件缺口，本工序为最后的切削加工工序。试设计一个能满足加工要求的定位方案，并验证其合理性。

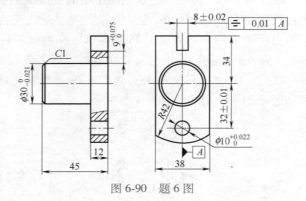

图 6-90　题 6 图

7. 钻床夹具分为哪些类型？各类钻模有何特点？

8. 可调夹具有何特点？何谓通用可调夹具？何谓成组夹具？成组夹具由哪几部分组成？各组成部分有何功能？

9. 试述组合夹具的特点。T 形槽系组合夹具由哪几部分组成？各组成部分有何功能？

10. 何谓随行夹具？其适用于什么场合？设计随行夹具主要考虑哪些问题？

第 7 章 机械加工机床与装备

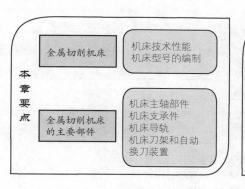

本章要点	金属切削机床	机床技术性能 机床型号的编制
	金属切削机床的主要部件	机床主轴部件 机床支承件 机床导轨 机床刀架和自动换刀装置

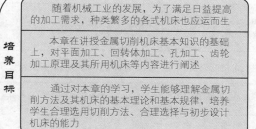

培养目标	随着机械工业的发展，为了满足日益提高的加工需求，种类繁多的各式机床也应运而生
	本章在讲授金属切削机床基本知识的基础上，对平面加工、回转体加工、孔加工、齿轮加工原理及其所用机床等内容进行阐述
	通过对本章的学习，学生能够理解金属切削方法及其机床的基本理论和基本规律，培养学生合理选用切削方法、合理选择与初步设计机床的能力

7.1 金属切削机床

7.1.1 金属切削机床的分类与基本组成

机床是指制造机器的机器，亦称工作母机或工具机，习惯上简称为机床。一般分为金属切削机床、锻压机床和木工机床等。金属切削机床是用切削、特种加工等方法加工金属工件，使之获得要求的几何形状、尺寸精度和表面质量的机器。机床在我国国民经济现代化的建设中起着重大作用。

1. 机床的分类

机床可按不同角度分类，具体见表 7-1。

表 7-1 机床类型及特点

分类方法	机床类型及特点
按加工性质、所用刀具及其用途分	车床、钻床、镗床、磨床、齿轮加工机床、螺纹加工机床、铣床、刨插床、拉床、特种加工机床、锯床、其他机床
按应用范围（通用性程度）分	通用机床（卧式车床、升降台铣床）：加工范围广，通用性强；可完成一定尺寸范围内的多种类型零件不同工序的加工；用于单件小批生产
	专门化机床（丝杆车床、曲轴车床、凸轮轴车床）：工艺范围较窄；是为加工一定尺寸范围内的某一类零件的某一种（或少数几种）工序而专门设计的机床
	专用机床（如大量生产的汽车零件所用的各种钻、镗组合机床；机床主轴箱专用镗床）：工艺范围最窄；一般是为某特定零件的特定工序而设计制造的机床；用于大批量生产

（续）

分类方法	机床类型及特点
按重量 与尺寸分	仪表机床 中型机床（一般机床） 大型机床（10~30t） 重型机床（30~100t） 超重型机床（大于100t）
按机床主要工作 部件的数目分	单轴、多轴、单刀、多刀
按工作精度分	普通机床、精密机床、高精度机床
按自动化程度分	手动、机动、半自动、全自动机床
按数控机床分类	卧式数控车床（集中了转塔、仿形和自动车床的功能） 车削中心（集中了车、钻、铣、镗等类机床的功能） 钻铣加工中心（具备自动换刀，集中钻、铣、镗等功能）

2. 机床的基本组成

图 7-1 所示为机床的组成图，机床结构一般包括的部件见表 7-2。

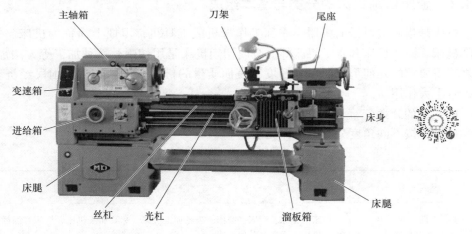

图 7-1　机床的组成图

表 7-2　机床结构一般包括的部件

部件名称	功能
动力源	为机床提供动力（功率）和运动的驱动部分，如各种交流、直流电动机和液压传动系统的液压泵、液压马达等
传动系统	包括主传动系统、进给传动系统和其他运动的传动系统，如变速箱、进给箱等部件，有些机床主轴组件与变速箱合在一起成为主轴箱
支承件	安装和支承其他固定的或运动的部件，承受其重力和切削力，如床身、底座、立柱等，是机床的基础构件，亦称机床大件或基础件

（续）

部件名称	功能
工作部件	与主运动和进给运动的有关执行部件（主轴及主轴箱、工作台及其溜板或滑座、刀架及其溜板，以及滑枕等），安装工件或刀具的部件
	与工件和刀具有关的部件或装置（自动上下料装置、自动换刀装置、砂轮修整器等）
	与上述部件或装置有关的分度、转位、定位机构和操纵机构等
控制系统	控制各工作部件的正常工作，主要是电气控制系统，有些机床局部采用液压或气动控制系统。数控机床则是数控系统，它包括数控装置、主轴和进给的伺服控制系统（伺服单元）、可编程序控制器和输入输出装置等
冷却系统	对加工工件、刀具及机床的某些发热部位进行冷却
润滑系统	对机床的运动副（如轴承、导轨等）进行润滑，以减小摩擦、磨损和发热
其他装置	如排屑装置、自动测量装置等

7.1.2　机床技术性能

1. 机床技术性能指标

机床的技术性能指标是根据使用要求提出和设计的，通常包括下列内容。

（1）机床的工艺范围　机床的工艺范围是指在机床上加工的工件类型和尺寸、能够加工完成何种工序、使用什么刀具等。不同的机床，有宽窄不同的工艺范围。通用机床具有较宽的工艺范围，在同一台机床上可以满足较多的加工需要，适用于单件小批生产。专用机床是为特定零件的特定工序而设计的，自动化程度和生产率都较高，但它的加工范围很窄。数控机床则既有较宽的工艺范围，又能满足零件较高精度的要求，并可实现自动化加工。

（2）机床的技术参数　机床的主要技术参数包括：尺寸参数、运动参数与动力参数。

尺寸参数，具体反映机床的加工范围，包括主参数、第二主参数、与加工零件有关的其他尺寸参数。

运动参数，机床执行件的运动速度，例如主轴的最高转速与最低转速、刀架的最大进给量与最小进给量（或进给速度）。

动力参数，机床电动机的功率，有些机床还给出主轴允许承受的最大转矩等其他内容。

2. 机床精度

各类机床按精度可分为普通精度级、精密级和高精度级。以上三种精度等级的机床均有相应的精度标准，其允差若以普通精度级为1，则三种精度大致比例为1∶0.4∶0.25。在设计阶段主要从机床的精度分配、元件及材料选择等方面来提高机床精度。

机床精度分为机床静态精度、机床加工精度、机床动态精度。

（1）机床静态精度　机床的几何精度、运动精度、传动精度、定位/重复定位精度等在空载条件下检测的精度。静态精度主要决定于机床上主要零、部件，如主轴及其轴承、丝杠螺母、齿轮、床身等的制造精度，以及它们的装配精度。

1）几何精度。机床空载条件下，在不运动（机床主轴不转或工作台不移动等情况下）或运动速度较低时各主要部件的形状、相互位置和相对运动的精确程度。如导轨的直线度、主轴径向跳动及轴向窜动、主轴中心线对滑台移动方向的平行度或垂直度等。几何精度直接影响加工工件的精度，是评价机床质量的基本指标。它主要决定于结构设计、制造和装配质量。

2）运动精度。运动精度是指机床空载并以工作速度运动时，主要零、部件的几何位置精度。如高速回转主轴的回转精度。对于高速精密机床，运动精度是评价机床质量的一个重要指标。它还受到运动速度（转速）、运动件的重力、传动力和摩擦力的影响。它与结构设计及制造等因素有关。

3）传动精度。机床传动链各末端执行元件之间运动的协调性和均匀性。如车床车螺纹时，要求传动链两端保持严格的传动比，传动链的传动误差将影响螺纹的加工精度。影响传动精度的主要因素是传动系统的设计、传动元件的制造和装配精度。

4）定位和重复定位精度。定位精度是指机床的定位部件运动到达规定位置的精度。定位精度直接影响被加工工件的尺寸精度和几何精度。重复定位精度是指机床的定位部件反复多次运动到规定位置时的精度。它影响同一批零件加工的一致性。机床构件和进给控制系统的精度、刚度以及其动态特性，机床测量系统的精度都将影响机床定位精度和重复定位精度。

在规定的工作期间内，保持机床所要求的精度，称为精度保持性。影响精度保持性的主要因素是磨损。磨损的影响因素十分复杂，如结构设计、工艺、材料、热处理、润滑特性等。

（2）机床加工精度 生产中一般是通过切削加工出的工件精度来考核机床的综合动态精度，称为机床的工作精度。工作精度是各种因素综合影响的结果，因素包括机床自身的精度、刚度、热变形，刀具、工件的刚度及热变形等。

（3）机床动态精度 机床在外载荷、温升及振动等工作状态下的精度。动态精度除与静态精度有密切关系外，还在很大程度上决定于机床的刚度、抗振性和热稳定性等。

3. 机床刚度

机床的刚度指机床在外力作用下抵抗变形的能力，机床的刚度越大，动态精度越高。机床的刚度包括机床构件本身的刚度和构件之间的接触刚度。机床构件本身的刚度主要取决于构件本身的材料性质、截面形状、大小等。构件之间的接触刚度不仅与接触材料、接触面的几何尺寸和硬度有关，而且还与接触面的表面粗糙度、几何精度、加工方法、接触面介质、预压力等因素有关。

机床刚度也可按载荷性质分为静刚度及动刚度，习惯上机床刚度一般指静刚度。

7.1.3 机床型号的编制

1. 通用机床型号的编制

机床型号是机床产品的代号，用以简明地表示机床的类型、性能和结构特点、主要技术参数等（表7-3）。我国的机床型号（GB/T 15375—2008《金属切削机床 型号编制方法》）由基本部分和辅助部分组成，中间用"/"隔开，读作"之"。各个位代码含义见表7-4。机床的类别、组别见表7-5。

表7-3 机床型号组成

（△）	○	（○）	△	△	△	（×△）	（○）/	（△）
分类代号	类代号	通用特性、结构特性代号	组代号	系代号	主参数或设计顺序号	主轴数或第二主参数	重大改进顺序号	其他特性代号

表7-4 金属切削机床型号编制方法之位代码

分类代号、类代号	分类代号用数字表示，放在类代号之前，但第1分类不予表示（省略"1"），如磨床类机床就有M、2M、3M三个分类（表7-5）

（续）

通用特性代号	当某类型机床，除有普通型外，还具有某种通用特性时，则加通用特性代号。若仅有某种通用特性，而无普通型的，则不加通用特性代号
结构特性代号	用汉语拼音字母表示，对主参数相同而结构、性能不同的机床，在型号中加结构特性代号
组代号	用一位数字表示，每类机床按其结构性能及使用范围划分为 10 组，用数字 0~9 表示
系代号	用一位数字表示。每组机床分若干个系（系列）。系的划分原则：主参数相同，并按一定公比排列，工件和刀具本身及其特点基本相同，且基本结构及布局形式也相同的机床，即为同一系
机床主参数或设计顺序号、第二主参数	机床主参数代表机床规格的大小，某些通用机床，当无法用一个主参数表示时，则在型号中用设计顺序号表示。第二主参数一般是指主轴数、最大跨距、最大工件长度、工作台工作面长度等。主参数和第二主参数都用折算值（主参数乘以折算系数）表示
重大改进顺序号	当机床的性能及结构布局有重大改进，并按新产品重新设计、试制和鉴定时，在原机床型号基本部分的尾部，加重大改进顺序号，以区别于原机床型号。序号按 A、B、C 等字母的顺序选用
其他特性代号	数控机床：用以反映不同的控制系统等；加工中心：用以反映控制系统、自动交换主轴头、自动交换工作台等；柔性加工单元：用以反映自动交换主轴箱；一机多能机床：用以补充表示某些功能；一般机床：用以反映同一型号机床的变型等

表 7-5　机床的类别、组别

类别	组别									
	0	1	2	3	4	5	6	7	8	9
车床 C	仪表小型车床	单轴自动车床	多轴（半）自动车床	回轮、转塔车床	曲轴及凸轮轴车床	立式车床	落地及卧式车床	仿形及多刀车床	轮、轴、辊、锭及铲齿车床	其他车床
钻床 Z	—	坐标镗钻床	深孔钻床	摇臂钻床	台式钻床	立式钻床	卧式钻床	铣钻床	中心孔钻床	其他钻床
镗床 T	—	—	深孔镗床	—	坐标镗床	立式镗床	卧式铣镗床	精镗床	汽车、拖拉机修理用镗床	其他镗床
磨床 M	仪表磨床	外圆磨床	内圆磨床	砂轮机	坐标磨床	导轨磨床	刀具刃磨床	平面及端面磨床	曲轴、凸轮轴、花键轴及轧辊磨床	工具磨床
磨床 2M	—	超精机	内圆珩磨机	外圆及其他珩磨机	抛光机	砂带抛光及磨削机床	刀具刃磨及研磨机床	可转位刀片磨削机床	研磨机	其他磨床
磨床 3M	—	球轴承套圈沟磨床	滚子轴承套圈滚道磨床	轴承套圈超精机	—	叶片磨削机床	滚子加工机床	钢球加工机床	气门、活塞及活塞环磨削机床	汽车、拖拉机修磨机床
齿轮加工机床 Y	仪表齿轮加工机	—	锥齿轮加工机	滚齿及铣齿机	剃齿及珩齿机	插齿机	花键轴铣床	齿轮磨齿机	其他齿轮加工机	齿轮倒角及检查机

（续）

类别	组别									
	0	1	2	3	4	5	6	7	8	9
螺纹加工机床S	—	—	—	套丝机	攻丝机	—	螺纹铣床	螺纹磨床	螺纹车床	—
铣床X	仪表铣床	悬臂及滑枕铣床	龙门铣床	平面铣床	仿形铣床	立式升降台铣床	卧式升降台铣床	床身铣床	工具铣床	其他铣床
刨插床B	—	悬臂刨床	龙门刨床	—	—	插床	牛头刨床	—	边缘及模具刨床	其他刨床
拉床L	—	—	侧拉床	卧式外拉床	连续拉床	立式内拉床	卧式内拉床	立式外拉床	键槽、轴瓦及螺纹拉床	其他拉床
锯床G			砂轮片锯床		卧式带锯床	立式带锯床	圆锯床	弓锯床	锉锯床	
其他机床Q	其他仪表机床	管子加工机床	木螺钉加工机	—	刻线机	切断机	多功能机床	—	—	—

【例7-1】　CA6140：C是类代号（车床类）；A是结构特性代号（结构不同）；6是组代号（落地及卧式车床组）；1是系代号（卧式车床系）；40是机床主参数（最大工件回转直径400mm）。

【例7-2】　MG1432A：M是类代号（磨床类）；G是通用特性代号（高精度）；1是组代号（外圆磨床组）；4是系代号（万能外圆磨床系）；32是机床主参数（最大磨削直径320mm）；A是重大改进顺序号（第一次重大改进）。

【例7-3】　Z3040×12型摇臂钻床：Z是机床类代号（钻床类）；3是组代号（摇臂钻床组）；0是系代号（摇臂钻床系）；40是机床主参数（最大钻孔直径40mm）；12是第二主参数（最大跨距1200mm，用×分开）。

【例7-4】　THM6350JCS：精密镗铣加工中心，T是类代号（镗床）；H是结构特性代号（加工中心）；M是通用特性代号（精密）；6是组代号（卧式镗铣组）；3是系代号（卧式镗铣系）；50是机床主参数（工作台工作面宽度500mm的1/10）；JCS是北京机床研究所有限公司。

【例7-5】　Z5625×4A/DH：大河机床厂生产的经过第一次重大改进，其最大钻孔直径为25mm的四轴立式排钻床。

【例7-6】　MB8240：最大回转直径为400mm的半自动曲轴磨床。根据加工的需要，在此型号机床的基础上变换的第一种形式的半自动曲轴磨床，其型号为MB8240/1，变换的第二种形式的型号则为MB8240/2。

2. 其他类型机床型号的编制

（1）专用机床型号的编制　其一般由设计单位代号、设计顺序号组成。

【例7-7】　H-015：上海机床厂有限公司设计制造的第15种专用机床为专用磨床。

（2）机床自动线型号表示方法　其一般由设计单位代号、机床自动线代号（ZX）、设计顺序号"组成。

【例 7-8】　JCS-ZX001：北京机床研究所有限公司为某厂设计的第一条机床自动线。

3. 特种加工机床型号编制

通用特种加工机床型号（《JB/T 7445.2—2012 特种加工机床　第 2 部分：型号编制方法》）由以下参数组成：企业代号、类代号、通用特性代号、组代号、系代号、主参数、第二主参数、重大改进顺序号、其他特性代号。

特种加工机床分为 14 类，用大写的汉语拼音字母表示类代号，种类包括：电火花加工机床（D）、电弧加工机床（DH）、电解加工机床（DJ）、超声加工机床（CS）、快速成形机床（KC）、激光加工机床（JG）、电子束加工机床（DS）、离子束加工机床（LS）、等离子弧加工机床（DL）、磁脉冲加工机床（CC）、磁磨粒加工机床（CL）、射流加工机床（SL）、复合加工机床（FH）、其他特种加工机床（QT）。

习题与思考题

1. 金属切削机床是如何分类的？按照机床的通用性程度，机床可分为几类？

2. 机床的技术性能一般有哪几个方面？其含义是什么？

3. 说明下列机床的名称和主参数，并说明它们各具有何种通用性能或结构特性：

CM6132；CK6132；C2150×6；Z3040×16；T6112；T4163B；XK5040；B6050；Y3150E；MBG1432；L6120。

7.2　金属切削机床的主要部件

7.2.1　机床主轴部件

主轴部件是机床的执行件，其功用是支承并带动工件或刀具旋转进行切削，承受切削力和驱动力等载荷，完成表面成形运动。一般的金属切削机床中，主轴把旋转运动及转矩通过主轴端部的夹具传递给工件或刀具。主轴部件由主轴及其支承轴承、传动件、密封件及定位元件等组成。

1. 主轴部件的基本结构要求

1）旋转精度是指装配后，在无载荷、低速转动条件下，安装工件或刀具的主轴部位的径向和端面圆跳动，取决于主轴、轴承、箱体孔等的制造、装配和调整精度。

2）刚度是指在外加载荷的作用下抵抗变形的能力，通常以主轴前端产生单位位移的弹性变形时，在位移方向所施加的作用力来定义。

3）抗振性是指抵抗受迫振动和自激振动的能力。影响抗振性的主要因素是主轴的静刚度、质量分布、轴承支承和阻尼。

4）温升与热变形是指主轴部件工作时，轴承的摩擦形成热源，切削热和齿轮啮合热的传递会导致主轴部件温度升高，产生热变形。主轴热变形可引起轴承间隙变化，导致轴心位置发生偏移，定位基面的形状尺寸和位置发生变化。

5）精度保持性是指主轴部件长期地保持其原始制造精度的能力。主轴部件丧失其原始精度的主要原因是磨损，所以精度保持性又称为耐磨性。

数控机床除了满足上述基本要求外，还应根据具体情况有所侧重，如高速数控机床主轴部件还应注意高速度和高刚度等要求。

2. 主轴部件的结构

1）主轴的结构。主轴端部是安装刀具、夹具的部位，其结构形状取决于机床类型。安装方式应保证刀具或夹具定心准确，连接可靠，装卸方便，悬伸量短，并能够传递足够的转矩等。通用机床的主轴端部结构已标准化，设计时可查相应的机床标准。有些机床（如卧式车床、转塔车床、自动车床、铣床等）的主轴必须是空心的，用来通过棒料、拉杆以及取出顶尖等。对于主轴上需安装气动、电动和液压式工件自动夹紧装置的机床，如卧式车床，主轴尾部应有安装基面及相应的连接部位。

主轴上要安装各种传动件、轴承、紧固件及密封件等，其结构形状应考虑这些零件的类型、数量、安装定位及紧固方式。

为了便于装配，主轴一般为阶梯形，其轴径从轴颈前端向后端或从中间向两端逐渐减小。此外，还应注意加工方便性，尽量减少复杂加工。

主轴的主要结构参数有主轴前轴颈直径、主轴后轴颈直径、主轴内孔直径、主轴前端悬伸量和主轴主要支承间的跨距等。

主轴的技术要求应根据机床精度标准的有关项目制订，主要应满足主轴精度以及其他性能的设计要求，同时应考虑制造的工艺性和经济性，并且要便于检测，如主轴前后轴承的同轴度，锥孔相对于前后轴颈中心连线的径向圆跳动，定心轴颈及其定位轴肩相对于前后轴颈中心连线的径向圆跳动和端面圆跳动等。此外，还应考虑其他性能所需的要求，如表面粗糙度、表面硬度等。主轴的技术要求要满足设计要求、工艺要求、检测要求，应尽量做到设计、工艺、检测的基准相统一，主轴结构简图如图7-2所示。

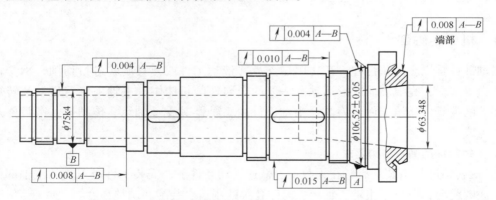

图7-2　主轴结构简图

2）主轴的支承。主轴支承是主轴组件的重要组成部分，它是主轴轴承、支承座及其相关零件的组合体，其中核心元件是轴承。采用滚动轴承的支承称为主轴滚动支承，采用滑动轴承的支承称为主轴滑动支承。

机床主轴通常采用两端支承，结构简单，制造、装配方便，容易保证精度，可满足使用要求，但一些大型、重型机床设备为提高刚度和抗振性，多采用三支承结构。对于三支承座孔同心度要求高，增加了制造、装配的难度和结构的复杂程度。通常为了保证其刚度和旋转精度，需将其中的两个支承预紧，这两个支承称为紧支承或主要支承；另一个支承必须具有较大的间隙，称为松支承或辅助支承。对于一般精度机床，应选前、中支承为主要支承，后支承为辅助支承，主要起平稳定心的作用；对于精密机床，应采用前、后支承为主要支承，中间支承为辅助支承，主要起增加阻尼的作用。

主轴常用滚动轴承有：圆锥孔双列圆柱滚子轴承、双向推力角接触球轴承、单列圆锥滚子轴承、双列圆锥滚子轴承、推力轴承、陶瓷滚动轴承、磁悬浮轴承（磁力轴承）等。

主轴滑动轴承在运转中阻尼性能好，故具有抗振性良好、旋转精度高、运转平稳等特点，可应用于高速或低速的精密、高精密机床和数控机床等。按流体介质不同，主轴滑动轴承可分为液体滑动轴承和气体滑动轴承。液体滑动轴承根据油膜压力形成的方法不同，可分为动压轴承和静压轴承。

动压轴承依靠主轴以一定转速旋转时带着润滑油从间隙大处向间隙小处流动，形成压力油膜而将主轴浮起，并承受载荷。轴承中只能产生一个压力油膜的叫单油楔动压轴承。主轴部件常用的是多油楔的动压轴承，当主轴以一定的转速旋转时，在轴颈周围能形成几个压力油膜，把轴颈推向中央，因而主轴的向心性较好。承载方向的油膜压力将比普通单油楔轴承的压力高，油膜压力越高，油膜越薄，则其刚度越大。多油楔轴承较能满足主轴部件的工作性能要求的有阿基米德曲线多油楔滑动轴承、活动多油楔滑动轴承、整体多油楔轴承等。

静压轴承由外界供给一定的压力油于两个相对运动的表面间，不依赖于它们之间的相对运动速度就能建立压力油膜。具有良好的速度和方向适应性，可获得较强的承载能力，摩擦力小，轴承寿命长，旋转精度高，抗振性好。但要求配备一套专用系统，对供油系统的过滤和安全要求严格，轴承制造工艺复杂。

7.2.2　机床支承件

1. 支承件的功能

机床的支承件是指床身、立柱、横梁、底座等大件，它们相互固定并连接成机床的基础架。机床上其他零、部件可以固定在支承件上，或者工作时在支承件的导轨上运动。因此，支承件的主要功能是保证机床各零、部件之间的相互位置和相对运动精度，并保证机床有足够的刚度、抗振性、热稳定性和耐用度。

以车床为例，支承件是床身，固定并连接着床头箱、进给箱和三杠（丝杠、光杠、开关杠）；大刀架与溜板箱沿着床身导轨运动。床身不仅要承受这些部件的重力，而且还要承受切削力、传动力和摩擦力等，在这些力的作用下，不应产生过大的变形和振动；应保证大刀架沿床身导轨运动的直线度和相对主轴轴线的平行度；受热后产生的热变形不应破坏机床的原始精度；床身导轨应有一定的耐用度等。

2. 支承件应满足的基本要求及材料

支承件的种类很多，它们的形状、尺寸和材料是多种多样的。支承件要有足够大的刚度，即在一定的载荷作用下，变形量要小于允许值。由于支承件的重量占整台机床的一半左右，因此还应在满足刚度的基础上尽量节省材料。支承件应有足够大的抵抗受迫振动和自激振动的能力，这就要求支承件具有合乎要求的动态特性。精密机床、自动机床及尺寸大的重型机床中支承件的热变形对加工精度的影响较大，一般可通过控制发热、使热量均匀分布、改善支承件散热条件等措施来减小热变形及其对精度的影响。设计支承件时应从结构上保证其内应力足够小。支承件设计时还应便于排屑、操纵，并保证切削液及润滑油流回油池，液压、电器装置安装合理及吊运安全，加工及装配工艺性良好等。

支承件的材料及性能特点见表 7-6。

表 7-6　支承件的材料及性能特点

材料	性能特点
铸铁	一般支承件用灰口铸铁制成，在铸铁中加入少量合金元素，如铬、硅、稀土元素等，可提高耐磨性。铸造性能好，容易获得复杂结构的支承件，内摩擦力大，阻尼系数大，使振动衰减的性能好，成本低。铸件需要木模芯盒，制造周期长，有时会产生缩孔、气泡等缺陷，成本高，适于成批生产。常用的铸件牌号有 HT200（Ⅰ级铸铁，可制成带导轨的支承件）、HT150（Ⅱ级铸铁，适用于形状复杂的铸件、重型机床床身、受力不大的床身和底座）、HT100（Ⅲ级铸铁，一般用作镶装导轨的支承件）
钢板焊接件	制造周期短，刚性好；便于产品更新和结构改进；钢板焊接支承件固有频率比铸铁高；质量较铸铁轻；抗振性比铸铁差
预应力钢筋混凝土	主要用于制作不常移动的大型机械的机身、底座、立柱等支承件。刚度和阻尼比铸铁大几倍，抗振性好，成本较低。缺点是脆性大，耐蚀性差，油渗入会导致材质疏松，所以表面应进行喷漆或喷涂塑料
天然花岗岩	性能稳定，精度保持性好，抗振性好，阻尼系数大，耐磨性好，热稳定性好，抗氧化性强。缺点是结晶颗粒粗于钢铁的晶粒，抗冲击性能差，脆性大，油和水等液体易渗入晶界中，使表面局部变形胀大，难于制作复杂的零件
树脂混凝土	以合成树脂（不饱和聚酯树脂、环氧树脂、丙烯酸树脂）为黏结剂，加入固化剂、稀释剂、增韧剂等，通过聚合反应，将固料振动、搅拌、浇注、固化而生成的一种复合材料。具有刚度高、抗振性好、耐水、耐化学腐蚀和耐热等特性；其缺点是某些力学性能差，但可以预埋金属或添加加强纤维来改善其力学性能。对于高速、高效、高精度加工机床，树脂混凝土具有广泛的应用前景

3. 支承件的结构

支承件的尺寸大小、结构形状首先要满足工作要求。机床的类型、用途、规格不同，支承件的形状和大小也不同。床身、立柱、底座、横梁均属支承件，由于其安装部位和作用不同，所以截面形状也不同。

支承件的总体结构形状基本上可以分为三类：箱形类（在三个方向的尺寸都相差不多，如各类箱体、底座、升降台等）、板块类（在两个方向的尺寸比第三个方向大得多，如工作台、刀架等）、梁支类（在一个方向的尺寸比另两个方向大得多，如立柱、横梁、摇臂、滑枕、床身等）。

图 7-3 所示为床身和立柱常见的截面形状。图 7-3a 所示为前、后、顶三面封闭的卧式机床的箱形床身，为了排除切屑，在导轨间开有倾斜窗口，此种截面容易铸造，但刚度较低（镗床、龙门刨床）。图 7-3b 所示为前、后、底三面封闭的床身，床身内的空间可用于储存润滑油和切削液，安装驱动机构。在切屑不易落入导轨之间的情况下，小载荷卧式床身常采用这种形式（如磨床）。图 7-3c 所示为两面封闭的床身，刚度较低，但便于切屑的排除和切削液的流通，主要用于对刚度要求不高的机床（如小型车床）。图 7-3d 所示是重型机床的床身，导轨可多达 4~5 个。图 7-3e、f、g、h 所示为立柱，其截面有圆形和方形两种。

7.2.3　机床导轨

1. 机床导轨的功用和类型

导轨的功用是支承并引导运动部件沿一定的轨迹运动。它承受其支承的运动器件和工件（或刀具）的重量及切削力。导轨的类型及特点见表 7-7。

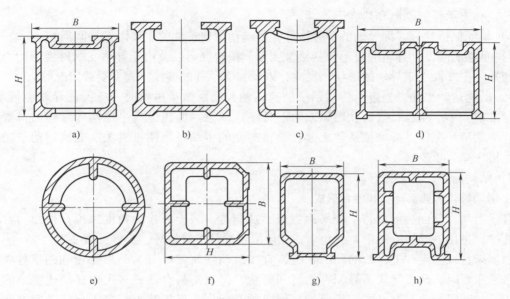

图 7-3　床身和立柱常见的截面形状

表 7-7　导轨的类型及特点

分类方法	类型	特点
按运动性质分	主运动导轨	主运动导轨副之间相对运动速度较高，如立车花盘、龙门铣刨床、普通刨插床、拉床、插齿机等的主运动导轨
	进给运动导轨	进给运动导轨副之间的相对运动速度较低，机床中大多数导轨属于进给运动导轨
	移置导轨	移置导轨的功能是调整部件之间的相对位置，在机床工作中没有相对运动，如卧式车床的尾座导轨等
按摩擦性质分	静压滑动导轨	液体摩擦，靠液压系统提供压力油膜，导轨副之间有一层压力油膜，多用于高精度机床进给导轨
	动压滑动导轨	液体摩擦，利用滑移速度带动润滑油从大间隙处向狭窄处流动，形成动压油膜，适用于运动速度较高的主运动导轨
	普通滑动导轨	混合摩擦，导轨间有一定动压效应，但由于速度较低，因此油楔不能隔开导轨面，导轨面仍处于直接接触状态。机床中大多数导轨属于混合摩擦
	滚动导轨	在导轨面间装有滚动元件（绝大多数为钢球），因而是滚动摩擦，广泛应用于数控机床和精密、高精度机床中
按受力状态分	开式导轨	利用部件质量和载荷，使部件能在导轨副全长上始终保持接触。不能承受较大的倾覆力矩，适用于大型机床的水平导轨
	闭式导轨	当倾覆力矩较大时，为保持导轨副始终接触，需增加辅助导轨副，形成闭式导轨

2. 导轨的基本要求

1）导向精度好。保证导轨副相对运动时的直线度（直线运动导轨）或圆度（圆周运动导轨）。影响导向精度的因素很多，如导轨的几何精度和接触精度、导轨的结构形式和装配精度、导轨和支承件的刚度和热变形等。

2）精度保持性好。即导轨的耐磨性好，影响精度保持性的主要因素是磨损。

3）足够的刚度。导轨的变形包括接触变形、扭转变形以及由于导轨支承件变形而引起的导轨变形。主要取决于导轨的形状、尺寸，以及与支承件的连接方式、受载情况等。

4）低速运动平稳。当进给传动系统低速转动或间歇微量进给时，应保证导轨运行平稳、进给量准确，不产生爬行（时快时慢或时走时停）现象。低速运动平稳性同导轨的材料及结构尺寸、润滑状况、动静摩擦系数之差、导轨运动的传动系统刚度有关。低速运动平稳性对高精度机床尤为重要。

5）结构简单，工艺性好。

3. 滑动导轨的截面形状和组合形式

直线滑动导轨面一般由若干个平面组成，从制造、装配和检验角度来说，平面的数量应尽可能少，常用的导轨有矩形、三角形、燕尾形及圆柱形导轨等，具体见表7-8。

根据床身或固定件上导轨的凹凸状态，直线滑动导轨又可分为凸形导轨和凹形导轨。当导轨水平布置时，凸形导轨不易积存切屑和脏物，但也不易存油，多用在移动速度小的部件上；相反，凹形导轨具有好的润滑条件，但必须有防屑、保护装置，多用在移动速度较大的部件上。就相对运动部件而言，如果导轨面窄，便不能限制绕 x 轴方向的转动，所以在机床上一般都采用 2 条导轨来承受载荷和导向。在重型机床上，根据机床受载情况，可用 3~4 条导轨。

表 7-8　滑动导轨的形式、特点及图例

形式	特点	图例
矩形导轨	制造简便，刚度和承载能力大，水平方向和垂直方向上的位移互不影响，即一个方向上的调整不会影响另一方向的位移，因此安装、调整都较方便。矩形导轨中起导向作用的导轨面磨损后不能自动补偿间隙，所以需要有间隙调整装置	
三角形导轨	有山形（凸形）导轨及 V 形（凹形）导轨。当其水平放置时，在垂直载荷的作用下，导轨磨损后能自动补偿，不会产生间隙，因此导向性好，但压板面仍需有间隙调整装置。此外，当导轨面 M 和 N 上受力不对称、相差较大时，为使导轨面上压力分布均匀，可采用不对称导轨	
燕尾形导轨	磨损后不能自动补偿间隙，需用镶条调整。两燕尾面起压板面作用，用一根镶条就可调整水平、垂直方向的间隙；制造、检验和修理较复杂，摩擦阻力大；一般用于要求高度小的多层移动部件，广泛用于仪表机床	
圆柱形导轨	制造简单，内孔可珩磨，外圆经过磨削可达到精密配合，但磨损后调整间隙困难。为防止转动，可在圆柱表面上开键槽或加工出平面。不能承受大的转矩，主要用于受轴向载荷的场合，如拉床、珩磨机及机械手等	

（续）

形式	特点	图例
双三角形组合	同时起支承、导向作用，磨损后相对位置不变，能自行补偿垂直方向及水平方向的磨损，导向精度高，但要求 4 个表面在刮削或磨削后同时接触，工艺性较差，当床身与运动部件热变形不一样时，难以保证四个面同时接触。用于龙门刨床与高精度车床	
双矩形组合	主要承受与主支承面相垂直的作用力，承载能力大，但导向性差。制造、调整简单，闭合单轨有压板面，用压板调整间隙，导向面用镶条调整间隙，用于普通精度机床，如升降台铣床、龙门铣床等	
三角形-平导轨组合	通常用于磨床、精密镗床和龙门刨床。由于磨削力主要是向下的压力，精镗切削力很小，因此工作台实际上没有抬起的可能性	
三角形-矩形组合	如普通车床上的两组导轨，内侧一组供尾架使用，外侧一组供溜板使用。三角形导轨作为主要导向面，具有双三角形导轨的优点，但比双三角形导轨制造方便，导向性比双矩形导轨好。三角形导轨磨损后不能调整，对位置精度有影响	

7.2.4　机床刀架和自动换刀装置

机床上的刀架是安放刀具的重要部件，许多刀架还直接参与切削工作，如卧式车床上的四方刀架、转塔车床上的转塔刀架、回轮式转塔车床上的回轮刀架、自动车床上的转塔刀架和天平刀架等。这些刀架既能安放刀具，而且还可以直接参与切削，承受极大的切削力，所以往往成为工艺系统中的较薄弱环节。随着自动化技术的发展，机床的刀架也有了许多变化，特别是数控车床上采用电（液）换位的自动刀架，有的还使用两个回转刀盘。

加工中心采用了刀库和换刀机械手，实现了大容量存储刀具和自动交换刀具的功能，这种刀库安放刀具的数量从几十把到上百把，自动交换刀具的时间从十几秒减少到几秒甚至零点几秒。这种刀库和换刀机械手组成的自动换刀装置，成为了加工中心的主要特征。

1. 机床刀架自动换刀装置应满足的要求

1）满足工艺过程所提出的要求。机床依靠刀具和工件间相对运动形成工件表面，而工件的表面形状和表面位置的不同，要求刀架和刀库上能够布置足够多的刀具，而且能够方便而正确地加工各工件表面，为了实现在工件的一次安装中完成多工序加工，所以要求刀架、刀库可以方便地转位。

2）在刀架、刀库上要能牢固地安装刀具。在刀架上安装刀具时还应能精确地调整刀具的位置，采用自动交换刀具时，应能保证刀具交换前后都能处于正确位置，以保证刀具和工件间准确的相对位置。刀架的运动轨迹必须准确，运动应平稳，刀架运转的终点到位应准确。而且这种精度保持性要好，以便长期保持刀具的正确位置。

3）因为刀具的类型、尺寸各异，质量相差很大，刀具在自动转换过程中方向变换较复杂，而且有些刀架还直接承受切削力，所以刀架、刀库、换刀机械手应具有足够的刚度，以使切削过程和换刀过程平稳。

4）可靠性高。由于刀架和自动换刀装置在机床工作过程中，使用次数很多，而且使用频率也高，因此要求要有高可靠性。

5）换刀时间应尽可能缩短，以利于提高生产率。

6）操作方便和安全。刀架上应便于工人装刀和调刀，切屑流出方向不能朝向工人，而且操作调整刀架的手柄（或手轮）要省力，应尽量设置在便于操作的地方。

2. 机床刀架和自动换刀装置的类型

刀架按照安装刀具的数目可分为单刀架和多刀架，例如自动车床上的前、后刀架和天平刀架；按结构形式可分为方刀架、转塔刀架、回轮式刀架等；按驱动刀架转位的动力可分为手动转位刀架和自动（电动和液动）转位刀架。

目前自动换刀装置主要用在加工中心和车削中心上，但在数控磨床上自动更换砂轮，电加工机床上自动更换电极，以及数控冲床上自动更换模具等，也日渐增多。

数控车床的自动换刀装置（图7-4）主要采用回转刀盘，刀盘上安装8~12把刀。有的数控车床采用两个刀盘，实行四坐标控制，少数数控车床也具有刀库形式的自动换刀装置。

图 7-4 数控车床的自动换刀装置

加工中心上刀库类型有鼓轮式刀库、直线式刀库、链式刀库和格子箱式刀库等（图7-5）。

图 7-5 加工中心刀库

1）鼓轮式刀库应用较广，刀具轴线与鼓轮轴线可以平行、垂直或成锐角，结构简单紧凑，但因刀具单环排列、定向利用率低，大容量刀库的外径将较大，转动惯量大，选刀运动时间长，刀库容量较小，一般不超过32把刀具。

2）直线式刀库，刀具在刀库中直线排列，故也叫排式刀库，结构简单，但存放刀具数量有限（一般8~12把），一般用于数控车床、数控钻床，个别加工中心也有采用。

3）链式刀库容量较大，当采用多环链式刀库时，刀库外形较紧凑，占用空间较小，适用于作为大容量的刀库。在增加存储刀具数目时，可增加链条长度，而不增加链轮直径，因此，链轮的圆周速度不会增加，且刀库的运动惯量不像鼓轮式刀库增加得那样多。

4）格子箱式刀库容量较大，结构紧凑，空间利用率高，但布局不灵活，通常将刀库安放于工作台上。有时甚至在使用一侧的刀具时，必须更换另一侧的刀座板。

换刀机械手分为单臂单手式、单臂双手式和双手式机械手。单臂单手式结构简单，换刀时间较长，适用于刀具主轴与刀库刀套轴线平行、刀库刀套轴线与主轴轴线平行以及刀库刀套轴线与主轴轴线垂直的场合。单臂双手式机械手可同时抓住主轴和刀库中的刀具，并进行拔出、插入，换刀时间短，广泛应用于加工中心上的刀库刀套轴线与主轴轴线相平行的场合。双手式机械手结构较复杂，换刀时间短，除完成拔刀、插刀外，还可以运输刀具。

习题与思考题

1. 试比较铸铁、花岗岩、钢板焊接件作为床身材料的优缺点和应用场合。
2. 主轴部件、导轨、支承件及刀架应满足哪些基本技术要求？

参 考 文 献

[1] RAO P N. Manufacturing technology：metal cutting and machine tools［M］. 北京：机械工业出版社，2003.

[2] 艾兴，肖诗纲. 切削用量简明手册［M］. 3 版. 北京：机械工业出版社，2000.

[3] 陈宏钧. 机械加工工艺设计员手册［M］. 北京：机械工业出版社，2009.

[4] 陈明. 机械制造工艺学［M］. 北京：机械工业出版社，2005.

[5] 陈日曜. 金属切削原理［M］. 2 版. 北京：机械工业出版社，2002.

[6] 陈旭东. 机床夹具设计［M］. 北京：清华大学出版社，2010.

[7] 丁江民. 机械制造技术基础习题集［M］. 北京：机械工业出版社，2020.

[8] 顾崇衔. 机械制造工艺学［M］. 3 版. 西安：陕西科学技术出版社，1999.

[9] 国家自然科学基金委员会工程与材料科学部. 机械与制造科学［M］. 北京：科学出版社，2006.

[10] 韩秋实. 机械制造技术基础［M］. 2 版. 北京：机械工业出版社，2005.

[11] 何萍. 金属切削机床概论［M］. 北京：北京理工大学出版社，2008.

[12] 华茂发，谢骐. 机械制造技术［M］. 北京：机械工业出版社，2004.

[13] 黄玉美. 机械制造装备设计［M］. 北京：高等教育出版社，2008.

[14] 贾振元. 机械制造技术基础［M］. 2 版. 北京：科学出版社，2019.

[15] 李旦. 机械制造工艺学试题精选与答题技巧［M］. 哈尔滨：哈尔滨工业大学出版社，1999.

[16] 李福援. 机械制造工程学［M］. 西安：西安电子科技大学出版社，2011.

[17] 李洪. 实用机床设计手册［M］. 沈阳：辽宁科学技术出版社，1999.

[18] 李凯岭. 机械制造工艺学［M］. 北京：清华大学出版社，2014.

[19] 李庆余，孟广庭. 机械制造装备设计［M］. 北京：机械工业出版社，2008.

[20] 卢秉恒. 机械制造技术基础［M］. 4 版. 北京：机械工业出版社，2019.

[21] 任小中. 机械制造技术基础［M］. 北京：机械工业出版社，2014.

[22] 任小中. 机械制造技术基础习题集［M］. 北京：机械工业出版社，2018.

[23] 宋绪丁. 机械制造技术基础［M］. 西安：西北工业大学出版社，2019.

[24] 万宏强. 机械制造技术课程设计［M］. 北京：机械工业出版社，2020.

[25] 王光斗，王春福. 机床夹具设计手册［M］. 3 版. 上海：上海科学技术出版社，2000.

[26] 王先逵. 机械加工工艺手册：第 1 卷　工艺基础卷［M］. 北京：机械工业出版社，2007.

[27] 王先逵. 机械制造工程学基础［M］. 北京：国防工业出版社，2008.

[28] 王先逵. 机械制造工艺学［M］. 4 版. 北京：机械工业出版社，2021.

[29] 王晓霞. 金属切削原理与刀具［M］. 北京：航空工业出版社，2000.

[30] 王越. 现代机械制造装备［M］. 北京：清华大学出版社，2009.

[31] 吴拓. 现代机床夹具设计要点［M］. 北京：化学工业出版社，2016.

[32] 熊良山. 机械制造技术基础［M］. 3 版. 武汉：华中科技大学出版社，2018.

[33] 杨叔子. 机械加工工艺师手册［M］. 北京：机械工业出版社，2006.

[34] 于涛. 机械制造技术基础［M］. 北京：清华大学出版社，2012.

[35] 张福润. 机械制造技术基础［M］. 2 版. 武汉：华中科技大学出版社，2000.

[36] 周宏甫. 机械制造技术基础［M］. 北京：高等教育出版社，2004.